国家林业和草原局普通高等教育"十四五"规划教材
普通高等院校观赏园艺方向系列教材

现代家庭园艺

（附数字资源）

杜长霞　主编

中国林業出版社
CFPH China Forestry Publishing House

内 容 简 介

本教材集全国十余所高等院校园艺园林相关专业的一线教师之力，从介绍现代家庭园艺概念、特点、作用、发展历史和家庭园艺场所及植物的选择出发，分章编排了现代家庭场所（室内、阳台、屋顶和庭院等）的园艺设计，从设计原则、形式及植物配置方法等角度，详述现代家庭园艺设计要点，并通过优秀设计案例进一步强化理论知识，阐述家庭园艺植物栽培及养护技巧。此外，教材附录还列表介绍了常见家庭园艺植物的主要习性及家庭应用。

本教材内容系统性、专业性和可操作性强；知识点新颖，可应用范围广泛。适用于园艺、园林专业本科生及相关行业从业人员参考。

图书在版编目（CIP）数据

现代家庭园艺／杜长霞主编. — 北京：中国林业出版社，2023. 10

国家林业和草原局普通高等教育“十四五”规划教材　普通高等院校观赏园艺方向系列教材

ISBN 978-7-5219-2084-0

Ⅰ. ①现…　Ⅱ. ①杜…　Ⅲ. ①观赏园艺-高等学校-教材　Ⅳ. ①S68

中国国家版本馆 CIP 数据核字（2023）第 002554 号

策划编辑：康红梅
责任编辑：康红梅
责任校对：苏　梅
封面设计：中林科印

出版发行：中国林业出版社
（100009，北京市西城区刘海胡同 7 号，电话 83223120）
电子邮箱：cfphzbs@ 163. com
网　　址：www. forestry. gov. cn/lycb. html
印　　刷：北京中科印刷有限公司
版　　次：2023 年 10 月第 1 版
印　　次：2023 年 10 月第 1 次印刷
开　　本：787mm×1092mm　1/16
印　　张：14. 25
字　　数：338 千字　　另附数字资源 200 千字
定　　价：58. 00 元

数字资源

《现代家庭园艺》编写人员

主　　编　杜长霞

副 主 编　崔永一　樊怀福

编写人员　（按姓氏拼音排序）

陈红武（西北农林科技大学）
陈青青（福建农林大学）
崔永一（浙江农林大学）
董丽丽（安徽农业大学）
杜长霞（浙江农林大学）
樊怀福（浙江农林大学）
范志霞（四川农业大学）
高洪波（河北农业大学）
李　斌（山西农业大学）
李晓明（沈阳农业大学）
刘超杰（北京农学院）
吕桂云（河北农业大学）
裘莉娟（西北农林科技大学）
王建霄（河北工程大学）
王丽萍（河北工程大学）
王素娜（河北工程大学）
王　旭（海南大学）
王彦杰（南京农业大学）
吴晓蕾（河北农业大学）
徐迎春（南京农业大学）
阳燕娟（广西大学）
赵普艳（华南农业大学）
郑诚乐（福建农林大学）

主　　审　包志毅（浙江农林大学）

序言

随着社会经济的发展以及人们生活水平的不断提高，我国家庭园艺事业蓬勃发展，成为人居环境建设的重要组成部分，家庭园艺市场前景广阔。家庭园艺学是一门新兴学科，具有创新性和很强的应用性。《现代家庭园艺》即将作为园艺园林相关专业课程教材问世，为培养园艺园林创新创业人才提供了重要的教育教材基础。在中国特色社会主义和美丽中国建设进程中，本书内容能很好地满足人们对美好生活、美好居住环境的向往和需求，受众面非常广泛。

教材具备以下特色：

(1)系统性、专业性强。教材共 7 章，由 4 部分组成，即：绪论(第 1 章)，家庭园艺场所与植物选择(第 2 章)，家庭室内、阳台、屋顶和庭院园艺设计(第 3~6 章)，家庭园艺栽植及养护(第 7 章)。此外，教材后备有附录，简要介绍了家庭常见园艺植物种类(观赏植物、蔬菜、果树和奇趣植物等)的主要习性及家庭应用。总之，该教材全面、系统、专业地论述了家庭园艺场所与植物的选择、不同家庭场所园艺设计及家庭园艺植物养护技术等方面的内容。

(2)应用范围广。教材蕴含了丰富育人元素和内容，可以为我国绿化和景观建设提供理论和技术支持，对于美丽中国建设、打造天蓝地绿水清的生态环境、开创人与自然和谐共生的新境界、形成绿色发展思路和方式具有直接的教育和推进作用。教材适用于本科、职教院校观赏园艺专业等核心必修课、园艺园林专业拓展选修课及其他专业学生的通识选修课程。

(3)内容实用性强。家庭园艺学是一门应用性学科，学生通过学习本教材，可以具备家庭园艺植物合理选择及设计配置的基本能力，并结合分析家庭园艺设计优秀实例，在生活和学习环境中进行实践，做到理论与实践并重。

(4)文笔流畅，图文并茂。该教材组织了国内 14 所大学 20 余位相关专业骨干教师参与编写。教材可读性强，资料全，书中附有植物科属、形态特征及应用价值等介绍，方便读者查阅；教材图文并茂，图文对照，赏心悦目。

总之，这是一部适应社会和时代发展需求的急需教材，希望早日出版发行。同时，作为一部新教材，难免存在不足，可在教材使用和教学实践中不断完善，再版时修改完善。

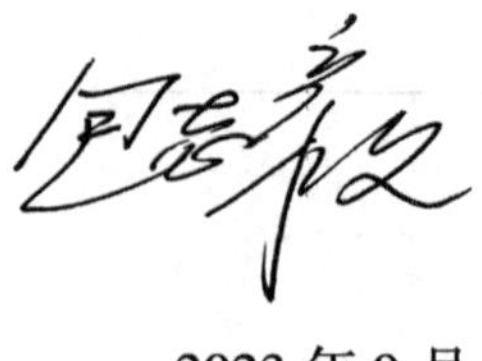

2023 年 9 月

前 言

家庭园艺不仅可美化、净化和装饰家庭环境，自给部分果蔬，而且可调节人们的心情、陶冶性情、活动筋骨、增添生活乐趣，对人们的身体健康有益。随着城市快速发展，人们的生活水平越来越高，人们对于居住环境的要求也逐渐提升，家庭园艺已成为越来越多城市居民的主要家庭休闲方式之一，在人们日常生活中具有非常重要的作用。

家庭园艺是农耕园艺与环境设计的结合体，我国家庭园艺业是近十几年来新兴的园艺产业，拥有广阔的应用和商业前景。目前，对于园艺专业拓宽新领域——家庭园艺方向专业人才培养迫在眉睫，急需一本能紧跟时代发展需求，集中体现新兴领域应用成果、展现家庭园艺设计技巧的教科书。然而，目前市面上已出版的相关家庭园艺书籍中，适用于本专科院校学生课程学习的教材较少，恰逢国家林业和草原局开展普通高等教育“十四五”规划教材建设工作，在各农林院校同行的支持和共同努力下，《现代家庭园艺》这一新编教材便应运而生。

本教材内容从系统性、可操作性及实用性要求出发，由浅入深，较全面地介绍了家庭不同场所(室内、阳台、屋顶和庭院)园艺绿化设计原则和方法，附上优秀的家庭园艺设计实例和示例，不仅便于教学组织，也有利于自学。此外，本教材以纸质教材结合二维码数字增值服务的新形态教材形式呈现，全书附有部分彩色插图及墨线图，配有彩图、经典案例、家庭园艺设计图等内容的数字资源，方便读者通过手机扫描二维码来进行学习，适用于全国高等院校园艺、园林专业等学生作为专业基础课或专业拓展课学习以及其他专业学生作为通识选修课选修学习，也可供高职高专院校同类专业学生作为专业核心基础课学习，还可为广大家庭园艺爱好者自学学习提供参考。

本教材由杜长霞任主编，崔永一、樊怀福任副主编。具体编写分工如下：第 1 章王旭、杜长霞；第 2 章范志霞、刘超杰；第 3 章李晓明、董丽丽；第 4 章高洪波、吴晓蕾、吕桂云；第 5 章郑诚乐、陈青青；第 6 章陈红武、裘莉娟；第 7 章王丽萍、王建霄、王素娜；附录部分徐迎春、王彦杰、赵普艳、阳燕娟、李斌、崔永一、樊怀福。

在此，感谢各位编委拨冗参与教材的编写工作！感谢各位专家、同仁在教材编写过程中提供的建议和帮助！感谢陈红武、陈心怡、方旭、高宇、龚敏、何荣、何建华、蒋一田、林鹏飞、倪丽丽、陆文龙、卢郅凯、邱华锋、任同辉、尚爱琴、沈水娟、税依妮、瞬间、王通、王旭、王艳、温彦臻、熊风、杨明光、杨琼、余来宝、袁字美、宅聪、张超、张青瀚等(以上按姓氏拼音排序)、安徽沃景园林景观工程有限公司、上海景墙绿化有限公司、合肥茵斓园艺有限公司、连云港农业发展集团有限公司、广州田润家科技有限公司(排名不分先后)提供家庭园艺绿化图片或设计图!感谢安徽沃科景观工程有限公司和安徽创景园林绿化工程有限公司(排名不分先后)提供优秀的家庭园艺设计案例!感谢所有帮助收集教材资料或以各种形式为本教材出版做出贡献的学生!

此外，本教材中植物的拉丁学名参考《中国植物志》网络版(http://www.iplant.cn/frps)进行编写、修订。由于编者经验和知识积累有限，这本新编教材的缺点和不足在所难免，恳请各位同仁、专家以及广大读者在使用过程中提出宝贵的意见和建议，以便今后修改完善。

编 者

2023 年 4 月

目 录

1 绪 论

［**本章提要**］现代家庭园艺在城市居民生活中的地位越来越重要。本章介绍了现代家庭园艺的概念和特点，阐述了家庭园艺的作用。在回顾国内外家庭园艺发展历程的基础上，分析了现代家庭园艺的发展现状，并预测了其发展趋势，最后提出了课程的学习目标、内容和方法。通过本章的学习，可让学生们更好地了解并认知现代家庭园艺，且能激发学生对课程的学习兴趣，为系统全面地学习本课程奠定基础。

家庭园艺作为现代园艺业的一个分支而不断发展，其主要目的不再是生产园艺产品，而逐渐演变成为城市居民亲近自然的一种兴趣和休闲活动，城市居民于是成为家庭园艺快速发展的主要推动力量。在喧闹的世界中，城市居民每天工作忙碌，身处其间的人们有着“采菊东篱下，悠然见南山”的理想追求，渴望回归到小桥流水人家的田园生活，奈何无法真正回归田园。于是，在家里为自己开辟一个完美的精神家园，重新找回悠然生活的情趣。家庭园艺在人们的日常生活中扮演着重要角色，家庭园艺的兴起和普及将成为衡量一个国家现代园艺产业发展的重要标志，也是国民生活水平和幸福指数的一个重要体现。

1.1 现代家庭园艺概念及特点

1.1.1 现代家庭园艺概念

园艺一词包括“园”和“艺”二字，《辞源》中称“植蔬果花木之地，而有藩者为园”，“园”意为种植蔬菜、果树、花卉和树木，且有围篱保护的地方；《论语》中称“学问技术皆谓之艺”，“艺”意指技能、技术。因此，园艺大意是指在围篱内种植蔬菜、果树、花卉和林木的生产技艺。家庭园艺是指在室内、阳台、屋顶或庭院等家庭空间范围内，进行园艺植物栽培的生产技艺。根据家庭场所的不同，家庭园艺相应地可分为室内园艺、阳台园艺、屋顶园艺和庭院园艺。

自党的十八大以来，“绿色发展”“美丽中国”生态文明建设持续有效开展，绿色生活理念日渐深入人心，越来越多的人重视居室的绿色植物装饰，以植物装饰家庭环境已经成为一种生活习惯，“花园生活”成为现代家庭园艺最为核心的产业内涵(图1-1)。不同于家庭园艺传统植物配置方法，现代家庭园艺的植物选择更具有多样性，含常绿小乔木、灌木、藤本、花卉、观赏蔬菜、观赏草以及食虫草类奇趣植物等，并适当配置装饰类的小品，以增加情趣和意境，丰富和美化家庭环境。现代家庭园艺被赋予更宽泛更高层次的含义，即种植艺术，是在美学理念指导下进行家庭园艺产业的全程开发。现代家庭园艺是农耕园艺与环境设计的结合体，采用丰富、高效、环保、智能的园艺资材及设施，借鉴植物景观规划设计手法，利用简易、生态的园艺栽培和管护技术，在室内、阳台、屋顶或庭院等家庭场所内进行园艺植物栽培和装饰的活动。

图1-1 现代家庭园艺设计效果图

1.1.2 现代家庭园艺特点

随着社会的发展和人们生活水平的提高，人们对居家环境有了更高的追求，现代家庭园艺已成为家庭装饰中必不可少的一部分，也逐渐成为城市居民业余休闲、娱乐的一种生活方式。相对于传统意义上的园艺而言，现代家庭园艺具有以下特点。

(1)可用园艺空间相对较小，园艺对象种类较多

现代家庭可用于园艺的场所主要包括阳台、庭院、屋顶及室内(如柜台、茶几、窗台、卧室等局部区域)，人们从事园艺活动的空间相对较小。因家庭园艺这种独有的微小种植空间，所选用的园艺植物材料总体相对较小。满足家庭消费者需求的小型植物种类非常丰富，除了常见小绿植袖珍椰子(*Chamaedorea elegans*)、海南菜豆树(*Radermachera hainanensis*)、文竹(*Asparagus setaceus*)等外，还有红掌(*Anthurium andraeanum*)、凤梨(*Ananas comosus*)、蝴蝶兰(*Phalaenopsis aphrodite*)、长寿花(*Kalanchoe blossfeldiana*)、香石竹(*Dianthus caryophyllus*)、微型月季(*Rosa hybrida* cv.)等常规观花盆栽植物的小型品种，以及常见应季蔬菜和一些中小型果树等。为适合家庭园艺植物栽培，款式多样的栽培器皿类及装饰品类等园艺对象一般也选用较小规格，栽培形式多样。总之，现代家庭园艺是在有限的空间里进行某种需求的园艺活动，需要充分考虑不同植物的生长习性，利用有限的光资源，精细化栽培和装饰，使家庭空间效应最大化。

(2) 拓展应用范围广泛

狭义的家庭园艺应用范围是专指家庭空间，包括家庭阳台及外部庭院、屋顶空间，还有室内客厅、卧室、书房、厨房、卫生间的地面、桌面、窗台等可利用的微型空间。广义的家庭园艺应用范围包含建筑空间，即所谓的园艺+，如园艺+书店、园艺+写字楼、园艺+餐厅、园艺+农家乐等形式。现代家庭园艺的应用范围非常广，其每一项都与城市环境管理、绿化美化、生态效益提升息息相关。

(3) 受众面广，可全民参与

家庭园艺是在家庭范围内从事园艺植物栽植和装饰的活动，可根据家庭成员的需求和爱好开展。城市儿童在家中就可接触到耕种文化，初识园艺技术，通过家庭园艺亲子教育体验大自然的奥秘。人们可以利用空闲时间，在家庭范围内种菜养花，进行家庭园艺装饰等，在陶冶性情的同时，为家人创造舒适宜人的居家自然环境。城市工作人员在结束一天的工作后，回到家中，从事适度的松土、浇水、施肥等家庭园艺活动，侍弄花草，能够很好地缓解快节奏的工作和生活压力，放松身心。老人们通过从事家庭园艺活动，在园艺植物栽植和养护过程中忘却孤寂，心情舒畅。总之，现代家庭园艺是整个家庭成员均可参与的有益身心健康、促进家庭关系和睦的一项家庭活动。

(4) “美”的集中体现

现代家庭园艺不仅是为了在家庭范围内进行适应性植物的栽植，更重要的是以环境为载体，综合园艺学、环境设计学等学科知识，要求家庭园艺栽培用的容器美观且环保、选用的园艺植物要美、净化空气能力要强、家庭园艺设计要美，构造“美”的微景观环境。现代家庭园艺不仅给予人们舒适、惬意的居家感受，还可以自给无公害的果菜花等园艺产品，两全其美，最终创造集自然美、艺术美、生态美于一体的家庭园艺微景观。

现代家庭园艺作为一个朝阳园艺产业，融合了装饰、设计、娱乐、健身、教育(科普)、科技创新等多方面的因素，是经济社会发展的必然产物，是人们参与园林园艺活动的过程，是从关心园林园艺的景观和产品到创造性参与和享受过程的飞跃，也正在成为越来越多的现代人所倡导和参与的时尚休闲家庭活动。

1.2 现代家庭园艺的作用

1.2.1 美化、绿化环境

园艺植物种类繁多，千姿百态，颜色丰富多彩，是现代家庭环境美化不可缺少的素材。通过遵循自然规律、考虑家庭成员的需求与爱好、兼顾美化环境与食材自给，家庭园艺可充分利用室内、阳台、庭院和屋顶等空间，让绿色恰当点缀于室内，将阳台、屋顶美化成缩小的庭院，将庭院美化成主人的精神寄托之所，足不出户即可享山林之趣。居室里的一盆绿植、草花或盆景，庭院里的几株果树、一片菜园或花园，均可展现家庭园艺之美。

结合城乡的“美化家园”和“美丽乡村”等活动，以家庭为单位，开展园艺活动，见

（a）水培植物美化阳台　　（b）整栋楼宇绿化

图 1-2　美化居所环境

缝插绿，利用房前屋后以及屋顶、窗台、阳台、露台等零星空间或区域[图 1-2(a)]，配合城乡建设，不仅可以美化居家环境，而且可以形成社区绿肺，达到调节气候、保护生活环境的作用。在过去，只有别墅和农村民居可以利用庭院进行绿化和种植；近几年，以“生态+文化”为主要特征的第四代住宅[图 1-2(b)]开始出现，含有分层次的绿色体系，结合自然环境，既有小区内大区域的绿色景观，又有绿色入户的生态性阳台及户内庭院。第四代住宅以创造舒适的人居环境为主题，从空间、环境、文化、效益四个层次进行综合性规划，做到人、住宅与自然和社会环境间形成一种融洽的共生关系。

现代家庭园艺能够为生活增添色彩，营造回归自然、轻松优雅的意境，丰富生活情趣和质量，让人们享受园艺之美和园艺之妙。在季节变换和岁月更替中，树木、花草和果蔬呈现出各种各样的姿态，每种姿态无不在展示生命的沉淀与美好、岁月的醇香与绵长(图 1-3)。

（a）容器基质培　　（b）管道水培

图 1-3　兼具美化食用降温功能的屋顶叶菜栽培

1.2.2 监测、净化空气

人的一生中80%以上的时间是在室内度过的。室内环境应保持空气新鲜，对健康无负面影响。由于现代家庭室内各种装修和装饰材料的使用，一些对人体有害的成分不断从材料中释放，导致室内环境的污染。

一些植物具备监测、吸收室内空气污染物的能力(表1-1)。植物对大气环境污染的反应要比人和动物灵敏度高，在室内摆放一定数量的植物，既能美化室内环境，又能监测、净化室内空气。

表1-1 指示化学污染物的植物种类(胡长龙，2017)

化学污染物	植物种类
甲 醛	梅
氨	向日葵
氟化氢	唐菖蒲、杜鹃花、梅、郁金香、桃、杏、落叶杜鹃、香蕉、榆叶梅、葡萄、樱桃、月季、玉蜀黍、落花生、番石榴、郁金香、万年青、萱草、牵牛花
二氧化硫	雪松、红松、梧桐、番石榴、大麦、菠菜、苜蓿、地衣、凤仙花、翠菊、四季秋海棠、锦葵、天竺葵、含羞草、唐菖蒲、牵牛花、苔藓植物
碳氢化合物	欧洲赤松、白菜
氯 气	唐菖蒲、落花生、苹果、桃、玉米、洋葱、报春花、雪松、广玉兰、香蕉、波斯菊、金盏菊、凤仙花、天竺葵、蛇目菊、硫华菊、一串红、落叶松、油松等
臭氧和二氧化碳	矮牵牛、地衣
二氧化氮	番茄、莴苣、向日葵、杜鹃花

据调查，经常从事园艺劳动的人体质康健。这是由于有花草树木生长的环境，空气清新，负离子累积。植物不仅有观赏性，而且有净化空气的作用，如吸附烟尘、吸附有害气体等，可减弱噪声和调节环境等。大叶植物如橡皮树(*Ficus elastica*)、龟背竹(*Monstera deliciosa*)、琴叶榕(*F. pandurata*)等植物具有较强吸附空气中灰尘的能力；柑橘(*Citrus reticulata*)、夹竹桃(*Nerium oleander*)、女贞(*Ligustrum lucidum*)、菊花(*Chrysanthemum morifoloum*)等植物，能有效吸收环境中的二氧化硫、氟化氢等有毒气体；吊兰(*Chlorophytum comosum*)、虎尾兰(*Sansevieria trifasciata*)、常春藤(*Hedera nepalensis* var. *sinensis*)、龙舌兰(*Agave americana*)、龟背竹、绿萝(*Epipremnum aureum*)、龙血树(*Dracaena draco*)等，能够吸收空气中的甲醛等有害物质；茉莉(*Jasminum sambac*)、米兰(*Aglaia odorata*)、紫丁香(*Syringa oblata*)等植物的香味可以杀菌；珊瑚树(*Viburnum odoratissimum*)、悬铃木属(*Platanus* spp.)、松柏类等植物可有效降低噪声；大部分植物具有调节家庭周边环境湿度和气温等作用。

1.2.3 自给食材

蔬菜、水果中含有碳水化合物、蛋白质、脂肪、矿物质、维生素，供应人体所需，特别是蔬果中含有大量纤维，可帮助消化，减少疾病的发生。常食用水果和蔬菜，有利于维持人体健康。部分花卉也能食用，烹饪制作成色彩雅丽、清香四溢的佳肴。如不少古籍中收录的“肉汁烩牡丹花[1]”“芙蓉[2]花烧豆腐(雪霞羹)”“梅[3]粥”“莲[4]粥”“芍药[5]花粥”等花卉菜肴；民间流传的一些典型花卉食品如“玉兰饼”，用新鲜玉兰[6]花瓣，裹上面粉和糖芡，油煎便成，香嫩可口；“黄菊花饭”，又名金饭，用菊花脑的花朵，加少许食盐用水(或甘草汤)焯后，与米饭同煮，香味浓郁；“糖桂花”，又名桂花羹，用桂花[7]拌糖，加入少量柠檬酸做成，更是家喻户晓，其色香经年不变。

在果蔬采后的贮运过程中，果蔬中的总糖和有机酸随着果蔬呼吸的消耗而减少，影响营养物质的含量。在各种维生素中，以 V_C 的变化最为明显。家庭园艺可以做到随采随烹，甚至采下即食，最大程度保留了新鲜果蔬的营养和风味(图 1-4)。近年来，越来越多的城市居民开始利用自家的阳台或庭院栽种蔬菜，自种自食，“蔬菜盆景化，盆景蔬菜化”的阳台菜园成为热潮。“都市农夫”的兴起，让网络商家也紧随其脚步，贩售各种种子、菜盆、种植箱等商品，“阳台菜园”“屋顶菜园”日益兴起。“时令蔬菜套餐”“新手入门菜种”等现代家庭园艺商品组合销售火爆。

(a) 室内叶菜的层架水培 (b) 阳台蔬菜管道水培 (c) 庭院蔬菜基质培

图 1-4 基于食材自给的家庭园艺

1.2.4 疗愈身心

园艺与养生有着密切的关系。我国流传着许多谚语，如“养花种草，不急不恼；有动有静，不生杂病”“人在花丛中，精神最轻松”“养花乃雅事，悦心又增寿”“常在花中走，能活九十九”。家庭园艺中，最常见的是养花，老舍先生在《养花》中写道：“有喜有忧，有笑有泪，有花有果，有香有色，既须劳动，又长见识，这大概就是咱们这些爱养花的人一生追求的事情吧。”园艺确实是一项有益健康的活动。

鲜花不仅以其独特的姿态神韵在精神上给人带来美的享受，其色香还有益于人体健康。花卉的不同颜色可以刺激人的感觉器官，活跃思维、兴奋神经、调节情绪，如红、橙、黄等暖色调的鲜花，会使人产生温暖、热烈和兴奋的感觉，令人心情欢快、精神愉悦(图 1-5)。此外，科学家还发现，不同的花香会使人的情绪产生不同的变化，是调解人精神情绪的“天然保健器”，如桂花的香味沁人心脾，有助于消除疲劳，使人感到

---

1. *Paeonia suffruticosa* 2. *Hibiscus mutabilis* 3. *Prunus mume* 4. *Nelumbo nucifera* 5. *Paeonia lactiflora* 6. *Yulania denudata* 7. *Osmanthus fragrans*。

图 1-5 家庭花卉盆栽装饰

如释重负；茉莉花淡香怡人，使人心情舒畅，可改善昏睡及焦虑现象。

家庭园艺劳动强度低，有动有静，相当于轻度的体育锻炼，深受一些中老年人的喜爱。一些老年孤独症患者从事家庭园艺活动后，在花丛之中松土、浇水，闻着沁人心脾的花香，看着绽开的朵朵鲜花和日益长大的瓜果，既增加了身体的活动量，使全身肌肉和骨骼得到活动，血液循环更为流畅，又调节了情绪，在家庭园艺劳动中得到美的享受与丰收的喜悦，从一花一木中获得无限乐趣，忘却了寂寞和孤独。国外专家曾调查了数千名中老年女性的家庭劳动情况，每周进行 2.5h 园艺工作的女性，身体充满活力，不容易发胖静止时心率较低，比经常陷于沉重家务劳动中女性的体质更为健康。

此外，家庭园艺在身心疗愈方面也发挥着重要作用，通过从事园艺栽培等活动和工作，接触园艺植物和自然环境，辅助治疗人们身心方面的疾病，从而达到减轻疼痛、舒缓神经、康复心灵、改善情绪等作用，简称园艺疗愈。园艺疗愈是 18～19 世纪中叶精神病院一种常见的辅助治疗方法，目前在西方发达国家已广泛应用，为人们所熟知。人类罹患的很多疾病与情感有关，园艺活动可以使病人摆脱怨恨、消极等情绪，改善心血管系统功能，改善大脑皮质机能，有助于神经官能症、高血压、心脏病等疾病的治疗和恢复。据研究，积极参加园艺活动，对男性和女性都有不可低估的正面效果，甚至与跑步和游泳等大运动量锻炼取得的效果相当，园艺使人更加健康乐观。许多园艺植物还可以直接用于园艺疗愈，如丁香花、薰衣草（*Lavandula angustifolia*）有治疗失眠、抑郁等功能；桂花可清肺、解郁；紫罗兰（*Matthiola incana*）有助于治疗癫痫；菊花能清热祛风、平肝明目，对头痛、牙痛有镇痛安静的作用；黄瓜（*Cucumis sativus*）有清热、利尿、解毒、美容及减肥等效果；'佛手'（*Citrus medica* 'Fingered'）具有抑菌、调理食欲、安抚并提振精神的功效。

1.2.5 丰富生活、接受教育

由于城市化进程的加快，越来越多的人开始远离农业生产活动，远离大自然，远离植物。工作之余，城市居民渴望到郊区农业观光园等走一走，追寻大自然，尽情享受田园风光，这也成为广大城市居民生活中不可或缺的一件事。如果将农业观光园的缩影搬至家中，在家里从事园艺活动，则随时有花可赏、有果蔬可吃、有景可赏，成为亲近大自然既便利又经济的途径；优美的家庭环境还可增强人们保护环境的意识。

家庭园艺更有利于城市居民认识植物种类、掌握物候期变化、增长科学知识、提高生活质量。同时也可以让城市儿童在家里就可以接触耕种文化，感受四季轮回中自然生命的此消彼长，初步探索植物、土壤、环境的关系，在回归自然中受到教育。儿童和青少年在从事家庭园艺活动的过程中，不但可养成爱劳动的习惯，也可培养耐心、细心与爱心。观察到种子发芽、幼苗成长、鲜花绽放、果实成熟，植物的整个生长发育过程会给予他们一连串的感动与喜悦，是一种非常可贵的生命体验。近几年，果树盆景、苔藓微缩景观、植物墙、雨林缸、鱼菜共生、智能种菜机等新型园艺产品开始走进千家万户，其背后蕴含的科学知识，是生活、生命教育的有力工具。

1.3 家庭园艺简史、现状及发展趋势

1.3.1 国内家庭园艺发展简史与现况

中国的家庭园艺始于庭院园艺，其发展历史悠久。大约在新石器时代中期，即仰韶文化时期(公元前5000—前3000年)，我国先民逐渐脱离原始农业，进入农耕社会，出现了村落和庭院，庭院的社会职能逐渐增加，庭院内的各种布置不仅可以改善小环境，创造良好生活条件，而且在其生产经营活动上，也开始根据社会需求逐渐发展完善，并显示出精耕细作的特有优势。

商周时期(约公元前1600—前256年)帝王家的“囿”，把景色优美之地圈起来，放养禽兽，供帝王狩猎、游乐，囿中草木自然滋生繁育，可以说是家庭园艺的雏形。庭院园艺早在春秋时期就开始有相关记载，《孟子·梁惠王上》记载：“五亩之宅，树之以桑，五十者可以衣帛矣。”可以看出，依靠庭院种桑(*Morus alba*)养蚕织布，基本可满足穿衣需求。魏晋南北朝时期(220—589年)，私家园林数量增加，百姓重视住宅周边的精耕细作和养殖业发展。据两晋史料记载，庭院种植经营理念深入人心，影响广泛。“筑室种树，逍遥自得，池沼足以渔钓，春税足以代耕。灌园鬻蔬，供朝夕之膳。”“开荒南野际，守拙归园田。方宅十余亩，草屋八九间。”这些记载正是两晋时期庭院种植的佐证。北齐文学家颜之推所著《颜氏家训》一文中这样记载：“蔬果之畜，园场之所产；鸡豚之善，埘圈之所生。”生动描述了自产自用、自耕自足的小农生活。

隋唐时期，庭院种植已成为百姓生活和政府财政收入的重要来源。庭院经济经营者在唐代需要以实物形式缴纳税收；唐代的达官贵人和文人墨客开始将诗与画融入私家园林的布局与造景中。南宋朱熹描写庭院柑橘：“君家池上几时栽，千树玲珑亦富哉。荷尽菊残秋欲老，一年佳处眼中来。”元代，庭院种植继续发展，江西抚州人艾性夫记载的“中园植佳橘，插棘为储胥”，是元初庭院园艺存在的写照。

到了明清，江南的私家园林艺术有了精深的造诣，在设计和建造上都达到了高峰。《补农书》记载了明末清初浙江嘉兴湖州地区农业生产的情景，其中包括如今仍广泛应

用的庭院种植模式，“前植榆[1]、槐[2]、桐[3]、梓[4]，后种竹，旁治圃，中庭植果树”。清代初年随着社会逐渐趋于稳定，庭院种植逐渐得到恢复，《松江府志》这样描述：“乡村纺织，尤尚精敏，农暇之时，所出布匹，日以万计。”雍正年间的《江西通志》记载：“江西橘柚，向为土产，不独山间广种以规利，即村落园圃，家户种之，以供宾客。”蒲松龄在《农桑经》一书中提出“种竹必养鸡，竹得鸡矢而茂”的庭院种养结合的经验。在鸦片战争之前，庭院园艺已经日趋成熟。鸦片战争至民国时期，由于社会动荡，庭院经济也止步不前，但在一些地区庭院仍具有供给家庭生活需要和补贴家庭零用等功能，并在战乱时节维持家庭生活方面发挥了重要作用。

改革开放以来，庭院种植中的各种不合理限制得以消除，庭院生产的理论和实践极为活跃。在 20 世纪 80 年代初期，由于农业生产水平的限制，很多地方的庭院生产主要是满足农民温饱需求，产品进入市场的数量较少。1983 年经济学家于光远在《人民日报》上发表的《庭院利用的科学》大力倡导发展庭院经济，引起社会的广泛关注。1985 年河北电影制片厂拍摄的科教片《庭院经济》让广大农民群众更加直观地了解到庭院经济的实质。为了有效推广庭院经济发展模式，1986 年中国科学院在太行山建立山地生态试验站。经过 40 余年的发展，庭院经济生产和经营规模逐渐扩大，生产效率也得到较大程度提高，同时，农民生活水平也得以显著改善。庭院经济发展与市场密切联系，农民的市场意识和生产经验也得到了不同程度的增强，农民也更加注重市场调查和新产品开发。

庭院生产一直作为中国自给自足经济的一个组成部分，在农耕生产中发挥了重要的作用，庭院生产在满足家庭自给消费的同时，还可以通过商品销售或产品交换等形式，来获得维持再生产和生活所需的物质资料。进入 21 世纪以来，庭院生产内容又紧跟社会发展潮流，在劳动密集型、资金密集型或技术密集型生产内容上，发挥出庭院特有的优势。随着人们生活水平的不断提高，现代人的居住观念也正在经历从“居者有其屋”到“居者优其屋”的发展变化。住房不仅是遮风挡雨的地方，还是身心休息的港湾，除室内“硬装修”之外，越来越多的人开始重视居室的“软装修”——绿色植物的装饰。

近年来，广州、武汉、上海、台北等城市，家庭蔬菜种植机、阳台农业等家庭园艺产品及家庭园艺展悄然兴起。2008 年 1 月中国华南地区首个面向高端客户提供家庭花园产品和服务的主题商场——友家花园生活广州旗舰店试营业，“2008 中国家庭园艺生活元年”活动同步启动，标志着一个全新的家庭园艺产业时代全面开启。菜园景观化、情趣化也为家庭园艺发展提供了更多方向，现已有阳台种菜相关研究，从种植蔬菜的品种、播种期、种植模式、器皿、基质筛选、肥料、病虫害防治、灌水设施等方面展开探索，研发出的阳台菜园装置有梯架式、壁挂式、立柱式等，还有家用蔬菜栽培机等小型产品，既节省空间，又达到美化的目的。武汉市“花园家庭”评选活动自 2013 年起每年举办 1 次，即使在疫情期间，仍于 2020 年 6 月以线上云直播的方式，走近绿色家庭，探访武汉人的绿色生活，展示普通家庭参与生态文明建设和生态环境保护的努力与实践。从 2015 年开始，“上海家庭园艺展”每年在上海举办 1 次，展会形式丰富精致，植

---

1. *Ulmus pumila*　2. *Styphnolobium japonicum*　3. *Vernicia fordii*　4. *Catalpa ovata*。

物品种多样，园艺创意巧妙，休闲空间充满情调，业内反响强烈，每次都吸引众多市民及园艺爱好者前往参观。此外，参与家庭数量剧增，花园质量明显提高，除了美化环境，在植物品种、植物搭配和造景手法上，技艺水平都有很大提升。

1.3.2 国外现代家庭园艺发展概况

1.3.2.1 欧洲

在欧洲，几乎家家都有园艺爱好，家家窗台都摆放着各式组合小盆花；欧洲的花卉园艺超市很多，主要为家庭园艺提供服务。

(1)法国

法国早在1959年就推行“以花装饰法国(Fleurir la France)”运动(简称F. F. 运动)，目的在于通过对街道、生活环境的美化，对历史建筑物与自然环境的保护以提升法国国际形象；巴黎继20世纪末开始在城市楼房建立“屋顶农场”之后，又开始发展家庭“阳台上的果菜园”，种植各种水果蔬菜，如草莓(*Fragaria×ananassa*)、苹果(*Malus pumila*)、桃(*Prunus persica*)、柑橘、樱桃(*P. pseudocerasus*)、梨(*Pyrus*)、番茄(*Solanum lycopersicum*)、豌豆(*Pisum sativum*)、萝卜(*Raphanus sativus*)、卷心菜(*Brassica oleracea*)、黄瓜和香葱(*Allium schoenoprasum*)等。巴黎城区或郊区的园艺用品商店提供一些选育的矮化果树品种，并提供种植和管理方法。

(2)英国

英国于1964年开展“花开美丽英国(Beautiful Britain Bloom)”运动，用鲜花和绿色创造美丽街道景观。2008年，英国多家机构共同发起一场“自己种菜”运动，主题为“如何把阳台变成丰产的菜园”，此项活动命名为“伦敦食品先锋计划”。近年来，英国约克郡连续举办巨型蔬菜大赛，南瓜(*Cucurbita moschata*)、胡萝卜(*Daucus carota* var. *sativa*)、卷心菜、甜菜(*Beta vulgaris*)根、马铃薯(*Solanum tuberosum*)及大葱(*Allium fistulosum* var. *giganteum*)都是每年的保留评选项目，很多家庭种植者为蔬菜生长创造最适宜的条件，力争在大赛中获奖，这项大赛有效地提高了当地的种植水平。英国《园艺快报(*Gardening Express*)》的一份调查显示，英国园艺爱好者人均会花费3万英镑养护花草，这些投入换来的园艺产品和知识，丰富着英国国民除体育运动外的最大业余爱好。

(3)德国

19世纪初，工业快速发展，欧洲建立了许多工厂，大批德国人从乡镇迁居到城市，由于收入低微，贫困问题十分严重。为了缓解贫困局面，维持人们的温饱，德国政府划出一片区域设立小面积的菜园，将其分给穷人耕种，“穷人花园”因此得分。根据德国花园友人联合会(Bundesverband Deutscher Gartenfreunde，BDG)2017年发布的数据，德国约有500万人租用约100万个小花园。如今欧洲越来越多的国家开始流行穷人花园，越来越多的新移民开始加入小花园租户的行列，租下一块花园种植家乡的瓜果蔬菜，既能融入当地的生活方式，又能保留对故乡的记忆，可谓一举两得。

(4)西班牙

科尔多瓦(Córdoba)是西班牙南部安达卢西亚区域中心的一座小城，气候炎热干燥，在古罗马时期人们就有修建庭院并种植花草的习俗，每年5月，这里都会迎来科尔多瓦庭院节。这个节日也是一个比赛，对庭院里栅栏和阳台上的花草装饰美观度进行评比，设立各级奖项，最漂亮最受欢迎的庭院还会得到庭院爱好者协会大奖。参赛的庭院会在此期间向公众开放以供观赏品评。2012年，科尔多瓦庭院节被联合国教科文组织列入世界非物质文化遗产名录。

(5)荷兰

荷兰苹果屯花园占地15hm^2，是一座由逾200座示范花园组成的花园区。它是全世界园艺爱好者的天堂，从大型郊野公园范例到精致的小庭院，从精巧东方花园到英式自然花园，处处让人感到放松舒适。通过举办花园节，向园艺爱好者展示花园设计的灵感和构思。整个苹果屯花园一共分为15个区，每个区域都有不同的主题或风格的花园展示，同一个区域也可以看到不同的经典风格。苹果屯花园不仅是全荷兰最大，也是全球最为壮观的综合式花园示范区。

(6)瑞典

家庭园艺是瑞典最普遍的娱乐活动之一，约有65%的瑞典成年人利用部分闲暇时间从事园艺活动。

1.3.2.2 北美洲

第二次世界大战期间，美国时任总统富兰克林·罗斯福的夫人埃莉诺·罗斯福发起一场“自家种菜运动”，以帮助全美民众渡过战争食材难关。园艺种植是最受美国人欢迎的户外闲暇活动之一，他们认为园艺就是居室的脸面、住家的灵魂、兴旺和衰落的象征。美国人渴望用园艺来装扮家庭，美化环境，寻求一份安宁。闲暇时在自己家里进行园艺活动，已成为美国人最喜爱的体力劳动之一。在美国的居住环境中，庭院是重要的组成部分。人们热衷从事园艺活动，家庭备有齐全的园艺工具，他们购买植物装点庭院，定期修剪草坪、修整灌木、清理土地，进行植物种植和养护等。对于居住在公寓房或单元房的人们来说，虽然没有庭院，但会在阳台和屋顶栽花种草，或摆放盆栽，或吊挂花盆等，休闲时浇水、修剪、换盆。2009年，时任美国总统奥巴马的夫人米歇尔·奥巴马将一片草坪开辟为白宫菜园，邀请青少年来白宫菜园种菜，体验劳动的快乐。利用白宫菜园，米歇尔为自己一家、白宫宴会活动甚至华盛顿一个食物救济站提供了许多新鲜水果和蔬菜。

园艺已深入美国人和加拿大的家庭生活，花卉及园艺产品消费已成为人们的生活习惯。由Scotts Miracle-Gro和Wakefield research联合展开的2020年园艺研究发现，55%的美国家庭从事园艺活动，趣味栽培花草和蔬菜是最受欢迎的休闲活动之一，许多美国人感受到自己种植可食用植物的乐趣。根据加拿大园艺理事会的数据，约40%的加拿大家庭在自己的房子里或社区的公共空间里进行园艺活动，这些活动包括种植蔬菜、花草和建植草坪等。据美国国家园艺协会(National Gardening Association)2021年调查，近年美国新增了1830万园艺消费者，《食材花园》节目的收视率增长了4倍。在种植季，人们每周要花3~4h在自己家里进行种植、修剪等园艺活动，每年在购买种子、肥料、工具和工作服等园艺资材方面投入不菲，由此也可看出家庭园艺在美国人生活中的重要性。美国农业部和许多大学都十分重视普及家庭园艺教育，编印出版大量相关出版物，还成立了专门的家庭园艺推广机构。由于美国有几百个独立运营的地方多功能园艺中心，这些园艺中心的功能与欧洲类似，也提供包括各种园艺资材和花园家具等在内的各种园艺用品，并提供简单的餐饮。在美国的园艺中心从种子、种苗、盆花、树木、土壤、肥料到花园家具、雕塑甚至小温室品种齐全，家庭园艺产品购买便利。

1.3.2.3 亚洲、大洋洲地区

除了欧美一些发达国家外，亚洲、大洋洲地区一些国家的大中城市均提倡和鼓励家庭和居民从事园艺和绿化活动。

(1)日本

日本1989年推行的花街营造运动和日本广播协会(NHK)的“趣味园艺”节目，带动全民从事家庭园艺活动。1990年举办的大阪花卉博览会，更是增加了家庭园艺植物的消费量，现今的日本花卉市场每年有近2500种盆花新种类上市，足见需求之旺盛。

(2)新加坡

新加坡于1970年开始大力倡导“花园城市(Garden City Campaign)”运动，不仅在短短10年之间将这座繁华的都市变成了一座绿荫环绕、芳草如茵的花园，而且极大地激发了全体市民从事家庭园艺的热情。由于新加坡缺少土地，新鲜蔬菜对外依赖程度很高，越来越多的新加坡人开始在家庭种菜，因为组屋面积不大，智能立体种菜设备在新加坡日益受到欢迎。

(3)韩国

在韩国，以退休老人为主体的家庭园艺热潮逐渐向年轻群体扩散。新冠肺炎疫情暴发后，保持社交距离政策导致人们的居家时间增加，家庭园艺越来越受到年轻人的青睐，多种植物策展课程上线网络。疫情期间，人们通过种植和照料植物缓解焦虑，舒缓心情。韩国某大型购物中心的统计结果显示，虽然受新冠疫情影响整体销售额锐减，在全民普遍进入“宅家”模式的2020年，家庭园艺商品销售额保持18.7%的增长势头，其中花盆和花瓶的销售额分别增长了46.5%和22.3%。

(4)斯里兰卡

家庭花园有助于营造一个有凝聚力的社会环境，提高家庭的地位和财富。在斯里兰卡的农村和城市地区，家庭花园主要是为了方便获取新鲜的植物和动物食物来源。因为有了家庭菜园里的产品，居民的自给自足能力得到了提高，家庭花园水果、蔬菜和畜禽产品销售获得的收入可购买额外的食品和其他物品，以及用于储蓄、教育和其他用途。人们就地取材，塑料袋、PVC管、瓷砖、货架、空瓶、轮胎、空桶等，都可用作家庭园艺资材。

(5)澳大利亚

过去10年间，澳大利亚的家庭园艺业经历了包括从消费群体到家居设计的全方位转型。园艺消费者从之前的50~60岁家庭主妇主导型转为30~50岁的更年轻的家庭成员。此外，随着人们对园艺的爱好与重视，澳大利亚的建筑设计也在悄悄发生变化。过去的设计通常是将厨房和主屋分开，并面向庭院最差的方位，而现在厨房是住宅建筑中

非常重要的一部分，和美丽花园或走廊连在一起。厨艺和园艺，正成为澳大利亚人生活中不可或缺的内容。

1.3.3 未来家庭园艺发展趋势

近年来，我国一些大中城市纷纷举行家庭绿化设计竞赛、家庭园艺节等活动，极大地推动了家庭园艺的发展。居民在日常生活中对园艺服务和产品的使用也非常频繁，家庭园艺将会成为城市家庭新的需求增长点。除国人一直热衷的蔬菜瓜果类外，近年来国内火爆的多肉植物、小型盆栽以及流行风尚的鲜切花，反映了家庭园艺市场的活跃度。家庭园艺迎合了国民越来越注重高品质和性价比的消费理念，消费量大、利润高。国内许多园艺、园林和景观公司将家庭园艺视为企业转型及新业务增长的方向之一，特别是长三角和珠三角地区的一些大型园林公司、种苗生产公司都在积极布局花园中心的营建、家庭园艺产品和服务的开发等。

另外，未来在推动家庭园艺的发展过程中还将有新的资本、新的行业(如互联网、物流、生活服务)的加入。同时，由于家庭园艺的进入门槛较低，大小家庭园艺电商不断涌现，百花齐放，竞争激烈。除别墅、排屋这些真正拥有“院子”的家庭能进行家庭园艺活动外，城市中大多数仅有阳台的住宅小区居民数量庞大，消费潜力巨大。

据学者预测，我国人均收入和中等收入群体都将持续增长，这将会对消费升级形成巨大推动作用。科技创新是必经之路，传统的家庭园艺技术和产品已十分丰富与完善，为适应当前人们对高效、便捷生活的追求，家庭园艺产品和技术也将顺应时代潮流，紧随国家科技创新发展战略方向，向产品机械化、智能化的方向发展，在保证优质的同时，让用户在进行家庭园艺生产时能更方便快捷。

总的来说，中国家庭园艺市场是一个前景广阔、充满潜力的市场。在未来，家庭园艺产业市场格局将会逐步成熟并趋于稳定，消费结构也会更加均衡。人们高涨的家庭园艺的热情，也会促使国内出现更多且更专业的家庭园艺企业。国内家庭园艺活动的空间以阳台为主，这与欧美的别墅花园有着很大区别，所以可用空间将决定着家庭园艺的发展规模。另外，开发出适合我国消费者需求的产品，并且需要开拓新的思路，整合现有产品的优点，将新型科技开发运用到家庭园艺产品开发中，如用物联网技术养护家庭园艺植物、开发家庭智能栽培系统等。家庭园艺的消费载体与消费习惯是促使家庭园艺产业蓬勃发展的关键因素，因此，在开发国内家庭园艺产品同时，还需培养我国居民的消费载体与消费习惯。

大量的成功案例表明，只有顺应时代变化，将家庭园艺产品创新研发与国民消费升级紧密结合，依靠互联网和线下体验相结合，才是现代家庭园艺的新出路。虽然我国现代家庭园艺比欧美等国家起步晚，但它依旧在中国表现出积极向上的发展态势，始终拥有庞大的市场需求，充足的购买力和人力是我国的优势和资源。随着党的二十大胜利召开，扎实推动绿色发展，促进人与自然和谐共生，深刻把握生态文明建设关乎中华民族永续发展的根本大计。建设美丽中国是人民群众对优美生态环境的热切期盼，也是生态文明建设成效的集中体现。相信在不久的将来，家家满园绿的景象将成为常态，现代家庭园艺也会以全新的面貌走进千家万户。

1.4 现代家庭园艺课程学习要求

1.4.1 教学目标

现代家庭园艺课程是以园艺植物栽培学、花卉学、园林树木学、果树学和蔬菜学等专业课程为学习基础，主要面向观赏园艺专业方向、园艺学、园林学等相关专业(方向)学生开设的一门实践性强、应用性广的专业核心课程或专业拓展课程。通过本课程学习，使学生了解园艺绿化、美化和净化在城市居民生活中的重要作用，培养学生重视家风、建设幸福家庭，提升农林情怀、家国情怀和社会担当，激发学生对家庭的热爱，培养学生的社会责任感。学生在充分理解家庭园艺场所、家庭园艺植物的分类、家庭园艺设计的总体依据和步骤等基础上，掌握家庭不同场所园艺设计方法、家庭园艺植物养护技巧等，具备开展家庭园艺植物种植、管理及园艺设计的基本能力。

1.4.2 要求掌握的内容

根据本课程章节设置，要求学生学习并掌握以下内容：

①掌握现代家庭园艺概念、特点、作用；了解家庭园艺的发展历史及现状。

②掌握家庭园艺场所选择及园艺设计的总体依据、步骤；掌握家庭园艺植物分类及选择原则。

③熟练掌握家庭不同场所(室内、阳台、屋顶和庭院)园艺绿化设计要点、原则、植物选择与配置要求；理解不同场所园艺设计示例优缺点并学会家庭园艺设计。

④掌握家庭园艺植物栽植环境特点、植物栽培和繁殖方法。

⑤针对家庭园艺植物栽培常见问题，掌握家庭园艺植物养护的主要措施。

⑥完成实践课程、平时测验等作业及课程考试。

1.4.3 学习方法

家庭园艺是一门应用性广、实用性强、理论和实践并重的课程，重在培养学生勇于实践和探索的科学精神，使学生具有根据需求进行技术解决方案以及规划与设计的能力。因此，在学习上，要勤于实践，增强平时实践课程的学习以达到学以致用的效果。积极分析、调查研究现代家庭园艺普及情况；主动参与家庭园艺植物无土栽培、家庭芽苗菜栽培、家庭植物肥料和农药等农资制作、家庭园艺植物整形修剪及日常养护等实践，学会各种家庭园艺相关操作技术；查阅文献和书籍资料，讨论家庭园艺设计案例优缺点并进行家庭不同场所园艺设计，分析园艺设计作品并进行评价，从不断实践中发现实际问题并解决问题，进一步加深对理论课程内容的认知。

随着社会的不断发展和快速进步，现代家庭园艺已成为现代园艺的重要组成部分。充分利用现代科学技术的先进成果，注重自主学习能力的培养，除认真学习教科书上的知识外，还需加强自学，拓宽知识面，从多方面系统地掌握现代家庭园艺学知识。利用互联网、书刊等媒介，跟踪家庭园艺创新产品、新技术的前沿动态，在理解家庭园艺基本理论知识的基础上，不断创新家庭园艺知识体系，才能完成具有特色的、创新的、满足家庭需求的、服务城市生态发展的优秀家庭园艺设计。

思考题

1. 什么是现代家庭园艺？具有哪些特点？
2. 试述现代家庭园艺的作用。
3. 如何学习现代家庭园艺课程？

推荐阅读书目

1. 家庭园艺装饰与养护. 孔云，姚允聪，王绍辉等. 化学工业出版社，2009.
2. 在阳台栽美景、种美味. 日本 Graphic-sha 编辑部. 电子工业出版社，2014.
3. 家庭园艺百科. 珍妮・亨迪，西蒙・奈克若尔德，齐亚・奥利维等(英). 北京出版集团公司，2015.
4. 园艺百科全书(典藏版)(第 2 版). 克里斯托夫・布理克尔(英). 电子工业出版社，2021.

2 家庭园艺场所与植物选择

[**本章提要**]现代家庭中室内、阳台、屋顶和庭院是人们开展园艺活动的地方，也是主要的家庭园艺场所。园艺植物的选择对家庭园艺来说至关重要，本章从现代家庭园艺场所的选择入手，阐述园艺设计的总体依据和步骤，并从家庭园艺植物的选择原则和分类对园艺植物的具体选取进行详细的叙述。园艺场所的科学选择、规划设计和园艺植物合理选择，可以使家庭变成人们陶冶情操、休闲放松的绝佳场所。

家庭园艺是人们与大自然进行亲密接触的生活方式。现代人不仅关注生活质量，也关注居室环境和空气质量，家庭园艺可以美化居室环境、改善空气质量，从而提升人们的生活质量和幸福感。根据家庭场所的不同特点选择家庭园艺场所，并进行科学规划和设计，再根据园艺植物的选择原则和分类对植物进行科学合理的选择和搭配，可以营造自然、充满诗情画意的家居环境。

2.1 现代家庭园艺场所

随着人们生活水平的提高及城市化的发展，人均可种植的土地面积逐渐减少，人们对家居环境、园艺植物的生产及精神生活的需求逐步提高，家庭园艺得以逐渐发展和壮大。

城市化发展给市民的居住环境带来了巨大的改变，发展家庭园艺的场所也发生了变化。从乡村生活中随处可见的可供利用的土地，在城市化过程中变得稀缺。可供家庭园艺实施的场所，主要有室内、阳台、屋顶和庭院等。

2.1.1 现代家庭园艺场所的选择

2.1.1.1 室内

随着城市化的发展，人与自然的互动越来越少。在快节奏的生活和繁忙的工作之余，利用室内种植植物的方式可以缩短与自然的距离，室内园艺应运而生(图 2-1)。通过科学选择室内绿化植物，合理配置、科学种植，可营造舒适、健康的居住环境；既满足人们亲近自然的强烈愿望，又能美化室内环境，还延伸和拓宽了城市的绿化空间，提高了生活品质。

室内是家庭园艺的重要场所之一，包括玄关、客厅、卧室、书房、餐厅、厨房、卫生间、窗台等。在室内种植园艺植物具有净化空气、降温增湿、分隔空间、缓解压力、陶冶情操等作用。

2.1.1.2 阳台

阳台是城市居民实现“都市农夫”和家庭田园梦想的最佳载体。同时，阳台对于绝大多数家庭来说，是种植园艺植物绝佳的场所(图 2-2)。阳台是室内与室外的过渡场所，在阳台上进行园艺绿化，可美化家庭的居住环境，缓解视觉疲劳和精神压力，增添生活情趣。阳台植物可调节室内空间的温湿度，缓解干燥，在炎热的夏季带来清凉。更为重要的是，近年来城市灰霾现象和空气污染严重，在阳台摆放一些能吸附灰尘或吸收有害气体的植物，可以净化室内空气，大大减少空气污染的危害。

选择阳台作为家庭园艺的场所，必须了解阳台的环境特点，阳台的空间一般比较狭小，需要盆栽或者种植箱；空气干燥，湿度较低；阳台的承重能力有限；光照充足，但分布不均匀，在种植园艺植物时，为了保证植物均匀生长，一般需要定期转盆，让植物不同位置得到光照。

2.1.1.3 屋顶

屋顶花园，是通过在屋顶种植植物和配置构筑物、建筑小品使之达到花园的效果(图 2-3)。屋顶花园不仅有优良的降温隔热效果，而且能美化环境、净化空气、改善局部小气候，还能丰富城市的俯仰景观，补偿建筑物占用的绿化地面，大大提高城市的绿化覆盖率，是一种值得大力推广的屋面形式。由于受阳光的直射，城市屋顶实际上变成了隐

图 2-1 室内园艺

图 2-2 阳台园艺

形热源，也是城市热岛效应的“罪魁祸首”。在世界“碳达峰”到来之前，碳排放量将会呈现逐年升高的趋势，因此，如何有效利用绿色植物进行碳的反向吸收从而中和碳排放是降低温室效应的有效途径之一。屋顶花园和屋顶绿化的配置，实现屋顶与地面等面积绿地置换，有效地扩大了“空中绿地面积”，也有助于原有绿色生态的修复还原与保护。

屋顶花园的设计和建造要巧妙利用主体建筑物的屋顶、平台、阳台、窗台、女儿墙和墙面等开辟绿化场地，并使之有园林艺术的感染力。在设计屋顶花园的同时要考虑屋顶的承重和防水、渗水设计。

2.1.1.4 庭院

庭院，又称庭园。清代纪昀在《阅微草堂笔记》中指出，庭院是正房前面的宽阔地带。现泛指院子，指建筑物前后左右或被建筑物包围的场地。庭院园艺，俗称花园，是家庭园艺的重要载体，富含历史、文化、人文气息，形成了多种风格、各成体系的各种花园(图 2-4)。总体来说，花园是以植物观赏为主要特点的绿地，是园林中最为常见的一种类型。花园可独立设园，也可附属于宅院、建筑物和公园内。花园以观赏树木、花卉和草地为主体，兼配有少量的园林小品等。可美化环境，供人观花赏景、休息和户外开展活动。家庭花园通常面积较小，却栽植有多种花卉，利用花坛、花台、花缘和花丛等方式来丰富色彩和姿态，并以常绿植物、草坪和地被植物加以衬托。

图 2-3 屋顶园艺

图 2-4 庭院园艺

庭院园艺可以灵活调节家庭生活的生态环境，提高审美；同时，庭院园艺是绿色园艺产业的重要组成部分，不仅能带动相关产业的发展，更有助于小区生态价值和经济价值的提升。庭院内种植蔬菜水果，研究者和爱好者自主探究培育作物品种、组合方式，可满足居民的健康饮食和个性发展需要。

2.1.2 现代家庭园艺场所绿化的总体依据

2.1.2.1 适宜的环境条件

屋顶、庭院、半封闭阳台等处的气候环境属于露地环境，虽然有城市热岛效应，但是并不明显。应充分考虑到当地的气候特性，重点关注光照、温度、湿度和土壤等环境特点，在植物选择上应重视乡土植物，因其容易管理。如果管理技术水平有限，应避免选择一些新、奇、特的植物，以减少养护成本。

客厅、卧室等室内环境最大的特点是光照不足、相对湿度偏低、温度变化幅度较小。北方冬季室内有暖气，温度完全能满足植物生长的需要。即便是南方，室内温度也一般比室外要高，能够满足部分耐寒植物的生长需要。同时注意部分居室的通风情况，通风不畅的房间，尽量避免选择一些气味较大的植物。在选择植物时要选择四季常绿的耐阴植物。

2.1.2.2 满足家庭成员的爱好和需求

在进行室外空间设计时，不仅要考虑到能够为儿童提供玩耍区域，还要为儿童创造更多与大自然接触的机会，激发他们的想象力，并配置一些休息区域以便于家长观察了解儿童在花园的整个活动情况，同时满足老人室外活动的需求。

客厅、居室等室内空间是家庭生活休闲的主要空间，同时也是家庭成员交流的重要场所。园艺景观设计和植物配置，应充分体现出和睦、温馨的氛围，做到重点点缀，甚至达到画龙点睛的效果。

①空间的合理划分　对家庭进行园艺景观设计时，首先，应该对家庭空间进行良好的划分，这样景观设计才能更加符合人们的审美观。对空间进行合理划分时，还要遵循一定的原则，如对家庭景观设计时要根据家庭的实际大小进行设计，这样设计出来的景观能更好地与家庭整体相适应。其次，还要遵循户主的需求进行设计、施工。

②空间的艺术化处理　家庭景观是人造景观，在对家庭景观进行设计的过程中，景观表现人们对于自然环境的期望和需求。但是在实际设计过程中，由于家庭内部空间有一定的局限性，真正的自然风光并不能全部进入到家庭内部。因此，在进行家庭园艺景观设计时就要做艺术化的处理，以丰富家庭园艺景观的空间和层次，才能够很好地增强家庭园艺景观设计的美感。

③空间氛围的营造　家庭园艺景观设计时需考虑氛围营造，主要针对家庭空间的大小以及家庭的整体风格和建筑的整体外观等，家庭氛围营造完成之后，能够很好地提升整个园艺景观的层次，提升整体美感。家庭园艺设计的初心是为了追求更美好的生活。因此，要尽可能地满足家庭所有成员的不同需求，充分考虑其不同诉求，主要由住户的职业、情趣、爱好等各方面决定。

2.1.2.3 考虑家庭的经济条件

追求美好的环境是人们的共同愿望，家庭园艺造景的根本目的就是为人们提供清新、便利、舒适、优美的环境。伴随人们对环境要求的逐渐提高，家庭园艺景观造价也越来越高。在进行家庭园艺景观设计时应考虑如何科学地利用现有资源，以最适当的投入，带来较大的景观效益、社会效益、生态效益，同时兼顾植物景观可持续发展。

家庭园艺造景的经济性要求结合造景区域地形、地貌、土壤、气候综合环境因子；充分考虑实用、便利和与周围环境的融合，将园林造景材料进行科学的、技术的组合；充分发挥乔、灌、草、花、攀缘植物的生态效益。

虽然规划设计方案相同，但是不同规格的绿化树种造价不同。一般来说，植物材料规格越大，价格越高。因此，应根据家庭的经济情况选择经济适用的绿化植物材料。

2.1.3 现代家庭园艺场所绿化设计的步骤

2.1.3.1 调查场所的基本情况

设计之前，应先做好场所基本情况的调研，因地制宜，在原有基础上进行改进和提升。室外花园、阳台等，应重点调查花园的面积、地形，光线是否有遮挡等；室内客厅、居室等，应重点调查家具摆放位置，园艺植物拟放置的位置，整体家居风格。尽可能与建筑整体的装修风格保持一致，并考虑家庭成员喜爱的元素和基本需求，设计出完整的方案，打造一个充满温馨、文化、和睦氛围的家庭园艺场所。

2.1.3.2 规划绿化用途和风格

家庭园艺的用途和风格多种多样，在开始建造之前，一定要设计好用途和风格，然后开始基础设施搭建和植物配置。

统筹室内和室外的功能，建成家庭成员的休息室，可添加适量的软装饰，以体现家庭氛围，如色彩鲜艳的靠垫、柔和的灯光、暖色调的地毯等。把家庭打造成园艺休闲空间、远离喧嚣之地。

2.1.3.3 拟定家庭园艺设计图

家庭园艺设计是指在一定的地域范围内，通过改造地形、种植植物、营造建筑和布置园路等途径创造美的自然环境和生活、游憩境域的过程。通过景观设计，使环境具有美学欣赏价值和日常使用的功能，并能保证生态可持续性发展。在一定程度上，体现人类文明的发展程度和价值取向及设计者个人的审美观念。施工之前，一定要根据自己的思路，综合考虑各方面的因素，认真完成设计图纸。

2.1.3.4 基础设施搭建

园艺植物景观施工，要先规划道路、搭建基础设施(如灌溉设施、照明设施、架子、园林小品等)，将这些设施布置完毕之后，再开始植物配置。

进行家庭园艺景观设计时，可以使用地面式栽培容器，也可以使用壁挂式、花架式、悬垂式等立体栽培容器。不同样式的模式所呈现的效果不同，这样家庭园艺景观多样性才能得到更好的体现。植物的体积较大时一般使用地面式容器，才能够保证摆设时的安全性。使用壁挂式容器时，主要是在墙壁、角落或者水管上设置挂架或者花槽。使用花架式对家庭园艺进行装饰过程中，可以使用立体花架承载植物，这样也能在一定程度上增强家庭园艺景观的立体感，经常使用的花架有阶梯性花架、柱式花架。附属性设施的色彩和形态尺寸应该与整个园艺景观的整体相协调、不突兀，家庭园艺的美感才能更好地展现出来。

设施要满足安全性和易维护性。家庭园艺防护设备(如围栏、支架等)，需定期维护，以免因其损坏而使花盆掉落，出现花盆破碎或砸伤行人的情况。此外，家庭清洁设备(如扫帚、拖布等)，是保证家庭园艺景观正常使用的根本，也应考虑合理安排、利用。

2.1.3.5　植物配置

园艺植物是家庭园艺中最重要的素材，植物配置的优劣直接影响到场所的绿化效果。植物配置不仅要遵循科学性，而且要讲究艺术性，力求科学合理地配置，营造出温馨、和睦的家庭氛围。在植物配置时应注意以下原则：

①景观艺术性原则　注意不同园艺植物形态和色彩的合理搭配，应根据需要配置而且相互之间不能造成视角上的冲突。

②比例适度　与周围环境高度及阔度成比例，过大过小都会影响美感。一般来说居室内绿化面积不得超过居室面积的10%，这样才能使室内有一种扩大感，否则会使人觉得压抑。室外空间的绿化则应注意跟周围建筑的协调性，避免突兀。

③植物色彩与环境相和谐　可运用对比的手法，如背景为亮色调或浅色调，选择植物时应以深色的观叶植物或鲜丽的花卉为宜，这样更能突出立体感。室外环境可以选择更多色彩，营造五彩斑斓的氛围。

④兼顾植物的特性　蕨类植物的羽状叶给人以亲切感；紫鹅绒(*Gynura aurantiaca*)质地使人温柔；虎刺梅(*Euphorbia milii*)则展现出钢硬多刺的茎干，使人避而远之；竹造型体现坚韧不拔的性格；兰花有居静芳香、高风脱俗的性格。植物的气质与主人的性格和家庭园艺气氛应相互协调。注意避开挥发有害气体的植物种类，尤其是在室内空间，如夜来香(*Telosma cordata*)夜间排出废气使高血压、心脏病患者感到郁闷；郁金香(*Tulipa gesneriana*)含毒碱，连续长时间接触会使人头昏。

2.2　现代家庭园艺植物的选择

2.2.1　家庭园艺植物选择原则

(1)选择易养护、适应能力强的植物

家庭园艺植物需要人们的关注和呵护。现代人工作压力大，生活节奏快，养护植物知识偏少，所以易养护、适应能力强的植物是首选。有的植物只需简单养护就可以保持较佳的生长状态，如水培植物，不需松土、施肥、换土、除草，只需定期更换营养液或清水即可。多肉植物(图2-5)的养护也相对简单，需水量少。适应能力强的植物有耐旱、耐寒、耐阴、耐热、耐涝等特性，在环境条件恶劣时依然能够存活，如叶子花(*Bougainvillea spectabilis*)、虎尾兰、仙人球(*Echinopsis tubiflora*)等。很多室内花卉是耐阴花卉，如'白掌'(*Spathiphyllum floribundum* 'Clevelandii')、吊兰、文竹、绿萝、八仙花(*Hydrangea macrophylla*)、君子兰(*Clivia miniata*)、龟背竹、兰花、橡皮树、球兰(*Hoya carnosa*)、水塔花(*Billbergia pyramidalis*)、富贵竹(*Dracaena sanderiana*)、吊竹梅(*Tradescantia zebrina*)、马拉巴栗(*Pachira glabra*)等。耐寒的植物有'紫叶'小檗(*Berberis thunbergii* 'Atropurpurea')、'金丝'薹草(*Carex oshimensis* 'Evergold')等，在-12℃以上都可以存活。

图 2-5　多肉植物

(2)选择具有较高观赏价值的植物

园艺植物的观赏性是园艺价值的一个重要方面，观赏价值高的园艺植物在带给人们视觉美的享受时，还给人精神的愉悦和思想的启迪。园艺植物的观赏性表现在风韵美、寓意美、色彩美等多个方面。

①具有风韵美的植物　大花蕙兰(*Cymbidium hybrid*)(图 2-6)花朵硕大且数量繁多，花形优美，花色丰富，有高雅端庄的风韵；君子兰文雅、俊秀，有君子的风韵；文竹(图 2-7)翠绿轻柔，有飘逸潇洒的风韵；而龟背竹、竹芋(*Maranta arundinacea*)等植物叶形或叶片表面图案独特优美，具有热带植物风韵；虎耳草(*Saxifraga stolonifera*)、吊竹梅、冷水花(*Pilea notata*)、金琥(*Echinocactus grusonii*)等植物小巧可爱，若配之以卡通型花盆，更能增添其可爱玲珑的风韵。

②具有寓意美的植物　较多园艺植物都有吉祥美好的寓意。如常春藤有友谊和爱情永远、永恒的寓意。菜豆树(*Radermachera sinica*)、兰屿肉桂(*Cinnamomum kotoense*)等具有幸福、平安的吉祥意义。马拉巴栗(别名发财树)、富贵竹、雪铁芋(*Zamioculcas zamiifolia*)(别名金钱树)、铜钱草(*Hydrocotyle vulgaris*)等有发财、富贵、金钱的寓意。合欢(*Albizia julibrissin*)有消除忿怒和怨恨的含义，有夫妻和谐、家人团结及邻人和睦的寓意。百日菊(*Zinnia elegans*)别名步步高，有步步高升的吉祥寓意。龟背竹具有健康长寿的寓意等。

③具有色彩美的植物　很多观花植物和彩色观叶植物都具有丰富的色彩。瓜叶菊(*Pericallis hybrida*)、三色堇(*Viola tricolor*)、太阳花(*Portulaca grandiflora*)、大丽花(*Dahlia pinnata*)、半枝莲(*Scutellaria barbata*)、风信子(*Hyacinthus orientalis*)等花卉花色繁多，五彩缤纷，具有炫目的色彩美。杜鹃花(*Rhododendron simsii*)(图 2-8)、天竺葵(*Pelargonium hortorum*)、凤梨等花卉靓丽的红色分外动人。白掌洁白的佛焰苞高雅独立、卓尔不群。大花蕙兰、菊花等花卉黄色的花朵亭亭玉立，分外显眼。而美女樱(*Glandularia hybrida*)、瓜叶菊、风信子和桔梗(*Platycodon grandiflorus*)等紫色花卉明艳动人，别具风情。银杏(*Ginkgo biloba*)、槭树(*Acer* spp.)等秋色叶庭院植物，到秋季叶片呈

图 2-6 大花蕙兰

图 2-7 文竹

图 2-8 杜鹃花

图 2-9 ‘金边’瑞香

现黄、红色，给庭院带来无限美景。虎尾兰、千年木(*Dracaena marginata*)、玉簪(*Hosta plantaginea*)、‘金边’瑞香(*Daphne odora*‘Aureomarginata’)(图 2-9)、仙客来(*Cyclamen persicum*)等植物叶片颜色为两种或多种，色彩斑斓，观赏性很强。

(3)选择有益于人体健康的植物

现代人非常关注自身的健康，所以要选择有益于人体健康的园艺植物。并不是所有的园艺植物都有益于健康，如有些植物花香过于浓郁，会因此对人造成头晕、恶心和呕吐的负面影响；有的植物汁液有毒，误食会中毒，误碰后会皮肤奇痒、过敏等。从健康角度而言，有益于人体健康的植物主要有净化空气、食疗、养生、挥发芳香物质等方面的作用。

①具有净化空气作用的植物　空气中常含有有害气体和细菌、灰尘等有害物质，对人的呼吸系统产生极大的威胁。具有吸收空气中有害气体功能的植物有吊兰、绿萝、散尾葵(*Dypsis lutescens*)、马拉巴栗、君子兰、菜豆树、鸭跖草(*Commelina communis*)、吊竹梅等。常春藤、鹅掌柴(*Heptapleurum heptaphyllum*)、橡皮树、文竹、天竺葵、‘花叶’榕(*Ficus microcarpa*‘Variegata’)等能吸附空气中颗粒物，杀灭部分细菌和有害微生物。

②具有食疗、养生作用的植物　蔬菜和水果具有丰富的营养价值，如番茄，除含有多种维生素外，还含有谷胱甘肽、核黄素、铁、钾等多种人体所需的微量元素，能增加胃酸分泌，促进肠胃蠕动，促使体内垃圾毒素的排除，缓解便秘、消化不良等。家庭种植蔬菜和果树，一般不用农药或少用农药，大多施用健康卫生的腐熟生物有机肥，生产出的蔬菜和水果中农药残留量极少，属于绿色无公害产品。

有的花卉不仅具有观赏价值，而且具有食用价值和药用价值，如菊花、月季、牡丹、蜡梅(*Chimonanthus praecox*)、荷花、玫瑰(*Rosa rugosa*)、百合(*Lilium brownii* var. *viridulum*)、茉莉花等。菊花含有挥发油、腺嘌呤、氨基酸、水苏碱、黄酮类、菊色素及 B 族维生素，具有疏风、除热、清肝、明目的功效。菊花的食谱有菊花肉片、菊花虾米汤、菊花鲫鱼等。月季花含有挥发油、牻牛儿苗醇等物质，有活血调经、消肿解毒之功效，食谱有酥炸月季花、月季豆腐、月季花烧油菜花等。牡丹花瓣含有黄芪甙、紫云英甙、丹皮花甙和挥发油，在明朝时就有煎牡丹花的记载，可食、可蜜饯；清代时有肉汁牡丹、牡丹溜鱼片、油掩牡丹的记载。目前，食用牡丹花日渐成为一种时尚，牡丹花茶、牡丹花饮料、牡丹花糕点等制作方法已比较成熟。

③具有芳香物质的植物　芳香植物含有较多的芳香性物质，芳香性物质的种类主要有萜类、醇类、酚类、酮类和酯类化合物。研究证明，芳香物质具有抗菌成分，可以清除空气中的细菌和病毒，还能改善人的心理和生理作用，可以辅助治疗部分疾病。例如，玫瑰、桂花和茉莉具有显著的杀菌作用；吸入柠檬(*Citrus limon*)、迷迭香(*Rosmarinus officinalis*)、罗勒(*Ocimum basilicum*)混合的刺激性精油有提神的作用；吸入薰衣草、鼠尾草(*Salvia japonica*)等混合的安神性精油有稳定情绪和缓解压力的作用；天竺葵花香有镇定神经、消除疲劳、促进睡眠的作用；兰花的幽香，能解除人的烦闷和忧郁，使人心情爽朗；菊花含有龙脑、菊花环酮等芳香物质，吸入后能改善头痛、感冒和视力模糊等症状；茉莉花香味可以减轻头痛、鼻塞、头晕等症状；松节油、薄荷油吸入人体后能刺激器官，起到消炎、利尿的作用。

2.2.2　家庭园艺植物选择分类

2.2.2.1　依家庭场所选择

(1)室内园艺植物选择

对于城镇居民来说，室内和阳台是可用的园艺场所，与阳台相比，室内具有空间大、温度比较稳定的特点，是人们进行家庭园艺的主要场所。选择植物时，要依据室内的空间大小、光线强弱和空间功能相结合进行选择。室内空间较大时，可以选择大型落地盆栽，如海芋(*Alocasia odora*)、千年木、龙血树、鹅掌柴、散尾葵等观叶植物；室内空间较小时，宜选用中小型盆栽，如米兰、茉莉、蟹爪兰(*Schlumbergera truncata*)、文竹、长寿花等。东西向居室光照时间短，可以选择耐阴的植物，如吊兰、君子兰、山茶(*Camellia japonica*)、杜鹃花、万年青(*Rohdea japonica*)、文竹等；南向的居室具有日照时间长、光照强烈的特点，可以选择香石竹、叶子花、金鱼草(*Antirrhinum majus*)、半枝莲等喜光花卉。客厅是家庭交流、休闲娱乐和会客的场所，一般面积较大。客厅植物可以选择大型落地盆栽(如海芋、龙血树、橡皮树等)，也可以选择中小型开花花卉和观叶花卉[如蝴蝶兰、君子兰、文竹、芦荟(*Aloe vera*)等]。客厅装饰用植物的选择要注意突出主人的爱好、追求和个性。书房是读书学习的地方，宜选择体态轻盈、姿态潇洒、文雅娴静、气味芬芳的植物栽植，以营造清净、雅致的环境。常见的植物有文竹、兰花、君子兰、吊竹梅、常春藤、吊兰、米兰、含笑(*Michelia figo*)、茉莉花等。卧室是休息的场所，是一个相对密闭的空间，所以在选择植物时需注意，避免选择花香浓郁的植物；可选择晚上能吸收二氧化碳的植物，如金琥、芦荟、龟背竹、吊兰、凤梨、仙人掌(*Opuntia dillenii*)等。

(2)阳台园艺植物选择

阳台是居于楼层间的室外活动空间，具有面积小，夏秋季节光照强烈、蒸发量大，冬季则寒冷、风大的特点。又因阳台有不同的朝向，环境条件有差异，所以在选择植物时还要综合考虑阳台朝向。阳台朝南时，光照充足，宜选择喜光植物，如半枝莲、细叶美女樱(*Glandularia tenera*)、一串红(*Salvia splendens*)、天竺葵、矮牵牛(*Petunia×hybrida*)、宿根福禄考(*Phlox paniculata*)、常春藤、千日红(*Gomphrena globosa*)等草花；朝北的阳台光照不足，可选择耐阴植物，如山茶、瑞香、杜鹃花、鸭跖草、栀子（*Gardenia jasminoides*）、蜡梅、玉簪、兰花、棕竹（*Rhapis excelsa*）、花叶芋（*Caladium biocolor*）、金钟花（*Forsythia viridissima*）等；西向阳台夏季西晒时温度较高，宜选择耐高温植物，如叶子花、米兰、茉莉、吊兰、牵牛花（*Ipomoea nil*）等，也可以种植攀缘植物，如常春藤、牵牛花、金银花（*Lonicera japonica*）、葡萄（*Vitis vinifera*）、丝瓜（*Luffa aegyptiaca*）等形成降温隔热的绿色屏障。在进行阳台植物的选择时，还要注意色彩搭配，包括不同植物之间及植物和建筑的色彩搭配。除此之外，还要注意植物的层次搭配，阳台植物可以放置在阳台台面、栏杆和地面等，也可以放置在高度不同的置物架上，形成层次丰富、错落有致的小花园。

（3）屋顶园艺植物选择

屋顶园艺有两种形式，一种是屋顶菜园，另一种是屋顶花园，两种形式的植物种类虽然不同，但在植物选择时都要考虑屋顶的承重和气候条件，尽量选择浅根系的种类，生菜（*Lactuca sativa* var. *ramosa*）、韭菜（*Allium tuberosum*）、小白菜（*Brassica rapa* var. *chinensis*）、芹菜（*Apium graveolens*）、香菜（*Coriandrum sativum*）等。小葱、菠菜（*Spinacia oleracea*）、油麦菜（*Lactuca sativa* var. *longifolia*）、丝瓜、茄子（*Solanum melongena*）、小番茄、辣椒（*Capsicum annuum*）、豇豆（*Vigna unguiculata*）、南瓜等是人们经常选择的屋顶菜园植物种类。屋顶花园应选择小乔木、灌木和地被植物来栽植。由于屋顶风力大、气温高、冬天较寒冷，应选择耐寒、耐旱和抗风的植物。有些屋顶花园设有花架和景墙，可以选择藤本植物和垂吊植物，以增加情调。常用于屋顶花园的小乔木有红枫（*Acer palmatum* 'Atropurpureum'）、桂花、樱花、垂丝海棠（*Malus halliana*）、紫薇（*Lagerstroemia indica*）、'紫叶'李（*Prunus cerasifera* 'Atropurpurea'）、天竺桂（*Cinnamomum japonicum*）、木芙蓉（*Hibiscus mutabilis*）、棕榈（*Trachycarpus fortunei*）、蒲葵（*Livistona chinensis*）、玉兰、罗汉松（*Podocarpus macrophyllus*）等；灌木有八角金盘（*Fatsia japonica*）、杜鹃花、海桐（*Pittosporum tobira*）、黄杨（*Buxus sinica*）、南天竹（*Nandina domestica*）、丝兰（*Yucca flaccida*）、红花檵木（*Loropetalum chinense* var. *rubrum*）、红叶石楠（*Photinia* × *fraseri*）、小叶女贞（*Ligustrum quihoui*）、金叶女贞（*Ligustrum*×*vicaryi*）、栀子、冬青（*Ilex chinensis*）、茶梅（*Camellia sasanqua*）、月季等；藤本有'花叶'蔓长春花（*Vinca major* 'Variegata'）（图 2-10）、常春藤、常春油麻藤（*Mucuna sempervirens*）、木香花（*Rosa banksiae*）、紫藤（*Wisteria sinensis*）、扶芳藤（*Euonymus fortunei*）、叶子花、藤本月季等；草本及地被植物有结缕草（*Zoysia japonica*）、佛甲草（*Sedum lineare*）、垂盆草（*Sedum sarmentosum*）、三叶草（*Galium odoratum*）、马蹄金（*Dichondra micrantha*）、混播草类、扁竹根（*Iris japonica*）、麦冬（*Ophiopogon japonicus*）、肾蕨（*Nephrolepis cordifolia*）、葱兰（*Zephyranthes candida*）、万寿菊（*Tagetes erecta*）、大丽花、马缨丹（*Lantana camara*）、石竹（*Dianthus chinensis*）、美女樱等。

图 2-10 '花叶'蔓长春花

(4)庭院园艺植物选择

庭院是农村及城市别墅具有的园艺空间，园艺植物有花卉、蔬菜、树木。这些植物不仅美化了庭院，而且提供了新鲜美味的食材。一般来说，花卉和树木的选择能体现庭院主人的品位和喜好。在选择庭院园艺植物时要注意考虑植物的文化内涵。例如，国人一直认为梧桐(*Firmiana simplex*)是高贵的树种，有“凤栖梧桐”的说法，意为梧桐可以吸引凤凰前来栖息，带来祥瑞；石榴花(*Punica granatum*)火红艳丽，象征红火、团圆，石榴果象征多子多福，很有喜庆之意。在选择庭院园艺植物时，还要注意植物的生长条件，如背阴处要种耐阴的植物；光照充足处要选喜光的植物。另外，考虑植物花期的合理搭配，尽量做到“三季有花、四季有绿”。

2.2.2.2 依园艺植物种类选择

依据园艺植物种类的不同，可以将园艺植物分为蔬菜、果树和观赏植物。

(1)蔬菜

蔬菜主要种植在家庭的阳台、屋顶和庭院。常用的蔬菜按食用器官不同，可以分为叶菜类、茎菜类、根菜类、花菜类、果菜类和种子类。

①叶菜类　是指食用叶片及叶柄的蔬菜，如小白菜、叶用芥菜(*Brassica juncea*)、菠菜、芹菜、茼蒿(*Glebionis coronaria*)、白菜(*Brassica rapa* var. *glabra*)、结球甘蓝(*Brassica oleracea* var. *capitata*)、结球莴苣(*Lactuca sativa*)、包心芥菜、葱、韭菜、香菜、茴香(*Foeniculum vulgare*)等。

②茎菜类　是指食用肥大的茎部的蔬菜，如马铃薯、莴笋(*Lactuca sativa* var. *angustata*)、蒜(*Allium sativum*)苗等。

③根菜类　是指食用肥大的根部的蔬菜，如胡萝卜、萝卜等。

④花菜类　是指食用花器或肥嫩的花枝的蔬菜，如花椰菜(*Brassica oleracea* var. *botrytis*)、金针菜(*Hemerocallis citrina*)、朝鲜蓟(*Cynara scolymus*)等。

⑤果菜类　是指食用果实的蔬菜，如番茄、豇豆、茄子、辣椒、丝瓜、南瓜、苦瓜(*Momordica charantia*)、西葫芦(*Cucurbita pepo*)等。

在选择蔬菜种类时，尽量选择生长速度快、可多次采收的蔬菜，如生菜、辣椒、萝卜等。宜选择利用小型容器种植、耐贫瘠和抗性强的蔬菜，如豌豆、菠菜、小葱、香菜等。

(2)果树

果树主要种植在庭院里。常用的园艺品种因南北方的地区差异而有所不同。

北方地区常用的果树园艺种类有石榴、枣(*Ziziphus jujuba*)、柿(*Diospyros kaki*)、苹果、核桃(*Juglans regia*)、梨、山楂(*Crataegus pinnatifida*)、杏(*Prunus armeniaca*)、桃、葡萄等。南方地区常用的果树园艺种类有板栗(*Castanea mollissima*)、樱桃、无花果(*Ficus carica*)、枇杷(*Eriobotrya japonica*)、柚子(*Citrus maxima*)、柑橘、杧果(*Mangifera indica*)、龙眼(*Dimocarpus longan*)、荔枝(*Litchi chinensis*)、石榴、柿等。

(3)观赏植物

观赏植物在室内、阳台、屋顶和庭院都可以种植。常用的园艺种类有一、二年生花卉、多年生花卉、地被植物、木本观赏植物等。选择观赏植物时注意植物的生态适应性，植物之间的组合以及植物与环境的协调等。适宜室内栽植的常见观赏植物有白掌、吊兰、吊竹梅、广东万年青(*Aglaonema modestum*)、龟背竹、海芋、合果芋(*Syngonium podophyllum*)等。适宜阳台种植的大多为草本花卉和花灌木，主要有美女樱、天竺葵、瓜叶菊、蟹爪兰、'金边'瑞香、杜鹃花和山茶等。适合屋顶栽植的观赏植物主要有红枫、桂花、海桐、溪畔白千层(*Melaleuca bracteata*)、常春藤、大丽花、万寿菊等。适合庭院栽植的观赏植物主要有梧桐、桂花、蜡梅、牡丹、月季和栀子等。

还可以种植独具香气的香草，能给菜肴增加独特的风味。同时，香草可以释放香气，在栽培过程中可以愉悦心情。可以栽植的芳香植物有薄荷(*Menta canadensis*)、迷迭香、罗勒、百里香(*Thymus mongolicus*)等。

2.2.2.3 依植物形态和生长习性选择

依据植物形态和生长习性的不同，可以把园艺植物分为乔木、灌木、草本花卉、地被植物和藤本植物。

乔木指具有明显主干，树高5m以上的木本植物。灌木指没有明显主干，呈丛生状态的木本植物。二者皆木质部发达，茎坚硬，多年生。木本植物具有适应力强，生命周期长的特点。常用的乔木有木芙蓉、紫薇、合欢、红枫、鹅掌楸、桂花、枫香(*Liquidambar formosana*)等；灌木有八仙花、倒挂金钟(*Fuchsia hybrida*)、五星花(*Pentas lanceolata*)、薰衣草、巴西野牡丹(*Tibouchina semidecandra*)、杜鹃花(图2-11)、栀子、凤尾兰(*Yucca gloriosa*)、丁香、扶桑(*Hibiscus rosa-sinensis*)、枸骨(*Ilex cornuta*)、海桐、含笑、红瑞木(*Cornus alba*)、虎刺梅、假连翘(*Duranta erecta*)、'金边'瑞香、九里香(*Murraya exotica*)、蓝雪花(*Ceratostigma plumbaginoides*)、六月雪(*Serissa japonica*)、连翘(*Forsythia suspensa*)、玫瑰、月季(图2-12)、牡丹、叶子花、一品红(*Euphorbia pulcherrima*)、白兰花(*Michelia × alba*)、紫荆(*Cercis chinensis*)、山茶、蜡梅、香龙血树(*Dracaena fragrans*)、金弹子(*Diospyros armata*)、金橘(*Citrus japonica*)等。

图2-11 杜鹃花

图2-12 月季

草本植物指植物体木质部不发达、茎柔软、支持力弱的植物，生长和开花的习性随一年四季的变更周而复始地变化，分为一、二年生和多年生两类。草本植物具有花形、花色丰富，形状多样的优点，具有极高的观赏性。常用的一、二年生草本植物种类有报春花(*Primula malacoides*)(图 2-13)、波斯菊(*Cosmos bipinnata*)、虞美人(*Papaver rhoeas*)、万寿菊、鼠尾草、硫华菊(*Cosmos sulphureus*)等。多年生草本植物种类有石竹、半枝莲、瓜叶菊(图 2-14)、紫茉莉(*Mirabilis jalapa*)、毛地黄(*Digitalis purpurea*)、美女樱、矮牵牛、雏菊(*Bellis perennis*)、白掌、吊兰、虎尾兰、美叶观音莲(*Alocasia sanderiana*)、水仙(*Narcissus tazetta* subsp. *chinensis*)、鹤望兰(*Strelitzia reginae*)、天竺葵、豆瓣绿(*Peperomia tetraphylla*)、凤尾蕨(*Pteris cretica* var. *nervosa*)、合果芋、红掌、芦荟等。

图 2-13 报春花

图 2-14 瓜叶菊

地被植物是指覆盖地面、植株高度在 50cm 以下低矮的植物，包括低矮的草本花卉、灌木、藤本和草种等。常用的地被植物有石竹、美女樱、矾根(*Heuchera micrantha*)、铺地柏(*Juniperus procumbens*)、羽瓣石竹(*Dianthus plumarius*)、佛甲草、玉簪、吉祥草(*Reineckia carnea*)、三叶草、麦冬、万寿菊、葱兰、红花酢浆草(*Oxalis corymbosa*)、杜鹃花等。

藤本植物是指茎干细长，自身不能直立生长，必须依附他物而向上攀缘的植物。藤本植物具有花朵优美、叶形美丽的特点，可以用于庭院和屋顶的墙面绿化，以及特色花架、廊架的装饰上。常用的种类有白花油麻藤(*Mucuna birdwoodiana*)、木香、地锦(*Parthenocissus tricuspidata*)、炮仗花(*Pyrostegia venusta*)、使君子(*Combretum indicum*)、五叶地锦(*Parthenocissus quinquefolia*)、云南黄素馨(*Jasminum mesnyi*)、紫藤、藤本月季、叶子花、蔷薇(*Rosa multiflora*)等。

2.2.2.4 依应用的主要目的选择

家庭园艺不仅可以美化居住生活环境，而且可以丰富人们的业余精神生活。人们选择园艺植物时通常侧重于某个方面，如注重植物的观赏性，关注园艺产品的食用性，关注园艺植物的芳香性，或净化空气功能等。

①观赏性 根据观赏部位的不同，可以将园艺植物分为赏花果和观茎叶两大类。许多园艺植物具有优美的花朵和悦目的果实，具有极强的观赏性。具有较高观花价值的植物有波斯菊、虞美人、醉蝶花（*Tarenaya hassleriana*）、八仙花、蝴蝶兰、牡丹、月季、山茶、含笑、玉兰、虎刺梅、琼花（*Viburnum keteleeri*）、贴梗海棠（*Chaenomeles speciosa*）、桃花、樱花、梅花、紫薇、木芙蓉等；具有较高观果效果的植物有红果薄柱草（*Nertera granadensis*）（图2-15）、火棘（*Pyracantha fortuneana*）、佛手、金橘（图2-16）、北美冬青（*Ilex verticillata*）（图2-17）、枸骨、海桐、海州常山（*Clerodendrum trichotomum*）、虎舌红（*Ardisia mamillata*）、金银木（*Lonicera maackii*）、石榴、乳茄（*Solanum mammosum*）、石楠（*Photinia serratifolia*）、新疆忍冬（*Lonicera tatarica*）等；具有较高观茎效果的植物有富贵竹，可造型成宝塔状、花瓶状、螺旋状，极具观赏性。还有仙人掌科植物的肉质茎，形态多样，有的为圆球状，有的为树状，还有的为手指状。代表性植物有金手指（*Mammillaria elongata*）、量天尺（*Hylocereus undatus*）、仙人掌、霸王鞭（*Euphorbia royleana*）等。具有较高观叶效果的植物非常多，代表性植物有龟背竹、海芋、橡皮树、散尾葵、变叶木（*Codiaeum variegatum*）、吊竹梅、铁线蕨（*Adiantum capillus-veneris*）、龙血树、冷水花、竹芋科、天南星科等。

②可食用性 栽植食用果蔬是部分家庭园艺的主要目的。在家庭种植果树和蔬菜，不仅可以获得新鲜无污染的食材，而且可以陶冶情操、缓解压力。薄荷、迷迭香、罗勒、百里香等香草植物，既可以观赏，又可以食用。把香草放入菜肴中，能给菜品增加独特的风味。也可以种植能食用的花卉，如菊花、茉莉、金银花、牡丹、玫瑰和木芙蓉等。

③芳香性 芳香植物因其香味或清香或浓烈，深受人们喜爱。芳香植物的香气含有保健

图2-15 红果薄柱草

图2-16 金橘

图2-17 北美冬青

图 2-18 百合

成分，可以杀灭空气中的细菌及病毒，同时，植物的芬芳还可以调理人的神经系统，使人安静或者兴奋。室内摆放芳香植物，可以满室生香，让人心旷神怡。室外的芳香植物也暗香浮动，让人倍感惊喜。常用的芳香植物有百合(图 2-18)、玫瑰、小苍兰(*Freesia refracta*)、'金边'瑞香、丁香、仙客来、薰衣草、水仙、玉兰、桂花、栀子、含笑和蜡梅等。

④净化空气　植物是非常好的天然空气净化器，可以吸收有毒有害气体和物质、有效杀灭细菌、增加空气负离子含量和释放氧气而改善空气质量。吊兰、绿萝、菜豆树、铁线蕨、'波士顿'蕨(*Nephrolepis exaltata* 'Bostoniensis')和合果芋等可以吸收甲醛、苯、一氧化碳、二氧化碳、三氯乙烯等有害气体。香龙血树、常春藤、橡皮树、铁线蕨、鹅掌柴、文竹等可以有效杀菌并吸收有害物质。虎尾兰、富贵竹、白掌、八角金盘等植物能增加空气负离子的含量，其中，虎尾兰可以产生比其他植物多30倍以上的负氧离子，有"天然的清道夫"之称。金琥、芦荟、龟背竹、'绯牡丹'(*Gymnocalycium mihanovichii* var. *friedrichii* 'Hibotan')、凤梨、虎尾兰等植物可以昼夜吸收二氧化碳，改善室内空气质量。

思考题

1. 试述现代家庭园艺场所绿化的总体依据。
2. 试述现代家庭园艺场所绿化设计的主要步骤。
3. 试述现代家庭园艺植物选择的原则。
4. 试述如何对现代家庭园艺植物进行选择分类。

推荐阅读书目

1. 海蒂的花园. 海妈. 中信出版社，2021.
2. 造一座花园. 英国皇家园艺学会设计创意指南. Matt Keightley，Marianne Majerus，李璋译. 华中科技大学出版社，2020.
3. 莳花弄草——家庭庭院的植物选择与搭配. 株式会社主妇之友社. 中国水利水电出版社，2017.
4. 家庭园艺装饰与养护. 孔云，姚允聪，王绍辉等. 化学工业出版社，2009.
5. 家庭健康花卉宝典. 衣彩洁. 上海科学技术出版社，2011.
6. 家居植物装饰. 庄夏珍. 重庆大学出版社，2013.
7. 中国观赏花卉图鉴. 刘全儒. 山西科学技术出版社，2015.

3

室内园艺设计

[**本章提要**]本章介绍了室内绿化场所的类型及环境特点，阐述了室内园艺绿化的作用。在基于室内园艺绿化布局和配置原则的基础上，对常用的观赏植物进行了归类和介绍。并结合实际案例对室内绿化进行了分析。通过本章的学习，能够让学生掌握室内绿化设计的要点及常用植物的生态特性，为以后室内园艺景观设计提供理论基础。

随着人们生活质量的提高，对居住环境已不再满足于遮风避雨。利用园艺设计营造健康舒适的室内环境已成为一种追求和时尚。室内园艺不仅可以美化空间，改善居住环境，还能调节身心健康、陶冶情操。室内绿化场所的不同空间各具其特点和功能。在室内园艺中，应遵循比例适度、色彩和谐等配置原则，运用多种绿化形式构建舒适安逸的居住空间。

3.1 室内园艺场所概述

根据使用性质的不同，可将室内空间分为图书馆、商场和酒店等公共室内空间，以及家庭住宅空间。家庭住宅空间主要包括客厅、卧室、餐厅、书房等场所。在对这些空间进行绿化装饰时应充分考虑每个区域的面积、环境条件、功能等特点，注意与室内装修及建筑风格相协调，并结合植物自身的生态习性及艺术审美需求，进行科学合理的配置，达到美化环境、愉悦身心的目的。

3.1.1 室内园艺场所的选择

家庭居室空间主要由玄关、客厅、卧室、书房、厨房、餐厅及卫生间等单元组成。这些单元既有私密空间又有公共区域，是家庭成员聚会、学习及休息场所。根据每个单元的用途、大小、环境等特点的不同，绿化设计的植物选择与配置形式也有不同。同时，人们对不同单元的绿化偏爱也存在差异。家庭绿化中，客厅、阳台、卧室装饰一般较多，而餐厅、卫生间、厨房的植物运用较少。

3.1.2 室内场所环境条件及特点

3.1.2.1 客厅

客厅是社交、放松、娱乐等活动的场所，对于小户型客厅，则兼有用餐、工作、学习等功能。因此，客厅是使用频率最高的空间，也是最为重要的绿化装饰区域，应营造轻松、舒适、热情、欢快的氛围。

客厅通常是家庭面积最大的区域，往往设计在明朗向阳处。现代建筑设计中，落地玻璃窗以及客厅与阳台的贯通使得客厅光照时间长、光照强度高、通风效果佳，成为植物配置的理想区域。大多数观花、观叶植物均可在此应用，如牡丹、蝴蝶兰、山茶、杜鹃花等。对于东窗、西窗或南向无阳台客厅，光照时间较短，应考虑摆放具有一定耐阴性的植物，如龟背竹、白掌、铁线蕨、富贵竹等。湿度是影响植物生长的另一个重要因素，由于客厅常与阳台相连，受较强光照影响，空气湿度通常低于植物正常生长的环境。因此，可人为增加室内空气湿度或使用部分水培植物进行绿化。

客厅里的主要家具有沙发、电视柜、茶几等，在进行绿化装饰时，要充分考虑客厅的实际空间面积、通道走向、季节等，并与家具、装修等的色调风格相协调以达到最佳的整体装饰效果(图 3-1)。

图 3-1 客厅绿化

3.1.2.2 卧室

人的一生约有 1/3 的时间在卧室度过。因此，卧室的绿化装饰效果直接影响人的身心健康。卧室的主要功能是供人休息，这也决定了其环境需要安静舒适。

现代住房的卧室通常为两室及以上，通常设计在明朗向阳处，采光及通风条件较好。有些次卧室安排在居室的北部，光线较弱。位于阳面的卧室，可在飘窗等阳光照射到的区域放置长寿花、君子兰、茉莉等喜光植物，而北向卧室则适合放置文竹、富贵竹、绿萝等耐阴植物。

由于卧室面积有限，应以中小型盆栽或轻质垂吊式植物为主，而不宜摆放大型盆栽植物。体量较大的植物易给人造成视觉上的压迫感，影响主人的情绪及睡眠，且卧室空

图 3-2 卧室绿化

间密闭狭小，不适合株形高大、叶片繁密植物的生长。对于空间较小的卧室，可选择垂吊式盆栽，或将植物置于窗台、床头柜等处，以节省空间(图 3-2)。

此外，卧室具有单一属性，如老人房、主人房、儿童房等。根据其使用群体不同，绿化装饰也应存在差异，如儿童房应营造一种童真、欢乐的氛围，以激发儿童的创造性和求知欲，但不宜放置金琥、仙人掌等带有针刺，或海芋等有毒性的植物，以免对儿童造成不必要的伤害。老人房的植物布置不宜过多，以方便老人的日常生活，且不宜放置过于茂密、吸氧量较大的植物，以免因氧气量不足而对老人的健康不利。更不宜放置玻璃容器栽植的水培花卉，以免给老人造成伤害。

3.1.2.3 玄关

玄关是由室外向室内的过渡空间，玄关绿化要求色彩鲜艳明亮，造型生动活泼，以营造热情欢快的气氛，使人一进门就能感受到家的温暖和舒适(图 3-3)。

玄关通常面积狭小，可供植物装饰的空间十分有限。几乎没有自然光照射，只能依靠人工照明。因此，主要以耐阴和耐半阴型植物为主。如果玄关比较宽敞，可摆放株形

图 3-3 玄关绿化

比较紧凑的耐阴型植物，如红掌、姬凤梨(*Cryptanthus acaulis*)、竹芋等。如玄关面积较小，可在家具的台面上摆放一两盆小巧玲珑的观叶或观花植物，如网纹草(*Fittonia albivenis*)、空气凤梨、蝴蝶兰等，让人一进门就能感受到清新与活力。另外，仿真花、干花等都可作为门厅装饰的材料。

3.1.2.4 餐厅

餐厅的主要功能是供家人进餐、亲朋相聚交流，应营造甜蜜温馨的氛围。餐厅的绿化装饰以能够增进食欲、愉悦心情为目的。色调以淡雅为主，如白色、乳白、米黄色等。当餐厅的整体背景为浅色调时，可使用颜色艳丽的花卉或插花，以突出立体感。此外，餐厅的功能属性决定了其对卫生条件的要求，因此，应避免使用带有泥土的盆栽植物，可使用水培花卉或插花代替(图3-4)。

图3-4 餐厅绿化

餐厅空间相对较大，但餐厅通常处于北向区域，光照、温湿度、通风等条件较差。有些餐厅与客厅无障碍相连续，光线条件略好。因此，餐厅绿化装饰应以耐阴、耐半阴植物为主，如富贵竹、万年青、常春藤等。同时还应注意避开对人体有害的植物，如含毒碱的郁金香、易引起毛发脱落的含羞草(*Mimosa pudica*)等，且尽量少用香味浓郁和花粉较多的植物。

3.1.2.5 卫生间

现代居室的卫生间，通常由盥洗区、浴室区和厕所区组成。处于居室北侧，面积相对较小，使用频率高，光照通风较差，湿度高。绿化以耐阴性植物为主，如吊兰、绿萝、常春藤等。也可使用色彩艳丽的小型盆栽来点缀，如蝴蝶兰、花叶芋、水仙等，使人心情愉悦(图3-5)。而不宜放置带刺或者花粉较多的植物，以免损坏或沾染衣物。此外，卫生间由于其特殊环境，下水道会经常释放出氨、硫化氢等气体，污染空气。因此，可选择一些具有吸收有害气体功能的植物，如合果芋、白掌等。

图3-5 卫生间绿化

3.1.2.6 厨房

厨房具有使用频繁、物品零碎的特点。空间面积较为狭小，油烟较多，空气相对潮湿，环境质量较差，不利于植物的生长。植物配置宜小不宜大，宜简不宜繁，摆放应远离灶台，以免灼伤植物。此外，烹饪过程产生的油烟以及天然气燃烧产生的废气等含有对人体有害的物质，如各种烷烃、烯烃，以及二氧化硫、二氧化氮、一氧化碳等。因此，厨房绿化可选择具有吸收有毒气体功能的植物，如吊兰、常春藤、芦荟等。

此外，厨房也应根据朝向不同选择植物。如南向厨房日晒强烈，气温较高，容易使人焦躁不安，可摆放阔叶植物，遮挡光照，缓解情绪。北向厨房，无直射光照，应摆放耐阴且耐油烟的植物，如万年青、星点木(*Dracaena surculosa*)等。

3.1.2.7 书房

书房是居家工作、阅读学习的空间。书房的绿化使人们在读书写作之余，欣赏具有生机活力的植物，消除眼睛的疲劳，愉悦精神，激发创造力。

书房是文化气息最为浓郁的区域，需营造安静、舒适的氛围。应使用文静雅致的植物装饰，如文竹、吊兰、君子兰、蕨类植物等。书房绿化应力求精简，以便于专注、快速开始学习或工作。如书房面积较小，宜选择娇小、姿态优美的植物，如多肉植物、文竹、袖珍椰子等，置于案头、窗前，或将垂吊植物摆放于书柜顶部。此外，兰花、茉莉、薄荷等可散发香气，具有提神醒脑、缓解疲劳作用的植物，也是书房绿化的理想材料(图 3-6)。

南向书房采光性较好，大部分可塑造文雅氛围的观叶观花植物均可使用。而北向书房采光条件较差，可使用吊兰、常春藤等耐阴性较好的植物。

图 3-6 书房绿化

3.2 室内园艺定义与作用

3.2.1 室内园艺定义

人类自古以来就与植物相伴，随着社会的进步和城市化进程的快速推进，生活在高楼林立、快节奏、高压力环境中的人们越来越渴望和追求自然。基于这样的背景，把自然界中的植物引入室内环境，室内园艺应运而生。

室内园艺并非指将植物简单摆放于室内，而是在人为控制的室内空间环境中，科学地、艺术地进行园艺植物及其产品的培植、摆放，营造出具有美感且满足人们生理和心理需求的空间环境。

一方面，室内园艺可以使人们在享受高度发达的现代物质文明的同时，满足融于自然、返璞归真的心理需求；另一方面，室内园艺根据室内环境的特点，利用具有不同观赏特性的园艺植物作为主要装饰材料，结合人们的生活需求，对室内空间进行美化，使室内外空间融为一体，达到人与自然的和谐统一，可以说，室内园艺是传统建筑装饰的进步。

3.2.2 室内园艺的作用

在喧嚣的都市，远离原野森林，难以感受到苍翠美景、泥土芬芳，于是许多人开始利用园艺植物进行绿化装饰，寄情于盆栽花木。室内园艺不仅具有改善室内环境和划分空间的实用效果，还可以结合室内环境来设计微景观，达到极佳的观赏效果。此外，室内园艺通过自己动手操作亲身体验，可以愉悦身心、舒缓心情，对人体健康有益。具体体现在以下几点：

①改善居住环境　现代家居装修及装饰材料中多含有甲醛、苯及其同系物等对人体有害的物质，而室内观叶植物(图 3-7)(如绿萝、吊兰等)具有吸收这些有害物质的能力。植物能够通过蒸腾作用吸收叶片和周围环境中的热量，降低温度。通过光合作用吸收二氧化碳，释放氧气，调节空气中的碳氧比例，保持空气清新。植物叶面的纹理能够有效吸附室内空气中的灰尘。红豆杉(*Taxus wallichiana* var. *chinensis*)或者蓬莱松(*Asparagus retrofractus*)等植物可以减少电器带来的辐射。此外，有些植物能够释放芳香类物质，刺激人的神经、消除疲劳、调节情绪，如蜡梅、结香(*Edgeworthia chrysantha*)、丁香等；或释放挥发性物质，可以杀菌、驱蚊等，如薰衣草、驱蚊草(*Pelargonium graveolens*)、薄荷。

图 3-7　室内观叶植物

②美化装饰室内空间　植物对室内环境的美化作用主要体现在两

方面：一是植物本身具有的自然美，包括其形态、色彩、造型等。植物的形态丰富多彩，如仙人掌的叶进化为刺状，生石花(*Lithops pseudotruncatella* subsp. *archerae*)的叶片拟态为"石头"。植物的色彩以天然的绿色为主色调，但还有很多植物五彩斑斓、颜色艳丽，如彩叶草(*Coleus scutellariodes*)、花叶芋、吊竹梅等。除了植物形态、色彩等方面的观赏价值，植物花开之时，娇艳欲滴、绚丽多彩的景象更是为室内添色增辉(图 3-8)。二是按照美学原则，使植物与空间合理配置，达到美的艺术效果。现代建筑的室内空间大部分是几何造型，给人生硬单调的视觉和心理感受，而室内绿植姿态柔美、飘逸灵动，可以在色彩、质地和造型方面与壁面、地面、装修、家具等室内建筑环境完美结合，起到美化装饰的作用。

③调节身心健康　随着现代生活节奏的加快，人们的精神压力不断加大，而植物的引入能够缓解人们精神压力，减少焦虑，消除长期处于高压高负荷下的疲惫状态，增加幸福感。从事家庭园艺工作需要付出一定的劳动，不但锻炼了身体，还能在鲜花和花香中调节情绪，感受自然的美与宁静。尤其对于一些老年人，在园艺植物的栽植和养护过程中，不但有助于慢性疾病的康复锻炼，还能增加积极情绪，减轻孤独、焦虑等负面情绪。

④陶冶情操，抒发情怀　植物的形态、色彩、造型所显示出的蓬勃向上、充满生机的力量，能够使人得到许多启迪，净化心灵。既陶冶情操，又提升艺术素养，是一种美的享受和熏陶。更重要的是，室内绿化还会对人们产生积极的心理影响。不同的植物种类具有不同的象征和花语，例如，菊花"宁可枝头抱香死，何曾吹落北风中"，象征高雅傲霜、刚正不阿；兰花象征高洁优雅、高傲弘远。人们会根据不同植物的生长特点及花语来托物言志，抒发情怀。

⑤组织室内空间　在室内环境美化中，对空间进行合理的规划，并运用植物进行分隔与疏导，可将空间有机联系起来，使其具有开敞性和完整性。如将绿色植物或藤本植物作为餐厅与客厅之间的隔断，既划分了空间，又能保证空间的通畅。此外，对室内死角等空间的绿化可提高空间的有效利用率，如沙发转角、楼梯底部等位置的装饰点缀(图 3-9)。

图 3-8　绚丽多彩的室内景观

图 3-9　楼梯转角园艺装饰

3.3 室内园艺布局和配置原则

室内绿化装饰是利用观花、观果、观叶、观茎等植物在一定环境中进行的装饰。完美的绿化装饰，必须是科学性与艺术性的高度统一。要达到这一目的，就必须正确使用装饰设计中的比例适度、和谐均衡等技法，以达到主次分明、层次清晰、风格统一的效果。

3.3.1 比例适度

比例是事物的整体之间、整体与局部之间、局部与局部之间的量度比率关系的体现。分割点在线段的0.618处的“黄金分割”，为美学上最佳比例分配。良好的比例能给人以和谐、舒适的感受。比例适度，是指植物的形态、尺寸等要与所摆设的场所匹配。如大空间可选叶大株高的植物，小居室宜摆设小巧玲珑的植物。比例适度主要包括以下几方面：

①大小得当　在绿化设计中，应按照布置空间的大小来确定植物的数量、大小和高低。小空间选用矮小植物或低矮的品种，尽量展现植物的个体姿态美和色彩美，切忌装点过多，以避免产生拥塞之感。反之，大的空间要选择较高大的盆栽植物及大叶种类，如香龙血树、散尾葵、喜林芋属(*Philodendron*)等。但高度不宜超过空间的2/3，否则会产生压迫感。当然，还应注意植物体量的大小与家具或其他各种装饰物(如花器、花架等)相适宜。

②高低错落　植物摆放的高度不同，视点也会随之发生变化。俯视和仰视的角度，有着不同的姿态和景色。绿化装饰植物具有引导人们视线和衬托空间高度的作用。当人们仰视时，看到的空间会比较开阔，可以在开阔空间布置一些高大的植物，使整体空间得到充实。另外，摆放时应注意层次感，使整体看起来高低起伏、前后错开，具有平衡感。

③疏密有致　在植物配置中，局部种植密集易产生紧凑感，种植稀疏的部分与之对比则易产生空旷感，形成空间中疏与密的对比。大的空间可借助疏密对比和变化使人产生视觉上的节奏与韵律感；对于较小的居室空间，植物的配置或摆放则应做到疏密有致，不宜过密或过稀，更不能杂乱无章，使画面显得拥挤和局促。

④株型合适　植物的布置受到居室空间的限制，小空间宜选择株形紧凑、植株秀丽的植物，如观赏凤梨、秋海棠(*Begonia* sp.)、合果芋、蕨类植物等。如果房间比较宽敞，在客厅和起居室中可以适当配置如散尾葵、鹅掌柴、棕竹等株形较为松散的观赏植物。

3.3.2 色彩和谐

色彩是一切视觉元素中最具冲击力和艺术感染力的因素，因此，花卉色彩的配置是影响绿化装饰效果的关键。不同的颜色会引发不同的情感影响，如红色给人热情浓烈、积极向上的感受，绿色象征清新和平、自然生机，蓝色象征纯净、深邃。在室内绿化设计中，植物色彩的配置应根据周围环境的色彩及采光条件等加以综合考虑，营造出色彩和谐的环境。

①冷暖搭配　在室内空间中，如墙面、地面和家具以暖色调为基调，或室内空间采光条件较好时，则应尽可能选择冷色调植物（图 3-10），如虎尾兰、蔓绿绒（*Philodendron melanochrysum*），以及风信子、郁金香等的白色或蓝紫色品种。反之，则应选择一些暖色调的植物种类（图 3-11），如山茶、长寿花、大花蕙兰、仙客来等红花品种以及红叶、红果植物等，使整体空间达到既突出又和谐统一的效果。

图 3-10　深色墙面搭配冷色调花卉

图 3-11　浅色家具搭配暖色调花卉

②季相变化　在绿化设计中，还应考虑与季节相协调。夏季可选择色彩淡雅的植物，如茉莉、豆瓣绿、西瓜皮椒草（*Peperomia argyreia*）等，使人在炎热的季节里感到清凉舒爽，消除人们燥热的情绪。反之，在冬季可选用暖色调的花卉，如四季秋海棠（*Begonia cucullata*）、瓜叶菊、杜鹃花等，使人在严冬里感到温暖惬意。此外，在绿化设计中还可以利用植物不同的观赏部位体现一年四季变化，如在春季可多采用观花类植物，夏季多配置观叶类植物，秋季可展示外形各异的植物果实，冬季可观赏枝干风姿。

③空间协调　在开阔的空间，一般多采用饱和度较高、色彩绚丽的植物，使整体空间不会显得空虚。在空间较小的书房、卧室等处，应以冷色调植物为主，以营造安逸舒适、恬静清新的氛围。

④色调一致　色调是一个空间的颜色主旋律，不入调的局部颜色会打破和谐与宁静，成为整体中格格不入的另类。同类色系通常配置在一起可以自然调和，如翠绿与草绿、黄绿在一起可以随意搭配，而翠绿、草绿与黄色搭配需要有黄绿色过渡，可显协调（图 3-12）。

3.3.3　整体协调

整体协调，即多样统一，是形式美法则的最高形式，也是基本规律。这项基本法则

图 3-12 室内园艺配置原则——色彩和谐

包含了变化、对称、均衡、对比、调和、比例、节奏、韵律等因素。多样统一是在统一中有变化，在变化中求统一，只有变化没有统一会使室内缺乏整体感，而只有统一没有变化则容易流于单调刻板。室内绿化中的多样统一是把景物的大小、高低、曲直、轻重、色彩浓淡、明暗等多个对立的因素统一起来，把建筑、家具、装饰、植物、容器等多种因素结合在一起，形成和谐画面。

①明确主题 室内绿化要先明确主题，围绕主题进行设计，使植物与周围环境相融合。而绿化的主题主要依据功能要求来确定，如客厅应体现宽敞明亮、热情大方，卧室则以安静、温馨、利于睡眠为目的。

②风格统一 绿化装饰中应选择与环境氛围相协调的植物。如中式传统建筑及装修的环境宜选择具有中国传统文化底蕴的梅、兰、菊等植物，而西方现代装饰中，则应选择华丽的大花蕙兰、蝴蝶兰、花烛(*Anthurium andraeanum*)等(图 3-13)。

③形式和谐 进行室内植物配置时，应根据不同物种的外形特点，选择合适的应用形式和摆放位置，同时注意植物与器具和饰物的搭配。如悬垂植物宜置于高处，以欣赏其茎蔓飘逸；形体修长的植物宜采用细高的容器，而矮小茂密的植物宜采用浅口容器，使植物和容器相协调，达到较好的布置效果。

图 3-13 室内园艺配置原则——整体协调

④虚实对比 植物配置中可利用虚实相生的手法创造含蓄、深远、通透的意境空间。虚，即留空白，给人留下联想的空间。实，是指植物主体。虚与实体现了主与从的关系，植物的高大优美或色泽艳丽需用低矮暗淡的植物作为映衬。虚实对比还可以产生强弱变化，实则强，虚则弱。一般前景强，后景弱；色彩艳丽的强，灰暗的弱。在植物应用设计中，有虚有实、虚实对比，才能呈现艺术效果，提高景观品质。

3.3.4 布置合理

合理的意思较为广泛，意为整个空间看起来舒适、怡人、不浮夸。

①适量原则 室内绿化虽多有益处，也应遵循适量原则，应明确绿化只是调节室内氛围的点缀物。过多的绿化布置会影响室内空间功能的发挥。同时，绿化繁杂还会产生庸俗和堆砌感。一般来说，室内植物摆放的数量不宜超过空间面积大小的 1/10。绿化装饰贵在精和巧，要精选品种，巧作布置，才能给人以美的享受。

②实用原则 室内绿化装饰必须符合实用功能要求，做到绿化装饰美学与实用效果的高度统一。如书房宜摆设常年碧绿的观叶植物，营造出和谐静谧的气氛，令人神清气爽、心情平和。绿色可以解除人的焦虑和烦躁情绪，稳定心态。劳累之余常观绿色，能缓解眼睛疲劳，调节大脑，活跃思维。餐厅绿化应以淡雅、洁净为原则，可选用体量小和色彩明快的植物进行装饰。

③经济原则 高质量的室内环境，并非单纯依靠珍贵的植物品种和昂贵的装饰材料。室内绿化应在遵从美学和实用原则的基础上，选择合乎经济水平的植物。同时还要根据室内环境的特点，选择适宜的植物，使装饰效果能保持较长时间。

④美学原则 室内绿化装饰属于艺术创作范畴，虽没有固定形式，但无美感的材料无法起到装饰作用。因此，室内绿化装饰需要遵循一定的美学原则。在进行植物配置时，需要借助一定的艺术设计和技艺，协调好植物的形态、色彩与空间的布局安排。主要体现在构图合理、比例适度、形态和谐、色彩协调等方面。

⑤自然生态原则 室内绿化应尽量遵循自然生态的原则，使室内充满自然生机。植物的应用除盆景、插花、组合盆栽艺术创作品外，应尽量保持其自然的外观形态，以降低室内空间的单调沉闷感。此外，室内绿化应充分考虑物种的生态特征，合理选配植物种类。如竹芋、仙客来、水塔花等需要高温高湿环境，应采取措施来保证温度、增加湿度。

3.4 室内园艺设计基本形式

室内绿化设计没有固定的模式，根据室内空间环境与风格的不同，主要可分为 7 种装饰形式：自然式、镶嵌式、悬垂式、攀缘式、陈列式、盆景和插花。

3.4.1 自然式

自然式布局是根据植物的自然属性，按照大自然的景象，将植物配置在室内空间中。该配置形式具有东方艺术的特征，体现了人与自然和谐统一的哲学思想。自然式布局可适当采用室内观叶植物的色彩来丰富景观画面，并配以山石、水景及其他小品，将自然之形缩移模拟于咫尺。使人居于室内也似身处于山林之间，领略大自然造化万物、神奇奥秘的风采。但是这种配置形式占地面积比较大，所以一般应用于客厅或阳台面积较大的别墅洋房(图 3-14)。

图 3-14 自然式

3.4.2 镶嵌式

镶嵌式布局是将制作成正方形、圆形等的种植容器，镶嵌在墙面或壁洞上，并在容器中栽种枝茎柔软、形态各异的植物，以形成局部绿色空间。镶嵌式布局一般用于室内墙壁的美化绿化，采用这种装饰方法时，主要应考虑植物姿态和色彩。以耐阴植物最为常用，如蕨类、蔓绿绒、常春藤等。这种绿化形式的好处在于节约地面空间，一般应用于空间狭小的区域(图 3-15)。

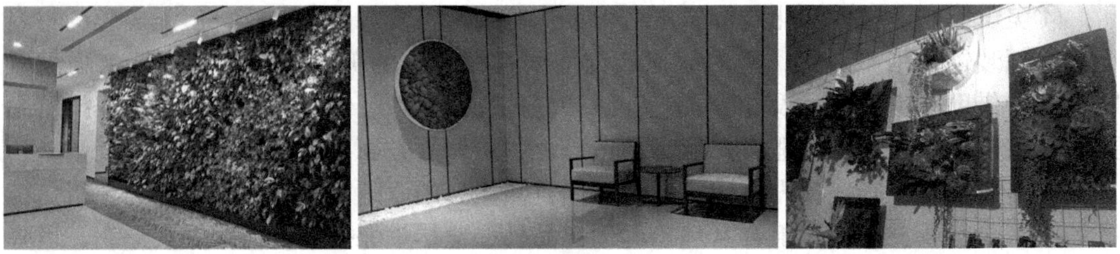

图 3-15 镶嵌式

3.4.3 悬垂式

悬垂式布局是指利用金属、塑料或竹木制成的吊盆栽植枝叶悬垂的蔓生植物，如常春藤、吊兰、绿萝等，将其悬吊于室内的天花板、墙角或书柜上悬挂欣赏的一种植物装饰形式(图 3-16)。这种植物装饰形式可改善室内人工建筑的生硬线条造成的枯燥单调感，营造生动活泼的立体美感。悬垂式可以充分地利用室内竖向空间，极大地节约地面空间，尤其适用于小居室。对于室内较大的空间，则可以悬挂至天花板，或者与灯具进行搭配装饰，还可以营造不同的光影效果。悬垂式不同于镶嵌式的是它悬于半空中，产生一种轻盈飘浮感，比较适合设置在青年人的家庭当中，营造浪漫氛围。

图 3-16 悬垂式

3.4.4 攀缘式

攀缘式是利用一些具有吸盘、卷须、气生根等特殊器官的植物，如扶芳藤、凌霄(*Campsis grandiflora*)、绿萝等，攀附在一定的支架上生长，形成一种立体景观的绿化装饰形式。

攀缘式植物装饰可将植物种于器皿内，放置于客厅、卧室、窗台或者阳台的墙壁等处，使其枝叶向上攀缘生长，布满墙面，形成绿色屏帘。或使其顺着楼梯、柱子等攀附盘绕，形成绿色帷幔。

3.4.5 陈列式

陈列式是室内绿化最常用的绿化形式，包括点状、线状、面状 3 种类型。其中以点状最为常见，点状布局是指摆设单盆的观赏植物或几株植物集中布置的一种布局形式(图 3-17)。这种布局形式常用来创造中心景观或填充角隅。点状布局通常要选用观赏价值较高的植物来取得效果，既可以是放置于相对较大空间的小乔木，也可以是放置于桌案的小型盆栽。线状布局是指植物布置呈直线或曲线排列的形式，常以连续排列的花盆或带状花坛等方式出现。在这种布局下，植物选材应控制好颜色、体量、形态等，且

图 3-17 陈列式

需要对这些植物材料进行均衡排列，以使它们在美化环境的同时，起到分割空间、引导行人的作用。面状布局是指将绿化材料布置成片的绿化形式。这种布局形式通常由若干个植物景观组合而成，具有规则和自由两种形式，通常应用于大型空间中，强调群体美。

3.4.6 盆景

盆景是以盆钵等容器作为载体，以树、石、土、水及配件等为基本元素的具有美学、文学、科学气息的造型艺术。盆景既可以塑造现实中的某处景色，体现自然界生命的活力，也可以通过立意塑造深远的意境，体现人们的思想情感和精神世界。盆景艺术带有浓郁的东方传统文化底蕴，因此一般在中式、日式、东南亚等具有东方文化格调的空间内使用。室内盆景的陈设应考虑体量大小、数量与空间相协调(图 3-18)。当小的空间放置体量较大的盆景时，便会产生拥挤、压抑、沉重的感觉；而当宽敞明亮的大厅内摆放微型盆景时，则让人意识不到盆景的存在，失去装饰的意义。此外，植物种类应选择适宜生长在室内环境且对人体无害的种类。栀子花、米兰、含笑等植物不仅无毒害，还能散发沁人心脾的清香，是理想的盆景植物材料。

图 3-18 室内盆景

3.4.7 插花

插花是以切花花材为主要素材，通过艺术构思和修剪整形，摆插在瓶、盘、盆等容器中，来表现自然美与生活美的一种艺术形式。插花源于人们对花卉的热爱，发展至今已成为人们日常生活不可或缺的艺术品。家庭插花主要是为家庭生活美化服务，其特点是体量较小，造型简单，使用花材种类较少，色彩淡雅。家庭插花应遵循摆放位置得当、体量大小适宜、造型简洁等原则，以提高空间利用率，营造轻松、舒适的休闲环境。家庭插花还可以使用野趣插花、果蔬插花等。野趣插花具有浓郁的自然气息，以及超乎寻常的感染力(图 3-19)。果蔬插花是以水果、蔬菜为主花材的插花形式，具有浓厚的居家特色和生活气息。

随着人们对居住空间要求的不断提升，室内绿化已不再是盆栽植物的简单摆放，而

图3-19 插 花

是美学与生态的有机结合。在室内绿化装饰过程中，既可以单独使用以上几种绿化形式，也可以将其混合使用，以丰富室内的绿色景观。

3.5 室内园艺植物选择

3.5.1 客厅

3.5.1.1 大型常绿观叶植物

室内大型常绿观叶植物种类比较多，包括桑科榕属、百合科、天南星科、五加科、竹芋科、棕榈科等，一般具有茎节粗壮、叶形硕大或细长、形态奇特、常年碧绿等特点，具有很高的观赏价值。这类植物养护管理相对简单，一般都喜散射光，较耐阴，适应室内的温度，保持一定的空气湿度即可。大型常绿观叶植物适合搭配大型加高红陶盆、封釉陶瓷盆及带轮花盘，适合落地独立摆放，同时方便移动到室内不同温度、不同光照的区域。同种类的小型植株可以摆放在桌几、花架上。

(1)桑科榕属

桑科榕属常见的室内观叶植物多为热带乔木，喜光也耐阴，长期日照不足容易引起徒长，观赏性降低。喜湿润，怕旱。多数种类具有耐修剪、易移植、寿命长等特点。常见种类有爱心榕(*Ficus umbellata*)、‘斑叶’高山榕(*F. altissima*‘Variegata’)、琴叶榕、橡皮树等。

(2)百合科

百合科用于室内观叶的种类较多，多为大型木本植物，有粗厚的茎干和蜡质叶片，有一定的耐旱力，但干旱过久会导致叶片变黄脱落。喜光，在全日照环境下生长良好。也较耐阴，但不能长期缺光，否则会导致一些带条纹的种类颜色变浅，观赏性降低。常见种类有香龙血树、百合竹(*Dracaena reflexa*)、龙血树、千年木、朱蕉(*Cordyline fruticosa*)等。

(3)天南星科

天南星科用于室内观叶的种类较多，多为大型草本植物，具有叶片大、叶形奇特等特点，多数喜温暖湿润，最适生长温度20~30℃，较耐阴，与居家环境相适应，容易管理。

常见种类有龟背竹、春羽(*Thaumatophyllum bipinnatifidum*)、仙羽蔓绿绒(*Philodendron xanadu*)、'红宝石'喜林芋(*P. erubescens* 'Red Emerald')、绿萝(柱)、雪铁芋等。

(4) 五加科

五加科用作室内观赏的种类多为木本植物，一般具有羽状或掌状复叶，叶形优美，色泽亮丽。喜温暖，不耐寒。喜湿润，忌干旱和积水。喜阳光充足，也耐阴，忌强光。喜肥沃和排水良好的砂壤土。常见种类有八角金盘、鹅掌柴、孔雀木(*Schefflera elegantissima*)、圆叶福禄桐(*Polyscias scutellaria*)等。

(5) 竹芋科

竹芋科植物一般为多年生草本，有根茎或块茎，叶通常较大，具羽状平行脉，叶片表面生有各种不同的美丽斑点或斑纹，叶形和颜色变化多样，极具观赏性。喜半阴和温暖湿润的环境，喜疏松透气的基质。常见种类有花叶竹芋(*Maranta bicolor*)、孔雀竹芋(*Goeppertia makoyana*)、箭羽竹芋(*G. insignis*)、青苹果竹芋(*G. orbifolia*)、双线竹芋(*G. sanderiana*)等。

(6) 棕榈科

棕榈科植物多为原产热带的常绿大乔木，喜温暖湿润，空气湿度低时容易卷边、干叶。喜光，不耐阴。选择中、小型或微型植株用于室内观赏，能够营造热带景观氛围。常见种类有：蒲葵、散尾葵、棕竹等。

此外，还有一些常见室内木本观叶植物，如马拉巴栗、兰屿肉桂(*Cinnamomum kotoense*)、菜豆树，以及既可观叶又可观花的鹤望兰等。

3.5.1.2 市市观花植物

长期以来，木本观花植物作为室内盆栽深受人们喜爱。这些种类在原产地或我国南方地区一般是露地栽培，目前花木生产单位多以温室盆栽结合人工催花等花期调控技术进行培育，以满足市场需求。这类花卉分别或兼具花大色艳、香气浓郁、姿态优美等不同特点，适合搭配大型红陶盆、陶瓷盆或紫砂盆，配带轮花盘，落地独立摆放于室内。木本观花植物一般都喜温暖、喜充足的阳光，对环境光照、温度、水分、土壤养分、通风条件等都有各自不同的要求，而且要经常性地采取措施进行植株整形、追施肥料及防治病虫害，因此也是室内园艺植物中最难管理、对养护技术要求最高的一类。常见种类有八仙花、白兰花、杜鹃花、粉苞酸脚杆(*Medinilla magnifica*)、桂花、'金边'瑞香、龙吐珠(*Clerodendrum thomsonae*)、米兰、茉莉、牡丹、山茶、杜鹃叶山茶(*Camellia azalea*)、茶梅、石榴、叶子花、一品红、月季、栀子、扶桑等。

3.5.1.3 草市观花植物

兰科、凤梨科、天南星科等草本观花植物占据了年宵花的半壁江山，是冬春季室内园艺观花植物的代表，一般生长健壮、株形独特、花数多、色彩鲜艳、花期长，具有极高的观赏价值。相比于传统木本观花类花卉，这类植物更耐阴，养护管理相对简单。适合搭配红陶盆、紫砂盆或塑料加仑盆，大型植株适宜落地独立摆放，小型植株可以摆放在桌几、花架上观赏，有时也可以根据兴趣爱好，把不同种类、不同品种制作成组合盆栽观赏。

(1)凤梨科

凤梨科花卉的叶常为线形或条带形，簇生于基部，具有多姿多彩的花序。其中的多数种类适宜室内温度、光照环境，适当保持基质水分和空气湿度即可养护，一般需要用水苔作基质，管理容易。常见种类有果子蔓凤梨(*Guzmania lingulata*)、莺哥凤梨(*Vriesea carinata*)、铁兰(*Tillandsia cyanea*)等。

①果子蔓凤梨　也称星花凤梨、擎天凤梨。植株相对比较高大，外形莲座状，叶片宽带状，花苞片多为红色，也有黄色、紫色等，小花黄色。花期一般可达3~4个月。市场上常见的品种有'红星''黄星''紫星''火炬''松果''白雪公主''双色喜炮'等。

②莺哥凤梨　也称丽穗凤梨、彩苞凤梨。植株小巧，叶片短带状，花序穗状或复穗状，苞片2列排列成剑状或扁穗状，多为红色，少数为橙色至黄色，小花黄色。花期3个月。常见品种有'红剑''黄金玉扇''招财手'等。

③铁兰　也称紫花凤梨、粉掌铁兰。植株小巧，株高20~30cm，叶片宽线形，穗状花序团扇形，苞片粉紫色，小花蓝紫色，开放时伸出苞片外。花期2个月。除了常见的单穗品种，还有分枝的多穗品种。

(2)兰科

兰科花卉主要包括中国兰和热带兰两大类。中国兰原产自中国，多为地生兰类型，叶片线形，花较小，有香气，姿态优雅。热带兰多为附生类型，根系较发达，叶片宽，花大，色彩艳丽。兰科花卉喜温暖湿润，忌高温干燥。要求明亮的散射光，也较耐阴。中国兰要求疏松肥沃、透水保水性能良好的微酸性土壤，热带兰需要用透气性好的水苔、树皮、泥炭等作基质。常见种类有春兰(*Cymbidium goeringii*)、大花蕙兰、蝴蝶兰、石斛兰(*Dendrobium nobile*)等。

(3)天南星科

天南星科植物的花一般为肉穗花序，由一个大的佛焰苞托出，佛焰苞及肉穗花序的形态和颜色决定了花的观赏价值，色彩艳丽的种类一般作为观花类型。主要包括红掌及其他彩色掌，如马蹄莲(*Zantedeschia aethiopica*)及彩色马蹄莲(*Z. hybrida*)等。红掌具有鲜红色蜡质光泽的佛焰苞及鲜黄色的肉穗花序，其他彩色掌类分别具有粉红色、橙红色或浅黄绿色等不同颜色的佛焰苞，可常年开花不断。马蹄莲的佛焰苞为马蹄形，白色，肉穗花序鲜黄色，伸出佛焰苞外。彩色马蹄莲是马蹄莲属中除白花马蹄莲外其他种及杂交品种的统称，佛焰苞色彩丰富，有黄色、红色、紫黑色等。肉穗花序多为黄色，较短，一般不伸出佛焰苞外。马蹄莲的块茎、佛焰苞和肉穗花序有毒，应注意避免误食。

3.5.1.4　藤本类植物

一些藤本类植物作为室内盆栽，也受到部分爱好者的推崇。这类植物兼有观叶、观花、观根等不同特点，需要采用较大的花盆栽植，并根据高度用竹竿或包塑钢管作为支架，使茎蔓缠绕其上。常见种类有：金银花、络石(*Trachelospermum jasminoides*)、'花叶'络石(*T. jasminoides* 'Flame')、飘香藤(*Mandevilla laxa*)、金线吊乌龟(*Stephania cephalantha*)等。前4种为藤本观花、观叶植物，最后1种除了观叶外，也可观赏露于盆土外的块根。

3.5.1.5 观果类小灌木

一些小灌木的果实在秋冬季成熟，具有鲜艳的色彩、独特的形状或诱人的香气，常作为年宵花中的观果种类盆栽，寓意吉祥如意。在居室内搭配红陶盆、彩陶盆摆放，可采用落地独摆式配置，小株型可以摆放于几案上。注意保持适宜的温度，温度太低会产生冷害，太高则容易失水早衰。充足的光照能保持果实和叶片的鲜艳颜色。适当控制基质水分，保持空气流通，避免产生腐烂和落叶落果。常见种类有：北美冬青、佛手、柠檬、金橘、茵芋(*Skimmia reevesiana*)、火棘、朱砂根(*Ardisia crenata*)等。

3.5.1.6 树桩盆景类

盆景是以植物和山石为基本材料在盆器内表现自然景观的艺术品，分为树桩盆景和山水盆景两大类，一般配以陶瓷盆或紫砂盆，布置在厅堂几案或专用盆景架上。树桩盆景多选用根干奇特、枝叶细小、枝条柔韧、生长缓慢的树种，兼有艳丽花果者更佳。制作盆景用的植物材料已逾 100 种，目前市场上常见的观叶种类有金钱松(*Pseudolarix amabilis*)、榕树(*Ficus microcarpa*)、苏铁(*Cycas revoluta*)等；观叶兼观花的种类有'胡椒木'(*Zanthoxylum* 'Odorum')、六月雪等，前文介绍的北美冬青、火棘、朱砂根等许多种类也经常用于制作观花、观果盆景。

3.5.2 卧室

3.5.2.1 中、小型观花植物

中、小型观花植物一般具有植株紧凑、高度适中的特点，不会占用太大的空间。喜温暖、相对干燥的环境，忌积水、忌低温和强光暴晒，与卧室环境特点相适应，管理容易，可以搭配陶盆、加仑盆等，摆放在有光的卧室窗台或盆架上，明亮的散射光能够满足开花需要。

(1) 百合科

百合科观赏植物为多年生球根草本，在观赏花卉中占有重要地位。球根需要一定时长的低温处理后才能开花。主要包括百合、葡萄风信子(*Muscari botryoides*)、郁金香等。

(2) 报春花科

报春花科观赏植物多为一年生或多年生草本，一般植株小巧，茎直立，叶多基生形成稠密的莲座丛。花莛从叶丛中抽出，单生或总状花序，颜色鲜艳。室内观赏植物主要包括仙客来、报春等。

(3) 景天科

景天科植物多为肉质草本或半灌木，叶肥厚，圆锥状聚伞花序顶生，开花数量多，颜色丰富，花期长达 3~4 个月。喜温暖，忌低温；耐旱，忌积水；喜光，忌强光。养护简易。景天科常见的室内盆栽种类有：长寿花、宫灯长寿花(*Kalanchoe manginii*)等。

(4) 石蒜科

石蒜科植物为多年生草本，具鳞茎、根状茎或块茎。叶基生，线形或带状，花单生或

排列成伞形花序。喜温暖湿润，略耐阴，耐盐碱，不耐寒。主要包括君子兰、垂笑君子兰(*Clivia nobilis*)、中国水仙、朱顶红(*Hippeastrum rutilum*)等。

(5)仙人掌科

仙人掌科植物大多原产于美洲热带、亚热带沙漠或干旱地区，茎肉质，用于贮藏水分，叶常退化成刺。花较大，单朵开花时间一般较短。白天开花的种类花色艳丽，夜间开花的种类则花色洁白而有香气。喜光，耐干旱，耐贫瘠，光线弱时易徒长，观赏性降低。常见种类有昙花(*Epiphyllum oxypetalum*)、蟹爪兰等。

此外，大岩桐(*Sinningia speciosa*)、风信子、金苞花(*Pachystachys lutea*)、天竺葵、虎刺梅、沙漠玫瑰(*Adenium obesum*)等草本、肉质草本或半木质花卉都因花色美丽、花期长、较耐阴、容易养护等优点而长期用作室内盆栽种类。

3.5.2.2 中、小型常绿耐阴观叶植物

前文介绍的一些大型常绿观叶植物种类，在苗期到中等大小这段时期，株高和冠幅都不大，又相对耐阴，适合布置在非朝阳的卧室中，搭配陶盆、加仑盆或青山盆，摆放在窗台或盆架上。而当这类植株生长量过大时，可以根据居室条件，将其继续摆放在卧室中或作为大型观叶绿植转移到客厅、阳台等宽敞处。

此外，一叶兰(*Aspidistra elatior*)、白掌、合果芋、'金边'竹蕉(*Dracaena deremensis* 'Roehrs Gold')、蔓绿绒、海芋、'狐尾'天门冬(*Asparagus densiflorus* 'Myersii')、文竹、袖珍椰子等，也都适宜布置非朝阳卧室的窗台、桌、柜上。但是为了保证这些植物的正常生长以及保持其较高的观赏价值，还需要每隔一定时间将其挪至有直射光处放置一段时间。

3.5.3 书房

书房空间足够大时，前文关于客厅、卧室所推荐的大部分植物盆栽都适宜摆放；书房空间比较小时，直立性强、体积小巧的种类，或者适合壁挂、垂吊类的植物，就是最佳选择。

3.5.3.1 小巧精致的观叶植物

一些植物具有株形小巧紧凑、生长缓慢、叶形圆润有光泽或者褶皱条纹、色彩丰富等特点，而且适应性强、养护管理简单，适宜布置在书房中。

(1)胡椒科草胡椒属

胡椒科草胡椒属许多种类不仅体积小巧且叶形奇特、花纹别致，包括白脉椒草(*Peperomia tetragona*)、圆叶椒草(*P. obtusifolia*)、红背椒草(*P. graveolens*)、红边椒草(*P. clusiifolia*)、红皱叶椒草(*P. caperata*)、西瓜皮椒草等。

(2)爵床科

爵床科观赏植物的叶片叶脉线条清晰、色彩明亮，观赏价值较高。金脉爵床(*Sanchezia speciosa*)，矩圆形嫩绿色叶片上有明显的规则的金黄色叶脉。银脉爵床(*Kudoacanthus albonervosa*)，叶片深绿色有光泽，表面具有明显的白色条纹状叶脉，叶脉、叶缘均有波状起伏。网纹草除了绿叶白脉种类外，还有绿叶红脉、紫叶红脉、粉脉绿

边、白脉绿边等众多类型。

(3)荨麻科冷水花属

冷水花属一般具有株丛小巧、容易繁殖和养护的特点，是常见的小型观叶植物。冷水花，叶脉及附近绿色，环内白色，叶色绿白分明，纹样美丽。圆瓣冷水花(*Pilea angulata*)，叶黄绿色，叶脉茶褐色，叶缘有锯齿，表面有皱纹。镜面草(*P.peperomioides*)，肉质叶近圆形，肥厚，从中央向四周有辐射状叶脉。

(4)虎耳草科矾根属

矾根，叶片阔心形，有深紫色、紫红色、橙红色、黄绿色及各种彩色叶脉等众多种类，具有"花园调色板"的美誉，是近年来比较流行的室内彩色观叶植物。

3.5.3.2 小巧可爱的多肉类植物

多肉类植物又叫多浆植物，包括景天科、百合科、马齿苋科、夹竹桃科等十几个科的种类。一般为多年生肉质草本，具肥厚的肉质茎、叶，贮藏大量水分，表皮角质或被蜡、被毛、被白粉，具有共同的旱生结构，其中小型、微型的种类非常适合现代家庭书房中桌、柜或窗台等处布置。这类植物一般具有肉质叶紧凑排列、肥厚饱满、叶形奇特、颜色鲜艳、小巧可爱等特点。市场上的种类非常繁多，如'红色浆果'(*Sedum*×*rubrotinctum* 'Redberry')、桃之卵(*Graptopetalum amethystinum*)、樱水晶(*Haworthia cooperi* var. *picturata*)、姬玉露(*H. cooperi* var. *truncata*)、吹雪之松锦(*Anacampseros telephiastrum*)等。

3.5.3.3 适合壁挂或垂吊的植物

将一些具有长而软的枝条、茎蔓的植物种植在容器中，挂在墙壁上或垂吊在屋顶作为装饰，能够节约地面、桌面的空间，利用防腐木花架、花台、网格式壁挂、可伸缩悬挂式支撑横杆，搭配各种可悬挂式花盆、花篮，打造出鲜活、立体的室内景观。适于壁挂和垂吊的植物一般要求枝叶繁茂、茎叶细小、茎蔓软垂。常见的木质藤本有洋常春藤(*Hedera helix*)、'雪莹'常春藤(*H. helix* 'Yukihotaru')等。草质、肉质藤本种类比较多，包括吊金钱(*Ceropegia woodii*)、纽扣玉藤(*Dischidia ruscifolia*)、吊竹梅、翡翠珠(*Senecio rowleyanus*)、金鱼吊兰(*Nematanthus wettsteinii*)、口红吊兰(*Aeschynanthus pulcher*)、千叶兰(*Muehlenbeckia complexa*)、垂枝绿珊瑚(*Rhipsalis baccifera*)、鱼骨令箭(*Disocactus anguliger*)、松萝凤梨(*Tillandsia usneoides*)、观赏牛至(*Origanum vulgare*)等。

3.5.4 卫生间

卫生间由于经常用水，空气相对湿度较大，适合布置喜湿的植物。若光线好，前文介绍的大部分观叶植物种类都可供选择。如光线一般，宜选择适应性强、较耐阴的种类。如果卫生间内光线严重不足，则不适合长期布置植物。

(1)适应性极强的观叶植物

选择一些容易获得、适应性强、耐阴耐湿的植物类型，布置在洗手台上、镜前台、置物架上，起到装饰作用。这类植物对光线的要求不严，在中等光线条件下生长良好，亦耐弱光，如带芽的香龙血树水培小茎段，吊兰绿叶、金心、金边、卷叶等类型，绿萝、鹅掌柴、铜钱草、玉簪绿叶及各种花叶种类等。

(2) 喜湿的蕨类植物

蕨类植物又称羊齿植物，是一群进化水平最高的孢子植物，大多为土生、石生或附生，少数为湿生或水生，喜阴湿温暖的环境。喜散射光，直射而高热的强光下叶片易焦枯。常见的种类有'波士顿'蕨、肾蕨、鹿角蕨(*Platycerium wallichii*)、鸟巢蕨(*Asplenium nidus*)、铁线蕨等。用椰糠、水苔或腐叶土等作基质盆栽，布置在置物架、地面上，或在墙壁上安装挂钩，进行壁挂布置观赏。

3.5.5 厨房

厨房由于油烟的关系，不太适合植物生长，一般不适宜布置植物。但若面积足够大，光照、通风条件好，也可布置一些容易生长、管理相对简单的植物。

(1) 耐阴、半耐阴的观叶植物

在非朝阳的厨房里，可以选择一些耐阴、抗油烟、成本不高、容易成活、无须过多养护管理的小型或株形直立的观叶类，这些种类对于光照、湿度要求不严，株形较小或相对直立，不会占用太大的空间，能为厨房增添生机与活力。可选择的种类有虎尾兰绿叶斑纹、金边、短叶等变种，芦荟，仙人柱(*Hylocereus undatus*)等。

(2) 喜光的芳香植物

如果厨房有直射光或者明亮的散射光，通风良好，也可以选择一些芳香植物，体积小，容易养护，有些种类还可以作为蔬菜或调味料使用。这类植物都喜温暖湿润，喜光。光照弱时容易徒长，节间变长、叶片变小，观赏性降低。主要种类有百里香、绿薄荷(*Mentha spicata*)、甜牛至(*Origanum majorana*)、罗勒等。

(3) 容易管理的蔬菜植物

在厨房里温暖、明亮的位置，可以用饮料空瓶、泡沫箱、塑料花盆等作为容器，配合基质种植小白菜、菠菜等叶菜，多余葱、蒜等用沙栽植在盆中，养出葱叶、蒜苗，既能作为绿色植物观赏，又可以食用。萝卜头、白菜头可以栽植在水中，不久就会长出绿叶，抽薹开花。番薯(*Ipomoea batatas*)、马铃薯发芽后水培，也能长出茎叶，可供观赏。在空间充裕、温度光照满足条件的情况下，可以采用专门的箱架、盆器，进行家庭式蔬菜生产。

3.5.6 餐厅

餐厅或用餐区域内高大的园艺植物可以采用落地式布置，小型植物可以采用桌摆式、壁挂式、垂吊式等方式布置，营造富有生活气息的家庭用餐环境。

(1) 落地式盆栽

如果空间足够，餐桌旁、窗台边摆放'花叶'橡皮树(*Ficus elastica* 'Variegata')、'金边'百合竹(*Dracaena reflexa* 'Variegata')、五彩千年木(*Dracaena reflexa* var. *angustifolia*)等高挑的植株，可营造出高低错落的层次感。

(2)桌摆式盆栽

选择形态新颖独特、色调明快的观叶、观花植物，用洁净水苔、大颗粒锯末等基质栽培，尽量避免摆放土培植物。可选择各种造型的富贵竹水培植株，前文介绍的'绿天鹅绒'海芋(*Alocasia* Frydek)、青苹果竹芋、金边朱蕉，以及小型的红掌、蝴蝶兰、石斛兰等。

(3)悬垂式或壁挂式盆栽

采用悬垂式或壁挂式布置植物，能够营造出餐厅新颖、绮丽的景观效果。可以采用各种塑料、陶瓷、玻璃盆器，结合网格架、花筐等器材，栽植绿萝、松萝凤梨、鹿角蕨等具有柔软下垂枝条的种类，也可以选用合果芋、白掌、冷水花、网纹草等直立的小型植物，都能实现壁挂式布置。

(4)瓶插时令鲜切花、切叶

随着四季变换，选用各种时令鲜切花、切叶搭配形态各异的玻璃、陶瓷花瓶，配合使用鲜花营养液，布置于餐桌上，能够营造出温馨浪漫氛围，提升幸福感。可供选择的种类有芍药、月季、洋桔梗(*Eustoma grandiflorum*)、向日葵(*Helianthus annus*)、北美冬青、苹果桉(*Eucalyptus gunnii*)等。

(5)玻璃瓶微景观

选择一个玻璃容器作为花器，用配方土作为基质，栽植耐阴、耐湿的微型植物、苔藓，配以彩色玻璃砂，各种精美的小型摆件，构成生态微景观，摆放于餐桌上，观赏性较高。常用的植物种类有各种网纹草、小型多肉植物、小型仙人掌类植物、小型蕨类植物、苔藓等。

3.6 室内园艺设计示例

3.6.1 案例1三居室家庭园艺绿化

案例1为位于辽宁省丹东市振安区的高层三居室房型(图3-20)，建筑面积150m²，

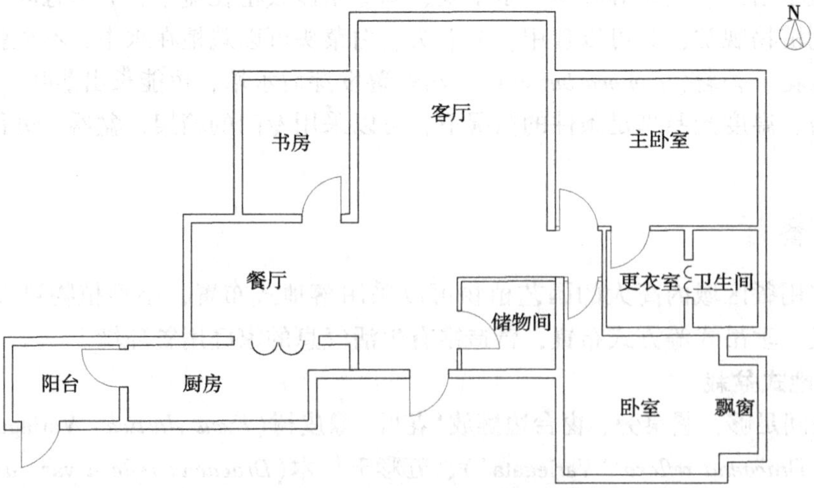

图3-20 家庭三居室平面图

图 3-21 家庭三居室室内植物配置效果图

方位为南北朝向，双阳卧室，东客厅，在上午时段有直射光进入。家居装饰为简约现代风格，主色调为白色+蓝色，配原木色与棕色家具，整体色调偏冷(图 3-21)。

选择的园艺植物种类：观叶类，包括菜豆树、绿萝、‘金边’吊兰(*Chlorophytum comosum* ‘Variegatum’)、铜钱草、‘大仙女’海芋(*Alocasia* ‘Polly’)、小型多肉植物；观花类，包括墨兰(*Cymbidium sinense*)、‘红星花’凤梨、仙客来等。菜豆树为较大型的植株，采用大型白色陶瓷盆配轮式托盘栽培，落地式配置，方便移动到阳台上进行补光。其他中、小型花卉均以塑料盆或陶瓷盆栽植，配置在窗台、茶几、柜、桌上等处。此外，还选择了瓶插花卉紫罗兰和染色银柳(*Salix argyracea*)(图 3-21)。

在电视机左右各摆一盆菜豆树，将两盆墨兰配置在沙发边的小柜上，在明亮的浅色系客厅中显得格外青翠挺拔。茶几上的圆形青花瓷小钵种满铜钱草，赭石色陶瓶里斜插一枝绿萝，与茶具相映成趣，古风雅韵。主卧床头柜上盛开的仙客来小巧娇艳，在柔和的暖色灯光下尽显浪漫。次卧窗台上两盆‘红星’凤梨，红花绿叶，为北方冬季的房间里增添了暖意。书房计算机桌左侧的一盆‘大仙女’海芋，右侧的一小盆钱串景天(*Crassula marnieriana*)，以及窗台上的一盆‘金边’吊兰，为书房内增添了生机与活力。餐厅窗台上瓶插一组红色银柳，餐桌上蓝色玻璃瓶插一枝盛开的紫罗兰，整个餐厅区域植物搭配线条简洁，色彩明丽。卫生间光线比较好，镜架上的几盆小型多肉植物，与镜中影子成对排列，呆萌可爱，洗衣机上的绿萝婆娑繁茂(图 3-21)。

本案例表达了主人虽然身处都市繁忙的工作中，依然忙里偷闲，追求一份宁静雅致的生活志趣与品位。

3.6.2 案例 2 二居室家庭园艺绿化

案例 2 为位于辽宁省沈阳市皇姑区常见的二居室房型(图 3-22)，建筑面积 100m^2，方位为东南—西北朝向，朝阳客厅，一南一北两个卧室在不同时段均能有部分直射光进入。家居装饰偏中式风格，主色调为白色+浅米色，配中灰色与棕色家具，整体色调偏暖(图 3-23)。

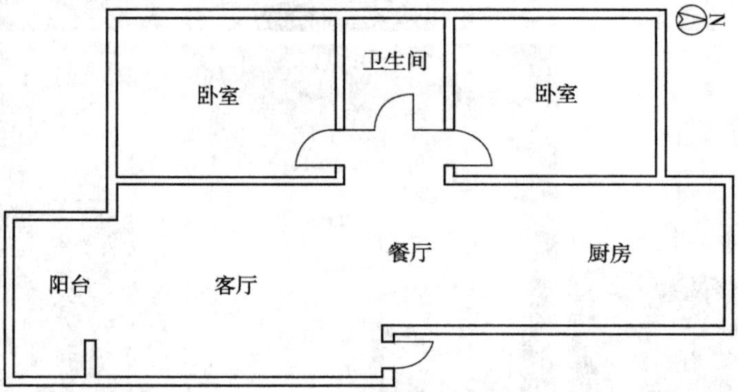

图 3-22 家庭二居室平面图

全屋共计布置了 10 类、22 株植物，大、中、小型搭配，观花、观叶种类俱全，高低错落有致，丝毫不显杂乱拥挤，反而显得室内开阔舒朗、生机盎然(图 3-23)。选择的园艺植物种类：观叶植物，包括龟背竹、‘金边’吊兰、一叶兰、白掌、合果芋、铜钱草、香龙血树小茎段；观花植物，包括扶桑、金苞花、春兰。龟背竹、扶桑为较大型的植株，采用大型陶瓷盆配轮式托盘栽培，落地独摆式配置，方便在不同温度、不同光照区域间进行移动。龟背竹较耐阴，布置在客厅入口处，浓绿的大叶片气场十足。扶桑需要较强的阳光才能现蕾和开花，放置在客厅内光照充足处，橘红色的扶桑花为房间增添了明艳的色彩。在客厅与阳台间的屋梁上采用垂吊式配置了两盆‘金边’吊兰。电视柜上的陶瓷兰花盆栽与摆件，茶几上创意紫砂陶盆吊兰与茶具，一叶兰深绿的大叶片中伸出一枝花莛，都呈现出国风韵味。主卧床头柜上放置一盆玻璃圆缸水养合果芋，墙边花架上一盆白掌，窗台上一盆茂密的‘金边’吊

图 3-23 家庭二居室室内植物配置

兰，次卧窗台上一盆正在盛开的金苞花，显得卧室整洁而雅致。厨房窗户向阳透光，靠窗处放置的一小盆铜钱草为厨房内增加了小小绿意。餐厅(用餐区)只在餐桌上用蓝色瓷瓶水养一株合果芋。暗卫生间，只在水台上用小平盘水养了一个香龙血树小茎段，长出两组浓绿的叶片。

本案例彰显了主人悠然自在的生活状态和高超的植物配置技艺。

3.6.3 案例 3 一居室家庭园艺绿化

案例 3 为位于北京市朝阳区的一居室房型(图 3-24)，建筑面积 $60m^2$，方位为南北朝向，卧室、客厅与厨房在适宜时段均有直射光进入。家居装饰为酷炫文艺风格，家装

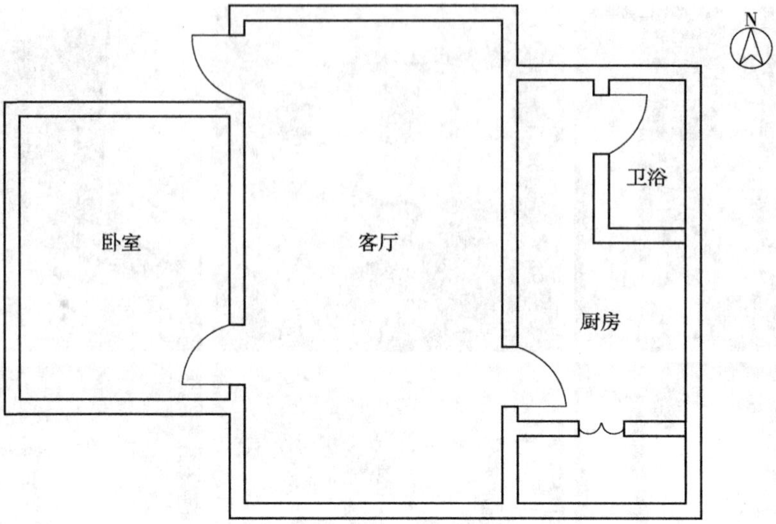

图 3-24 家庭一居室平面图

主色调为黑色，整体色调偏冷色(图 3-25)。

选择的园艺植物种类有大龟背竹、日本大叶伞、绿天鹅绒海芋、五彩千年木、多种秋海棠、各种时令鲜切花等，盆花均以白色或黑色塑料盆栽植，仙羽蔓绿绒以玻璃瓶水养，根据需要落地独摆式配置或置于桌、几、台面上(图 3-25)。

客厅被设计为奶油色系田园风，绿植被配置在沙发后、地毯边或者花架上，除了大龟背竹、日本大叶伞、五彩千年木等，还运用了'花叶'橡皮树、藤编盆器栽植的花叶芋、瓶插奶油色香石竹，画面鲜活灵动，烘托出悠然闲适的氛围。在卧室的一侧墙面上，按照由高到低、由远及近的技法，配置了'波士顿'蕨、花叶芋、蔓绿绒等大量植物，辅以彩色装饰画作为背景，在月球肌理灯的柔光下，制造出树光月影，实现把森林带回家的美好愿望。偶尔居家办公，在极简玻璃写字桌上伏案久了，一抬头就能触碰到旁边柜子上伸过来的仙羽蔓绿绒绿叶片。咖啡机、托盘、杯子、小工具、摆件和装饰画组成了餐桌上的精致与时尚，仙羽蔓绿绒和'海威'秋海棠(*Begonia* 'Highway')让这份精致与时尚成功升级。日常情况下，厨房里只在台面上摆放两小盆仙人掌类。某个周末，居室主人突发灵感：橱柜和高低错落的架子可以突出不同绿植的美，于是全屋的绿植都被搬到厨房，再反复测试出最佳位置，搭建出了一间郁郁葱葱的、令人赏心悦目的花房。

本案例的居室主人为"90 后"绿植和家居搭配爱好者，在都市繁忙工作之余痴迷园艺植物，对色彩、时尚元素的理解与运用得心应手，所呈现的家居园艺作品充满独立、个性的高级感，园艺植物成为青年一代彰显生活品位和精神追求的新道具，传达着对世界的看法和对生活的态度。

图 3-25 家庭一居室室内植物配置

思考题

1. 试述室内园艺的作用。
2. 试述室内园艺配置的原则。
3. 试述室内园艺设计基本形式。
4. 对于不同的室内园艺场所，如何进行植物选择？

推荐阅读书目

1. 室内绿化艺术. 柯继承，戴云亮. 中国轻工业出版社，2001.
2. 室内园艺. 金波. 化学工业出版社，2002.
3. 室内植物装饰设计. 庄夏珍. 重庆大学出版社，2013.
4. 园艺通论(第 4 版). 朱立新，朱光晨. 中国农业出版社，2015.
5. 岭南盆景在居住空间中的设计研究. 叶晓燕. 华南理工大学，2017.

6. 家庭养花大全(第3版). 蒋青海. 江苏科学技术出版社, 2008.

7. 居室植物巧配置. 顾永华. 江苏科学技术出版社, 2010.

8. 时尚健康居室植物. 刘东燕, 赵宇. 化学工业出版社, 2010.

9. 室内盆栽绿化设计300. 王胜弘《花草游戏》编辑部. 海峡出版发行集团/福建科学技术出版社, 2014.

10. 空气净化植物栽培. 慢生活工坊. 海峡出版发行集团/福建科学技术出版社, 2015.

11. 家庭养花一本通.《家庭养花一本通》编委会. 北京科学技术出版社, 2020.

12. 读懂95后的“美”, 就是读懂家庭园艺市场的未来. 薛光卿. 中国花卉报, 2021.

4 阳台园艺设计

[**本章提要**] 阳台园艺是在阳台进行的小规模园艺植物栽培和空间装饰活动。随着我国城市化的快速发展和人民生活水平的提高，阳台已不仅是满足基本生活需要的场所，更成为楼房居民亲近自然的主要空间。本章基于阳台的类型及环境特点，重点介绍阳台园艺设计要点、植物选择原则与配置方法等，并附不同朝向阳台的设计示例供参考。

阳台已成为城市住宅的重要组成部分，对于广大的楼房居民来说，阳台是室内空间与室外空间的过渡，是亲近自然、呼吸新鲜空气最适合的场所，在现代家庭园艺中的地位越来越重要。作为建筑物室内的延伸部分，相对于室内空间，阳台空间具有视野开阔、光照较充足、更适宜种植植物的特点。随着人们对健康生活要求的提高，阳台园艺设计从传统的以装饰为目的，逐渐向兼具生产和装饰功能的方向发展。阳台园艺不同风格带给人们不同的视觉享受与感官体验，同时也体现了居住者的审美情趣。虽然仅有方寸之地，也要打造美观、自然、和谐的生态系统，因此，阳台园艺的美学氛围和生态效益的营建非常重要。

4.1 阳台类型及环境

4.1.1 阳台类型

阳台作为居住建筑中联系室内外空间的部分，可通过充分利用植物、小品、铺地等，建成开放或半开放的绿色空间。

4.1.1.1 根据阳台的建筑立面分类

(1) 凸式阳台

凸式阳台(图 4-1)是指挑出楼层外墙(柱)体的阳台，结构多为压梁式或者是挑梁

图 4-1 凸式阳台

图 4-2 凹式阳台

式，承重力不强。因三面向外挑出，空间相对独立、视野更加开阔，通风条件好，阳光充足，最适宜养花，可摆设和栽植不同的花草。凸式阳台的地面和墙壁多为砖石和水泥结构，夏季具有吸热快、散热慢、蒸发量大、空气干燥等特点。由于阳台朝向不同，接受光照的程度也不同。

(2)凹式阳台

凹式阳台(图 4-2)也叫嵌入式阳台，是指凹进楼层外墙(柱)体的阳台，只有一面向外露出，其余三面均靠建筑墙体，与凸式阳台相比，凹式阳台无论从建筑本身还是人的感觉上都显得更牢固可靠些，安全系数较高，有遮尘、隔音、保暖的功能。阳台封闭后，多了一层阻挡尘埃和噪声的窗户，有利于阻挡风沙、灰尘、雨水、噪声的侵袭，可以使相邻居室更加干净、安静。但采光和视野受限，可在矮墙或扶手栏杆上端摆设花盆，在阳台里侧两角地面上砌设栽植箱，种植攀缘植物，向阳台空间发展，使之形成绿色屏障。

(3)半凸半凹式阳台

半凸半凹式阳台是指阳台的一部分悬在外面，另一部分占用室内空间，它集凸式、凹式两类阳台的优点于一身，阳台的进深与宽度都足够大，使用、布局更加灵活自如，空间显得有所变化。

4.1.1.2 根据封闭与否分类

(1)开放式阳台

开放式阳台(图 4-3)对外的一面有的用混凝土或玻璃建造矮墙，有的则做成带有护栏的形式。没有装实体的围蔽结构，其优点是光照充足，但具体光照情况与阳台朝向有关，通风条件好，但环境空气湿度低，夏季若无遮阴则会温度过高，冬季保温性差，易受寒害。根据矮墙的材质不同，常分为 3 种：①栏杆型，对面矮墙是栏杆，光照充足，通风良好；②水泥型，对面矮墙是混凝土墙面，光照条件差，通风不良；③玻璃型，对面矮墙以玻璃为墙面，通风不如栏杆型好，可选有遮光效果的玻璃。

(2)封闭式阳台

封闭式阳台(图 4-4)一般由混凝土墙围成，外部加装封闭的玻璃窗，或者对外的

图 4-3 开放式阳台

图 4-4 封闭式阳台

一面全是封闭的玻璃窗。其光照和通风条件不良，但安全系数较高、能阻挡尘埃和噪声的污染，还能遮风挡雨。这类阳台因其受到光照和通风条件的限制，植物的养护难度会比开放式阳台高，最好选择对阳光和通风要求较低的植物。

(3) 半封闭式阳台

半封闭式阳台下半部分是水泥矮墙，上半部安装金属栏杆或水泥结构的栏杆，其优点是保温效果比开放式阳台好，通风和光照条件比开放式阳台略差些(图 4-5)。半封闭式阳台，需要架设一些向外伸的花架或者花盆。

图 4-5 半封闭式阳台

4.1.2 阳台环境

阳台的环境较特殊，其光照和温度因地区、楼层、大小、通风情况、朝向的不同而存在较大差异。在阳台园艺设计与植物选择中，需要充分了解与掌握阳台小气候的特性，使阳台园艺植物生长于相对适宜的环境中。

(1) 光照

阳台会因建筑物的挡光作用而使光照强度变弱、光照时间变短。阳台光资源因阳台的嵌入式结构，与楼排间的相互遮挡光会使光照时间缩短，直射光减少，漫射光增多，同样也使光质发生变化，如紫外线明显少于楼顶。阳台的朝向影响着阳台的受光程度，南向阳台属于全日照环境，阳光充足，适合种植喜光植物。东南、西南阳台的光照情况基本上与南阳台相似。北向阳台日照条件相对较差，以散射光为主，夏季会有短暂的阳光照射，尽量选择喜阴、耐阴的植物。东北、西北阳台的光照情况基本上与北阳台相似。东向阳台属于半日照环境，上午阳光较好，午后则无阳光直射，适宜种喜光，稍耐阴的植物。西向阳台属于半日照环境，俗称西晒，即上午没有阳光直射，稍阴凉，下午有 3~4h 强烈日照。温度突然升高，容易使植物受损，但是一到夜间又开始降温，适合种植喜光、旱生的植物。

(2) 温度

多数阳台的空间不大，里面为砖石或水泥结构的贴面墙壁。夏、秋期间，其光照强、吸热多、散热慢、蒸发量大、较燥热；冬季则风大而寒冷，阳台上的温差变化比地面大。朝南、朝东的阳台在光照强度和风速方面要比朝西阳台平稳一些，朝北阳台因周围建筑物的遮蔽而使单位面积所获热量较大程度减少，冬季也最冷，常低于自然的地面环境。

(3) 湿度

阳台易干燥，保湿难，晴天阳光暴晒时空气湿度更低。越是高层的阳台，日照时间越长，光照越强；楼层越向下，日照时间越短，阴暗的时间越长，而空气湿度相应有所提高。又因阳台凸出在外，空气流动大，空气湿度较低。阳台高出地面，所以通风较好，空气比较干燥。

(4) 风速

高楼层的阳台风力大，夏天吹热风，冬天吹寒风。阳台因处于一幢幢楼宇间的狭道，会产生狭道效应而使风速成倍加快，这叫杜文里效应。因这种效应的存在，当风刮过城市排楼时，使风速倍增，可提高至 3 倍。另外，不规则的楼排或城市的其他建筑物，又会使风产生湍流，这些加速的或湍流的风都将影响阳台植物，当然微风是有利于通风促进植物生长的，但如果是加速的狂风就会对阳台植物的枝叶造成机械伤害，特别是湍风，风力不大就可让枝叶间造成大的摩擦损伤，严重时会把柔嫩的枝叶或植株整株刮走或吹成网状，或者风后造成病菌的侵染而影响生长。

(5) 空气污染

城市汽车尾气的排放、人类活动与狂风引起的粉尘，还有工业排出的废气等都成为阳台植物的空气污染源。

4.2 阳台园艺设计要点

阳台是家庭建筑物的一部分，对于居住于楼房单元式住宅的居民来说，阳台是休闲赏景、晾晒衣物、种花养草的地方，其中大部分与起居室相连，如果加以充分利用，选择适合的种植模式，可布置成“缩小的庭院”，以精品园艺小景、新颖多变的布局起到美化和自给新鲜果蔬的双重作用，达到生态效益、环境效益和经济效益的结合。阳台园艺种植模式设计要点如下。

4.2.1 安全性

阳台园艺的载体是建筑物的延伸，必须考虑建筑物本身和人员的安全，包括结构承载和阳台防水构造的安全使用，以及阳台四周防护栏杆的安全等。都市单元楼中的阳台从结构上多是凸出式阳台，这类阳台的自身重量及其全部承载依靠挑出墙面的悬臂梁来承重，所以进行阳台园艺种植模式设计时要了解阳台的承重大小，不宜在阳台上堆放过多的种植土，尽量使用轻质人工合成基质。在阳台上种植蔬果花卉时，要防止容器被大风刮下和无意碰落伤人，在进行阳台园艺种植模式设计时，容器应该放在阳台的内侧或专用栽培槽中，使用的各种部件、花盆、花架和各种装饰品一定要安全、严格固定，防止坠落。高层楼房不建议安置室外花架和绿化材料。

4.2.2 美观协调性

美观协调是阳台园艺设计的重要原则，通过美学原理进行合理布局，使阳台绿化起到美化居室的作用，同时应注意阳台园艺设计和居室风格统一。在开敞式或落地窗阳台上种植果蔬花卉，还要和社区、街道的大环境保持协调。阳台绿化的材料及植物栽种要与阳台建筑形式协调，并注意与整幢建筑物的调和。

4.2.3 绿色生态性

充分根据阳台特点和园艺植物生态要求配置植物，使园艺植物能够在阳台上生长开花良好，同时要充分考虑原建筑的采光情况，阳台园艺不能影响建筑的采光。阳台绿化布置时，要注意阳台地面、栏杆、顶面及内墙等多种环境的绿化层次，形成内外结合、上下结合的多层次、多功能的生态阳台小花园。

4.2.4 简单实用性

尽量选择抗性好、易于栽种的植物，适合广大城市居民从事阳台园艺活动。以园艺植物造景为主，尽量丰富绿色植物种类，同时在植物的选择上不单纯追求观赏性，要模拟自然。选择的园艺植物要有较强的抗逆性、抗污性和吸污性，易栽植、易成活、易管护。

4.3 阳台园艺的植物选择与配置

植物是阳台绿化和美化的主要元素。植物种类繁多、千姿百态，对环境要求各异，因此园艺植物的选择成为阳台园艺设计的重点。适宜的植物选择和搭配不仅可以提靓整个阳台空间，体现个性，提高舒适度，还可以实现空间的合理利用，达到人、环境、生态、景观的和谐统一。

4.3.1 植物选择的原则

阳台园艺适宜植物的常规选择标准为：具有较高观赏价值或食药用价值，且以常绿植物为佳；植株低矮、浅根性或须根性、抗逆性较强，生长量不宜过大；观赏期长、栽培简易，耐污染。此外，在实际应用中还应遵循以下原则。

(1)环境适宜

环境是决定阳台植物选择范围的首要因素，其中，温度和光照是最重要的因子，需要深入分析其所处地域的气候和阳台朝向，根据其生态环境变化特点因地制宜地选择适合的植物种类，或者营造良好的环境条件，让植物能正常健康生长。

以开放式阳台为例，温度是主要限制因子，如果处于较为寒冷的北方地区，由于受冬季低温的限制，植物选择范围远小于南方地区，主要应以一年三季可赏或生产为主，越冬观赏只能选择耐寒性强、低矮的常绿或半常绿树种，如侧柏(*Platycladus orientalis*)、砂地柏(*Juniperus sabina*)、扶芳藤等，其他季节也应以栽植时令草花和可安全越冬的花木为主。而对于温度较为温和的南方地区，即使是开放式阳台，可供选择的植物也较多，能营造四季可赏的景观。当然由于当前高层住宅多采用封闭式阳台，虽然一定程度影响与自然的亲和力和通透性，但是提高了阳台的越冬温度，植物可选择范围也得到了大大拓展。此外，阳台风力大小，直接影响阳台的水分、温度和湿度，对于植物生长也有很大影响。开放式阳台的风力随楼层增高而增强，风力较大的阳台容易带走阳台水分，造成空气干燥，因此要注意选择具有抗风、耐干旱能力的植物进行种植。

对于同一地区不同朝向的阳台来说，光照则成为主要考虑的因素。以南向阳台或东向阳台为例，其特点是光照时间长、温度高、湿度小，以观赏为主型阳台适宜种植喜光、耐旱的观花观果类花卉，如茉莉、石榴、龙船花(*Ixora chinensis*)、矮牵牛、百日草(*Zinnia elegans*)、向日葵、一品红、大丽花、三色堇、金鱼草(*Antirrhinum majus*)、天竺葵、石竹、仙人掌类及其他小型多肉植物、盆栽榕树等；以自给型为主的阳台，则可以种植番茄、辣椒、小西瓜(*Citrullus lanatus*)等喜光、喜高温作物。以观赏为主型的北向阳台，由于光照不足，适宜种植耐阴或耐半阴的观花、观叶植物，如常春藤、八仙花、玉簪、文竹、椒草类、喜林芋属、吊兰、绿萝、秋海棠、吊竹梅、马拉巴栗、水仙等；北向自给型阳台可选择耐阴的韭菜、生菜、菊苣(*Cichorium intybus*)、小白菜或食用菌等。西向阳台由于夏季西晒导致温度高，可选用耐高温植物。如半枝莲、紫露草(*Tradescantia ohiensis*)、叶子花、仙人掌科植物、垂盆草、茑萝(*Ipomoea quamoclit*)、牵牛花、长春花(*Catharanthus roseus*)、鸡冠花(*Celosia cristata*)、枸杞(*Lycium chinense*)等。

(2)美观和谐

阳台虽然是室内空间的延伸，但因为和室内空间在视觉上融为一体，从装修风格、植物布置、景观营造上还须与室内空间相统一。合理的阳台植物装饰，会与居室风格协调，过渡衔接自然，给人舒适安逸的感觉。因此在阳台植物选择中应遵循美观和谐的原则，在姿态、体量、花色上既具有个性又要具备室内外空间的共同元素。从美学的角度，阳台植物选择应注重风格统一、色彩协调、体量均衡、结构简洁。

阳台植物选择的过程要兼顾室内外两种设计风格，尽可能地将两者风格相协调，在视觉上形成空间上的整体感。植物的种类多种多样，在姿态、色彩、线条、质感及季相等方面既千差万别，又保持着一定相似性，风格上统一，这样的搭配既能让人感觉生动活泼又能做到和谐统一。如欧式风格家居的阳台，其阳台装修风格可能主要以落地窗、白色木珊、欧式铁艺造型为主，整体风格偏浪漫温馨、华贵大方，可选择原产欧洲，带有鲜明欧式特点的植物，如天竺葵、薰衣草、矮牵牛、三色堇、非洲菊(*Gerbera jamesonii*)、马蹄莲、百合等。这些植物本身色彩艳丽、花期长，装饰效果好，可以在种植设计上使其花期连续，实现四季有花，结合垂吊式花钵、花盆的选用，使其在空间和景观上更富于变化、体现个性，实现与其整体风格的协调。与欧式风格不同，中式风格阳台更适合种植颜色素雅、花叶同赏、四季常绿的植物。在植物色彩点缀上，可能仅在年节时段短期进行喜庆的盛花装饰，在大部分时段均突出“绿”意即可，搭配古朴的家居、几案、花盆、景石，营造雅致、深沉的质感。可选择带有浓郁中国风的植物，如文竹、吊兰、秋海棠、中国兰、君子兰、菊花、月季、蔷薇、水仙、小叶榕树（*Ficus concinna*）、六月雪等。

阳台植物选择应该体现结构美，在植株体量、栽培方式选择上与空间相均衡。这里的均衡不是简单的整齐划一、对称统一，而是建立在美学韵律基础上的比例协调。如较为开阔的阳台空间可以选择植株较为挺拔、株型较大的观叶花木类摆放在视觉焦点位置，如散尾葵、马拉巴栗、垂叶榕（*Ficus benjamina*）、橡皮树等，不同季节辅以中等大小的观花植物或形成花丛进行点景，但数量不宜多，并注意立体空间的错落和层次。整体植物装饰结构既应保持一定体量，还要显得简洁明快，不会让人感觉压抑纷乱。而对于空间有限的阳台，植物点缀应小而精，合理利用边角，不要阻挡动线和视线，留给居住者充足的生活空间和视野，切忌过多过杂，没有重点。当然，简洁并不意味着设计乏味，它应是美学原则的巧妙融合，不仅能满足设计的基本需求还能产生趣味性。如观花植物、观叶植物、观果植物，景观特点各不相同，植物不同种类之间的不同组合所产生的变化不是简单的叠加变化，而是呈几何数增加，可以营造出截然不同的景观效果。

（3）健康实用

植物虽然是阳台绿化的主体，但是阳台空间有限，如果配置的植物过多，植物生长过于茂盛，会适得其反，阻挡居住者的视野，降低阳台的延伸感，失去舒适性。因此，植物配置在精不在多。此外，在当前健康生活备受推崇的时代，阳台不仅仅是装饰的空间，也成为居民实现家庭种养、净化空气、放松身心的重要场所，这就给植物选择的健康性和实用性提出了更高要求。

在满足阳台环境特点、美学原则的同时，阳台植物最好还具有生态功能和保健价值，如减尘降噪、净化杀菌、芳香安神或食药用功能。近年来流行的“阳台菜园”“阳台瓜果园”“阳台花房”也为阳台植物的选择和搭配开辟了新天地。阳台空间的利用向着更加实用的方向发展。其中以叶菜、根菜、花菜、果菜、矮化型瓜果、食用菌、多肉植物、可食用香草为代表的新型阳台植物异军突起，成为市场的新宠。在实际应用中，如果进行自给型阳台种植，在设计上要区别于以景观为主的阳台，弱化美学原则，主要满足自给需求。如叶菜中的生菜、油菜（*Brassica napus*）、冰菜（*Mesembryanthemum crystallinum*）、韭菜、菠菜；根茎菜中的萝卜、胡萝卜、马铃薯、莴苣；果菜中的番茄、辣椒、茄子；瓜菜中的黄瓜、西瓜、南瓜；水果中的草莓、蓝莓（*Vaccinium uliginosum*）、金橘、柠檬、葡萄、无花果等；食用菌中的平菇（*Pleurotus ostreatus*）、香菇（*Lentinus edodes*）、榆黄菇（*Pleurotus citrinopileatus*）、金针菇（*Flammulina velutipes*）；食用香草中的紫苏（*Perilla frutescens*）、罗勒、薄荷、欧芹（*Petroselinum crispum*）等；芳香植物中的薰衣草、鼠尾草、百里香、迷迭香等；食药用植物中的金盏菊（*Calendula officinalis*）、洋甘菊（*Matricaria chamomilla*）、叶用枸杞、金银花等。

总体来说，在植物配置上使人们感到舒适、放松是最主要的目的。因此，植物的选择也必然没有固定的模式，可以按照特定情境、个人喜好，并结合不同植物品种的特点进行选择。

4.3.2 阳台植物空间布局

阳台在空间上从室内空间到阳台空间再到室外空间，是三种不同层次的过渡空间。作为中部枢纽空间，阳台的过渡与衔接作用非常重要。因此在植物的布局上要尽量“空”尽其用，“物”尽其用，除了在平面布局中要合理利用外，在立体结构上也应充分进行应用。

(1)平面布局

由于阳台面积有限，而且要考虑储藏和活动空间，植物种植时不宜大片堆砌，一般应在平面视觉焦点上明确主景，但应注意不要过于高大，遮挡视线。若主景为植物，则选择一两株常绿观叶植物或花色鲜艳、叶相优美的种类即可；若主景为小品或装饰物，则其他植物元素选择应尽量低调统一，体量也不宜过大，以衬托主景、营造氛围。在平面布局中，落地式的盆、箱、池是常用的主景种植容器，其搭配一般采用不规则式布置，显得灵动活泼。如一丛、一群或单株与群植相结合，如排列式中片状或线状相同花色或相同花期的植物有规律有节奏地重复，重复中富有变化，可烘托阳台植物景观主题气氛，同时不失雅致和情趣。

图4-6 垂直绿化

(2)立体布局

随着基质培、水培等无土栽培新技术的应用，使阳台植物种植的立体化方向发展成为可能。对于小型阳台来说，立体空间与平面空间相比，利用率更高、层次性更好，多利用小型丛生植物、藤蔓植物进行垂直绿化布置(图4-6)，既保证阳台绿量、节省平面种植空间，又能增加空间韵律感。

常用的立体种植包括悬垂式、攀缘式、藤棚式、层架式、墙体式等类型。

①悬垂式　多以盆栽为主，可以悬挂在阳台顶板上，也可以悬挂在阳台护栏上，以吊兰、矮牵牛、长寿花等小型花卉和常春藤、天竺葵、四季海棠等藤蔓或披散型植物为主，甚至可以让植物枝叶悬挂在阳台的外面，美化围栏和室内外空间。

②攀缘式　主要指植物攀附在阳台墙壁或阳台外立面墙壁生长的形式，以扶芳藤、蔷薇、叶子花等藤蔓植物为主。

③藤棚式　种植主要依靠棚架或栅栏，栽一些体量相对较大的蔓生瓜果，棚顶、立面可结合悬垂式、壁挂式，棚下可种植小型耐阴植物。

④层架式　主要是在栏杆或墙面做阶梯式装置，放置盆栽、轻型槽体或管道均可，可扩大种植面积。

⑤墙体式　是近年兴起的立体绿化装饰形式，依靠成品组件进行花卉、蔬菜墙体绿化或生产，可充分利用墙体空间，绿化效果好、种植空间大。

在实际应用中可以将上述几种形式进行灵活搭配，既可以达到美化效果，又可以进一步提高空间利用率。

4.3.3 植物配置注意事项

(1)空间应满足植物生长

大部分阳台空间有限，植物配置时要充分考虑植物的体量和生长量，选用适宜大小的栽培容器。建议选用根系不发达、生长速度慢的品种，一方面植物生长不受影响；另一方面免去经常换盆的麻烦。对于铺设草坪或种植大型植物的设计来说，草坪需要10cm左右厚的土(基质)层，灌木需要30~60cm厚的土(基质)层，并且要充分考虑排水和防水问题。对于平时缺乏种植经验或长期外出的居民来说，给盆栽安装自动浇水装置或直接采用水培也不失为一种明智的选择。

(2)选择容易养护的植物

由于植物种类较多，对于环境和养护的要求差异很大，在装饰效果和花期上比较相近的几种植物中最好选择抗性好、养护简单的种类，这对于日常忙碌居民来说至关重要。例如，对于北方地区，同样是年宵花卉，仙客来、一品红、观赏凤梨等相对于蝴蝶兰、石斛兰、山茶等，其养护要简单得多，也更容易成活。因此，将阳台改造成一个五脏俱全的“小花园”或“小菜园”其实很简单，但通过适当的管理和养护，维持阳台景观效果才是阳台园艺成功的关键。

(3)选耐污染能力强、无毒无害的植物

城市中进行阳台植物选择，净化空气、耐污染是需要重点考虑的。尤其对于汽车或工厂包围的地域，植物首先要耐污染，且具有净化空气的功能，像菊花、芦荟、美人蕉(*Canna indica*)、金盏菊、石竹、月季、石榴、金橘、吊兰、半枝莲、雏菊、紫菀(*Aster tataricus*)、万寿菊等，均有较好的耐污染能力。此外，应慎用或不用那些开花美丽但有毒有刺的植物。

(4)注重景观小品的搭配

要打造出美观、浪漫的阳台景观，除了绿色植物外，带有艺术风格的步道和鹅卵石、造型考究的花架和花钵、浪漫典雅的摇椅和秋千、美观适宜的长凳和沙发，甚至古朴雅致的陶罐和栅栏都可以成为阳台园艺作品的点睛之笔。

4.4 阳台园艺设计示例

4.4.1 南向阳台

4.4.1.1 观赏型

阳台长4m，宽1.2m，高2.6m，封闭式，南向和西向为窗户，东侧为装饰柜。南向无遮挡(图4-7)。位于华北地区，室内冬季有暖气，光照充足，阳台最低温度15℃。室内装修风格为现代简约式。由于面积较小，在保证生活空间的基础上，尽量增加立体空间利用率，保证一定的绿量，并适当应用时令花卉贯穿各季，实现终年常绿、四季可赏。

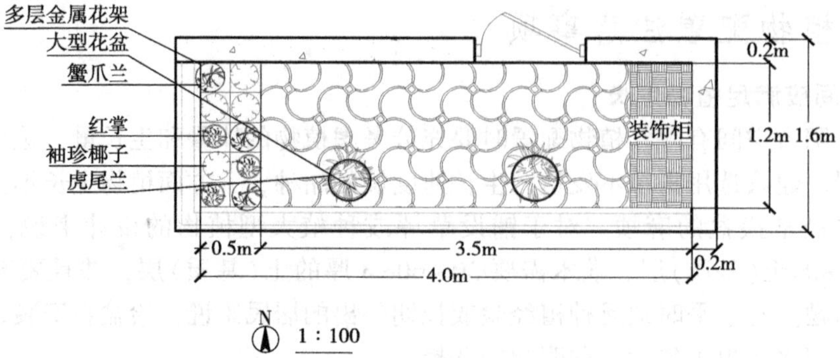

图 4-7 南向观赏型阳台种植设计

西侧窗户旁放置多层花架，交错放置中型盆栽、小型盆栽。由于周年环境温度较好，适合多种植物生长，从美观性考虑以选择常绿植物为主，如观赏凤梨(花期冬春)、沙漠玫瑰(花期春)、袖珍椰子(观叶)、红掌(四季开花)、蟹爪兰(花期冬春)、长寿花(花期冬春夏)、常春藤。

南侧窗户落地摆放大型盆栽两盆，如虎尾兰(常绿)、金钱树(常绿)。如结合生产功能可在冬春季进行盆栽叶菜的种植，在春夏季进行盆栽樱桃番茄(*Lycopersicon esculentum* var. *cerasiforme*)、朝天椒(*Capsicum annuum* var. *conoides*)的种植，具体数量以两三盆为宜。结合年节时令，在东侧柜上摆放小型盆栽，如水仙(春)、矮牵牛(夏)、微型月季(春到秋)。

阶梯式双层花架，长 0.5m，宽 0.25m，高 1.08m，金属材质，黑色或金色均可。花盆尽量选择白色或棕色，以紫砂盆为宜，时令草花可选择塑料盆。

4.4.1.2 自给型

此阳台长 5m，宽 1.8m，高 2.6m，封闭式，南向为窗户，东西侧为墙体，南向无遮挡(图 4-8)。位于华北地区，室内冬季有暖气，光照充足，最低温度 12℃。室内装修风格为中式，阳台上有一中式茶台。由于面积适中，在保证蔬菜生产满足三五口之家

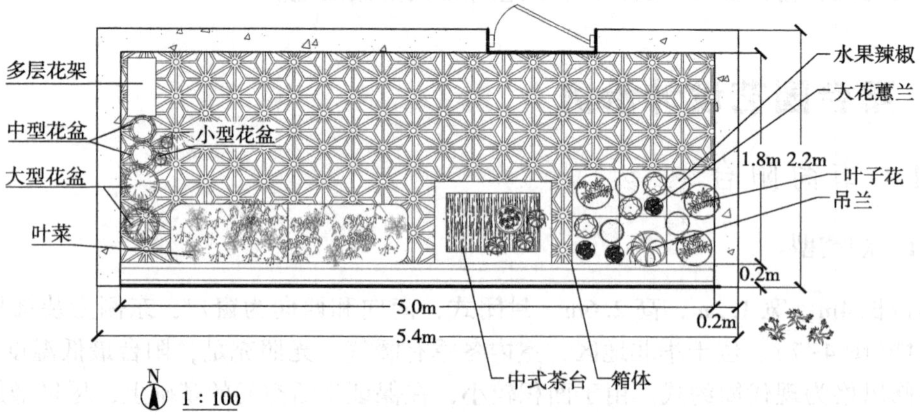

图 4-8 南向自给型阳台种植设计

生活需求的基础上，尽量点缀适量观赏植物，实现食用和观赏功能兼具。

由于为封闭式阳台，冬季温度较适宜，考虑可以进行周年自给型生产，选择产量高、便于管理的植物。用2个管道式多层水培装置进行生菜、苦菊(*Cichorium endivia*)、油菜、小白菜、茼蒿等叶菜的生产，放置在南侧窗户下，每个装置长1m，宽0.5m，高1.1m，共3层12根管道，可种植60~96棵菜，主要用于春、秋、冬季种植。南侧剩余空间可摆放5~6个种植箱，可进行果菜、瓜菜的春、夏、秋季栽培以及叶菜的冬季栽培。种植箱体长0.4m，宽0.4m，高0.35m，可种植樱桃番茄、朝天椒、水果辣椒、水果黄瓜、袖珍南瓜、袖珍西瓜、韭菜、菠菜、茴香、香葱、香菜等。

西侧墙体可放置多层花架，放置2盆大型盆栽，2盆中型盆栽，2盆垂吊小型花卉。依次为金橘(常绿、冬季观果)、叶子花(常绿、花叶同赏)、君子兰(常绿、花期春)、大花蕙兰(常绿、花期冬春)、吊兰(常绿)、天门冬(*Asparagus cochinchinensis*)(常绿)。还可在茶台上摆放小型盆栽，如春兰(花期春)、四季海棠(花期长)、文竹(常绿)。

管道可为白色或灰色，花架黑色或胡桃木色。花盆尽量选择黑色或棕色，最好为褐色砂盆。

4.4.2 北向阳台

4.4.2.1 观赏型

阳台东西长6m，南北宽3m，开放式，南向和西向为墙体，其余为金属色护栏，高1.3m，西半侧为生活区，供储物和晾晒使用(图4-9)。阳台位于西北地区，冬季最低温度-15℃，夏季最高温度38℃。室内装修风格为北欧式，楼宇外立面为褐色，现代式风格。由于空间比较开阔，植物配置数量可适当多些。选择以欧式风格为主的植物配置，搭配辅助景观，实现三季可赏，并适当添加自给型要素。冬季花卉需室内越冬。

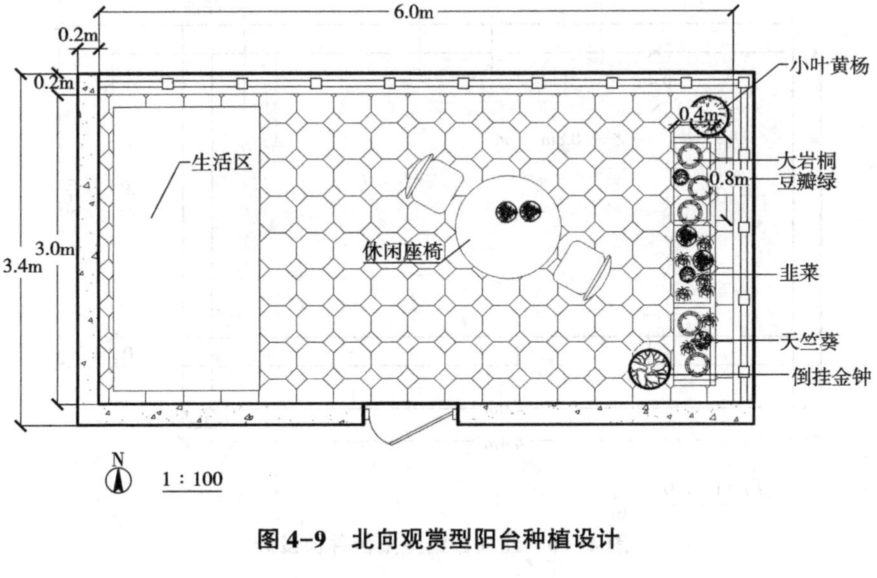

图4-9　北向观赏型阳台种植设计

由于阳台为开放式，冬季温度低，考虑选择花期长，具有一定耐寒性的花卉，以欧式休闲风格为主题进行布置，主要以耐阴性花卉为主。东侧栏杆处摆放原木色双层花架，交错放置2盆中型盆栽，3盆小型盆栽。依次为西洋杜鹃(*Rhododendron hybrida*)(常绿、花期春)、红掌(常绿、花期长)、大岩桐(常绿、花期长)、吊竹梅(常绿)、豆瓣绿(常绿)。落地摆放大型盆栽，如八仙花(常绿、花期夏秋)、倒挂金钟(常绿、花期长)、小叶黄杨(*Buxus sinica* var. *parvifolia*)(常绿、可越冬)及时令花卉：金盏菊、雏菊、丽格海棠(*Begonia × hiemalis*)、矮牵牛、天竺葵、'地被'菊(*Chrysanthemum × morifolium* 'Ground Cover')。

结合生产功能可在春到秋季进行盆栽叶菜的种植，如韭菜、生菜、香葱、蒜黄等，具体数量视实际需求数量定。盆长0.5m，宽0.25m，高0.2m，可摆放5~10盆。此外，春到秋季可以搭建小棚进行食用菌生产，如平菇、鸡腿菇(*Coprinus comatus*)。

多层花架，长0.8m，宽0.4m，高0.8m，金属材质或木质均可。花盆尽量选择白色或棕色，常绿花木最好用砂盆，时令草花可选择塑料盆。摆放白色休闲餐桌餐椅。

4.4.2.2 自给型

东西长4m，南北宽2m，封闭式(图4-10)，位于长江流域，冬季最低温度10℃。由于面积较小，主要用于自给生产。

选择具有一定耐寒性、便于管理的植物。应用2个金属层架进行蔬菜和食用菌生产。每个层架长0.8m、宽0.4m，高1.2m，3层，放置在北侧窗户下，每层可摆放2个栽培盆，每盆可种植4~6棵菜，如樱桃萝卜(*Raphanus sativus*)、生菜、韭菜、菊苣等，主要用于春、秋、冬季种植。还可覆盖塑料布进行食用菌生产，如平菇、鸡腿菇等，每层可放10个栽培袋。东侧墙体可放置几架摆放'波士顿'蕨、花烛、冷水花等耐阴花卉。花架可为金属色，结实耐用。

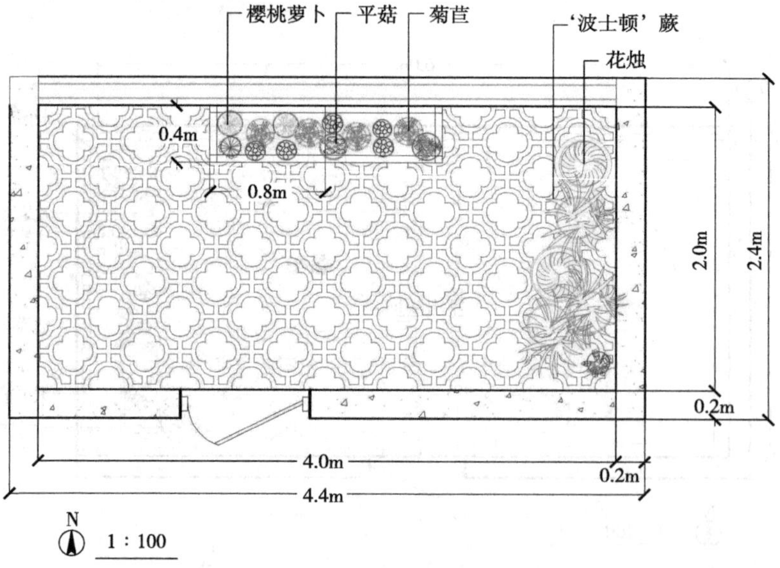

图4-10 北向自给型阳台种植设计

4.4.3 东西向阳台

4.4.3.1 观赏型

东向阳台(图 4-11)，封闭式，东西长 4m，南北长 3m，南向、西向和北向为墙体，西半侧为生活区，供储物和晾晒使用。位于东北地区，冬季最低温度 13℃，夏季最高温度 35℃。室内装修风格为现代式。东向阳台光照条件较好，在设计上可参考南向阳台，选择稍耐阴的植物为好。植物配置以观叶植物为主，保持空间的开阔视野和休闲风格，实现四季可赏。

东侧窗户处摆放白色双层花架，交错放置 2 盆中型盆栽，3 盆小型盆栽。依次为山茶(常绿、花期冬春)、倒挂金钟(常绿、花期长)、肾蕨(常绿)、‘人参’榕(*Ficus microcarpa* ‘Ginseng’)(常绿)、迷你发财树(常绿)。欧式吧台上可摆放时令花卉，如雏菊、矮牵牛、风信子等。

双层花架，长 0.8m，宽 0.4m，高 0.8m，金属材质或木质均可。花盆尽量选择白色或棕色，时令草花可选择塑料盆。设置欧式吧台，摆放白色休闲高脚餐椅。

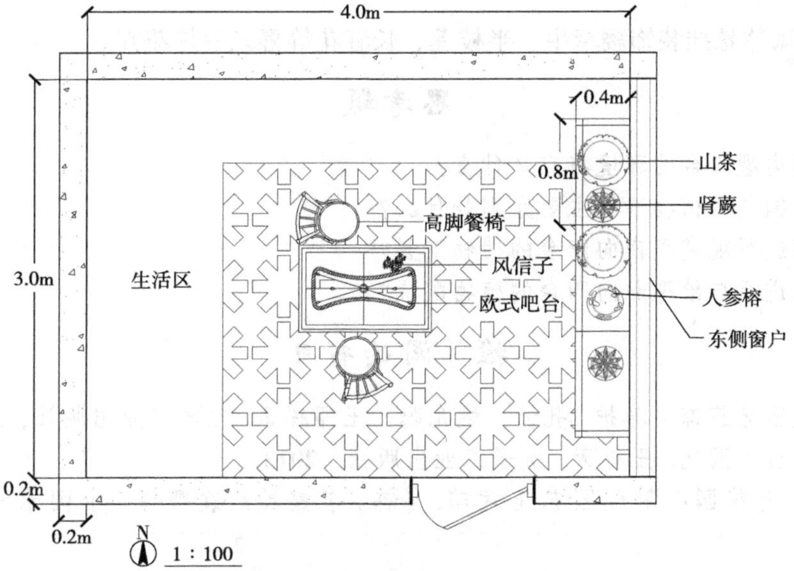

图 4-11 东向观赏型阳台种植设计

4.4.3.2 自给型

西向阳台(图 4-12)，开放式，东西长 2m，南北长 3m，西侧为栏杆，其他朝向为墙体。位于东北地区，冬季最低温度-18℃。由于面积较小，冬季温度过低且夏季西晒导致温度过高，以生活和自给功能为主，做到三季可用。

应用 10 个栽培盆进行果菜和叶菜栽培。春、秋季以韭菜、生菜为主，夏、秋季以番茄、辣椒为主，栽培盆长 40cm，宽 22cm，高 15~20cm，每盆可种植 4 棵生菜或 2 棵

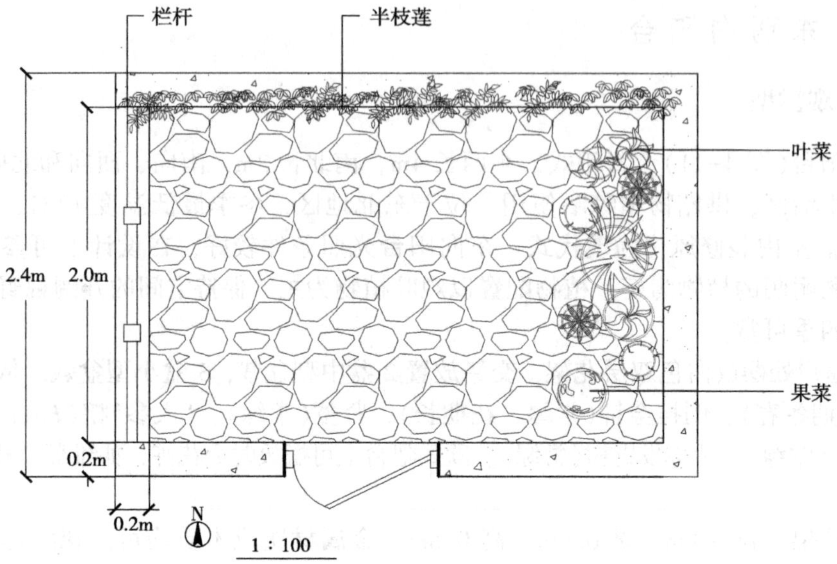

图 4-12　西向自给型阳台种植设计

番茄。北侧墙体悬挂装饰矮牵牛、半枝莲、长春花等喜光耐热花卉。

思考题

1. 不同类型阳台的环境特点是什么？
2. 阳台园艺的植物选择主要原则是什么？
3. 如何进行观赏型南向阳台的植物配置？
4. 如何进行自给型北向阳台的植物配置？

推荐阅读书目

1. 家庭园艺装饰与养护. 孔云，姚允聪，王邵辉等. 化学工业出版社，2009.
2. 小阳台大园艺. 王梓天. 电子工业出版社，2013.
3. 种子变花园：阳台园艺全攻略. (韩)李宣英，袁帮译. 中国水利水电出版社，2014.
4. 园艺花卉栽培养护丛书——阳台花卉培育与庭院绿植. 徐帮学. 机械工业出版社，2021.
5. 阳台花园达人妙技. (日)NHK，李舟妮译. 机械工业出版社，2021.

5 屋顶园艺设计

[**本章提要**] 屋顶园艺设计是现代家庭园艺的重要组成部分。本章主要介绍屋顶园艺的概念、功能、特点、设计及植物选择的原则，从布局形式和绿化模式的角度介绍不同的屋顶园艺类型，探讨屋顶园艺设计要素和景观要素，并列举屋顶园艺设计实例供读者参考。

随着经济和社会的不断发展，全球气候变暖、资源过度消耗、城市热岛效应等问题愈发严峻，人们的生态环境保护与可持续发展意识逐渐增强。如何在城市的“钢筋水泥森林”中改善日益恶化的城市环境成为重要课题，开辟城市绿地是解决城市环境问题的有效办法。绿色植物可以降低大气中二氧化碳的含量，减弱温室效应，还可以吸收对人体有害的二氧化硫等气体。在城市建设中，一般房屋占总用地面积比例为20%~26%，合理利用屋顶空间进行园艺植物绿化布置，可增加城市绿地面积。屋顶绿化不仅不占用寸土寸金的城市土地资源，而且可以获得良好的景观效果，还能为家庭提供新鲜的果蔬、精美的花卉和家庭聚会的户外场所，屋顶绿化已受到越来越多城市居民的关注。

5.1 屋顶园艺概念和功能

5.1.1 屋顶园艺的概念

屋顶园艺常称为空中花园、屋顶花园、屋顶绿化。屋顶园艺是指在屋顶空间营造园圃，从事果树、蔬菜、花卉等园艺植物的栽培技艺。屋顶园艺设计是指充分利用楼顶天台、露台等建筑物的室外空间，通过合理选择和种植满足屋顶环境条件的植物，构建优良的绿化景观，从而达到改善生态环境，提高人们生活质量的目的。

屋顶园艺根据设计复杂程度的不同可分为简易式和花园式。简易式屋顶园艺通常是将低矮的果树、蔬菜、花卉种植在花盆或种植槽中，简单摆放于屋顶露台上，供给日常

图 5-1 简易式屋顶园艺

食用和观赏，不设置园林小品等设施，以人工浇水、施肥为主，管理较为简单。简易式屋顶园艺(图 5-1)适宜面积较小的屋顶空间，是家庭屋顶园艺的常见形式。植物多选择日常食用的蔬菜，株形较小的小灌木或草本观赏植物。栽培形式以盆栽、箱植、槽植、吊篮、壁挂篮为主。

花园式屋顶园艺，又称屋顶花园(图 5-2)。根据 2002 年 10 月颁布的《建设部关于发布行业标准(园林基本术语标准)的公告》中对屋顶花园的概念做出了明确的定义：屋顶花园(roof garden)是指在建筑屋顶上建造的花园。英国设计师杰瑞·哈勃(Jerry Hubble)和大卫·史蒂文(David Steven)则定义屋顶花园为可以用于休息、餐饮、娱乐和儿童安全活动的开放景观空间。总体来说，屋顶花园是经过精心设计的屋顶园艺形式，是在现代生态城市推动下孕育出的一种特殊的绿化形式，它融合了艺术设计、建筑规划、园林设计、绿化施工、园艺植物种植、景观设施设计安装等多领域的综合技艺，使传统绿化向立体绿化发展，充分发挥了建筑的空间潜能和植物的生态效益，是城市建设和发展的必然趋势。

图 5-2 花园式屋顶园艺

5.1.2 屋顶园艺发展史

早在公元前 6 世纪，古巴比伦人就在屋顶上建造空中花园。每年春季，古希腊雅典妇女会在自家屋顶的阿多尼斯像(春季植物之神)周围摆放土钵，种植上茴香、莴苣、大麦(*Hordeum vulgare*)、小麦(*Triticum aestivum*)等植物。文艺复兴时期，意大利人修建了橡树塔屋顶花园，栽植了树池和4棵高达4m的橡树(*Quercus robur*)。17世纪，德国枢机卿(Johann van Lamberg)在其住所的屋顶上建造了装饰性的花坛。屋顶花园是俄国贵族们建造赏玩的奢侈品，克里姆林宫的屋顶花园面积达到了1000m^2。19世纪初，美国的屋顶花园不仅仅局限于装饰性效果，也逐渐开始向公众游憩、营利性方向发展。屋顶剧场、高级宾馆的屋顶花园逐渐兴起，如位于奥斯卡的奥林匹亚音乐厅屋顶花园将屋顶花园和舞台融为一体，百老汇阿斯特宾馆的屋顶花园可供入住者休闲散步在优美的环境中。19世纪末，德国建筑师卡尔·拉比茨(Karl Rabbitz)在柏林修建了一座玻璃屋顶花园，在此花园中，卡尔·拉比茨采用了自己的专利——硫化橡胶。这种施工技术是建筑屋顶防水的突破。现代建筑大师勒·柯布西耶(Le Corbusier)在1926年出版的《建筑五要素》中，极力主张建筑应该有平屋顶，以实现屋顶花园的设计，为使用建筑的人们提供更多有价值的室外空间。在他所设计的萨伏伊别墅中采用了有保障的防排水技术，以确保屋顶上的雨水迅速排出。20世纪50年代后，各国越来越重视城市景观的生态效益。德国、日本等国家实施激励性的政策，使屋顶园艺绿化取得了飞速的发展。

我国古代建筑多以木质坡屋顶结构为主，坡屋顶的结构不易进行屋顶绿化，因此，我国的屋顶园艺绿化起步较晚。1949年前后，我国广州、上海等一些经济较发达的城市陆续出现了在屋顶、露台种植花草的先例。20世纪60年代初，重庆、四川等一些南方城市，人们开始在工厂、办公楼、车间、仓库的屋顶种植蔬菜、水果等园艺作物。20世纪70年代，广州东方宾馆建成了我国第一座屋顶花园。该花园融合了西方的造园手法，创造出具有岭南园林特色的空间环境。我国北方第一座大型露天屋顶花园是1983年建于北京长城饭店的屋顶花园。此后，越来越多的酒店宾馆屋顶花园开始出现在人们的视野中，如北京首都宾馆、广州白天鹅宾馆、上海华亭宾馆、重庆楼外楼等酒店宾馆都建有体现地方民族特色的屋顶花园。2000年以后，随着我国经济社会的迅猛发展，人们生活水平的提高，屋顶园艺种植越来越多地出现在人们的视野中。为推动屋顶绿化的发展，推进城市建设，鼓励人们进行屋顶园艺种植，相关的地方性政策法规也不断制定和出台。1999年深圳市政府出台了《深圳市屋顶美化绿化实施办法》以鼓励扶持屋顶花园的建造发展。2003年1月在北京召开了全国首届屋顶花园会议。2005年5月在北京举行了“中国国际屋顶花园高峰论坛”，同时，北京市政府将2005年定为“屋顶花园推广年”，同年6月出台了《北京市屋顶绿化规范》，对北京地区屋顶花园的植物选择、材料荷重、施工程序、植物的防风固定及养护管理技术、园林小品设计等各方面都做了详细的规范。

5.1.3 屋顶园艺的功能

城市中的林立高楼阻碍了空气的流通，各种气体的排放加剧了温室效应。屋顶园艺对于满足生活在“城市森林”中的人们对自然的需求，改善生态环境具有重要的作用。

(1)绿化、美化环境

随着城市人口的增加，高楼大厦的不断增多，建筑占地与绿地的矛盾问题也日益凸显。开展屋顶园艺，在屋顶进行花园设计，充分利用屋顶的空间，增加了城市的绿化面积，缓解了城市用地与绿化之间的矛盾，是建设生态城市的重要手段之一。

同时，屋顶园艺将植物景观设计和建筑的风格相融合，柔和了建筑屋顶原有的硬质景观。利用植物优美的形态、丰富的色彩与季相变化，赋予建筑物不同的季相美感，形成多层次的空间美景，大大丰富了建筑景观，提高了城市的景观层次效果。

(2)改善生态环境

通过屋顶园艺，可以改善建筑空间的小气候环境。

①隔热保温　减少夏季的太阳辐射，降低顶楼的温度。研究显示，北京地区屋顶绿化可保持室内温度比未绿化室内平均温度低1.3~1.9℃。冬季屋顶的植物还能如毯子一样起到保温的作用。

②蓄水调湿　屋顶基质层可截流和储存雨水。有研究表明，北京地区屋顶绿化平均截流的年降水量可达到43.1%，因此，屋顶花园可与城市蓄水系统相结合，既能够减轻排水压力，又能为城市节约水资源。这些水分可通过蒸发和植物的蒸腾作用扩散到大气中，从而调节和改善周围环境湿度。

③滞尘和吸附有害气体　由于市政建设、汽车尾气等，城市空气中含有大量的尘埃，对人们的健康带来较大的危害。屋顶上的植物具有吸附尘埃、吸收一氧化碳等有害气体的作用。在吸收有害气体的同时，还能通过植物的光合作用释放氧气，犹如一个天然的氧吧，增加城市中空气的含氧量。

④保护屋顶建筑　屋顶的绿植可保护建筑物的墙体，防止建筑屋顶长期暴露于日晒雨淋、温差变化、腐蚀等不良的环境中，保护建筑物的防水层，防止漏水。实践证明，经屋顶绿化后，建筑寿命显著延长。

⑤减少屋顶眩光　眩光是由强光在镜面或其他表面上产生反射所引起的。它容易引发人们眼睛的不适，对居住在高层住宅的居民或在高层建筑办公的人员带来不适。屋顶植物替代了硬质的墙体，大大降低了因硬质屋面而产生的屋顶眩光现象。

(3)增添人文效益

屋顶园艺的实施为人们提供更多的日常娱乐休闲场所，使更多工作生活在高层住宅的人们能够亲近大自然，吸收清新空气，感受鸟语花香。同时，人们还能通过从事园艺劳动缓解压力，以更好的状态投入繁杂的工作和生活中。

5.1.4 屋顶园艺的特点

在屋顶进行植物种植与地面相比有着其自身的特点。

(1)生态因子不同

屋顶的生态因子如光照、温度、风力、土层等与地面环境有很大的差异。首先，屋顶比地面拥有更多的日照，无论是光照时间，还是光照强度都大于同一范围内的平地。其次，屋顶的温度环境较为复杂。由于屋顶日照辐射更强，加上屋顶混凝土材料升温更快，夏季白天的温度高于地面温度；而夜间由于屋顶的风力更强，导致屋顶迅速降温，使其温度低于地面温度。另外，屋顶四周相对空旷，遮挡物少，因此风力大于地面。同时，屋顶土层浅，受周围环境影响大，如吸热散热快、水分少且蒸发迅速等，为植物生长带来了较大的挑战。

(2)承重及空间局限

由于建筑物屋顶结构的承重有限，设计时应避免过大的地势落差，不可随心所欲砌池堆山，应尽可能地减轻和分散屋顶的负荷。屋顶的土层浅，土壤环境与地面不同，植物选择应避免根系深、生长旺盛的高大乔木。若有设计假山、雕塑、水池应放在承重大的大梁、墙体、柱体的上方。另外，由于受建筑配套通风、排水系统等影响，屋顶的空间范围也是限制造园布局的因素之一。

(3)施工难度增加

屋顶与平地的空间位置不同，随着建筑高度的增加，园艺材料搬运的难度加大，施工难度也随之加大。

5.2 屋顶园艺设计原则

5.2.1 科学性原则

进行屋顶园艺的主要材料是具有生命力的植物，在配置设计时首要考虑的是确保植物的生命特征。生机勃勃的植物才能展示其美学价值，达到装饰设计的预期效果。影响植物生长的环境因子包括温度、光照、水分、大气和土壤等。这些环境因子对植物各生长发育阶段产生不同的影响。而影响这些环境因素的原因诸多，如地域气候、建筑朝向、周围是否有建筑遮挡等，同时，植物之间也可相互影响而形成小(微)气候环境。因此，在屋顶园艺设计时首先应遵循科学性原则，即要进行充分的调查研究，了解所要设计的屋顶气候环境和立地条件后，因地制宜、科学地选择适宜的植物种类。

5.2.2 艺术性原则

美观、富有艺术性是屋顶园艺设计所要遵循的另一重要原则。植物的自然美体现在自身的形态、绚丽的色彩、浓浓的花香以及旺盛的生命所展现出的勃勃生机中。艺术性原则不仅指展现植物自身的美，还应将屋顶花园内各种构成要素有机地结合在一起，也就是屋顶园艺的设计布局应讲究艺术美。艺术性原则主要包括：比例和尺度、统一和变化、均衡和稳定、韵律和节奏等。

①比例和尺度　由于屋顶场地条件的局限性，不同于一般园林绿地，屋顶园艺需要在有限的空间内建造出精美的景观效果。各种活动设施、建筑小品、屋顶上的人行路线和活动区域的设计以及植物的选择都要经过反复推敲，注意比例和尺度，做到既符合美学观点，又满足人的使用需求。

②统一和变化　首先，屋顶园艺的设计不仅要与主体建筑和周围的大环境相统一协调，景观各要素之间也要有一些共同特点才能保证整体性。其次，设计中还应具有自身的景观特点，景观要素的多样性才能使艺术的表现形式呈现出多样化，给景观带来视觉上的冲击力和吸引力，如以月季为主的屋顶花园，地被月季、藤本月季、盆栽月季构成了不同的景观空间，月季的形态、大小、色彩各异，但都营造出烂漫多彩的氛围。即园内植物种类虽多，但有一些共同的特征，才能体现出整体感，遵循统一和变化的原则。

③均衡和稳定　均衡稳定的物体和造型给人安定、舒适、愉快的感觉，因此，在进行屋顶园艺布置时都力求做到均衡和稳定。规则式的屋顶花园布局遵循对称均衡，给人以平静舒适之感，具有庄重、有秩序和气魄的美感，但有时却显得呆板、不亲切、缺乏动感。自然式屋顶花园布局则讲究不对称均衡。而不对称均衡也是自然界普遍存在的形式。不对称均衡是一种视觉上的均衡，形状、位置可任意变化，依旧保持安定平稳的美感。

植物形态、色彩多样，地上部上小下大的植物形态、深色的植物或大中型植物给人以安定舒适之感。在屋顶园艺设计中，可利用不同植物形态和色彩营造出稳定的感觉。

④韵律和节奏　园林中的韵律和节奏是由山水、植物、建筑等要素自身的形状、色彩、质感及各要素组合的连续、重复的运用，并在连续重复中按照一定的规律安排适当的间隔、停顿所表现出来的。在屋顶花园的有限空间中，植物的布局上也应有高低错落、色彩、质地的变化，展现出韵律之美。

5.2.3　安全性原则

屋顶园艺主要在屋顶露面进行设计，建筑物要能安全地承受屋顶园艺材料所施加的重量，安全问题不可忽视。因此，屋顶园艺在设计和建造时应充分考虑建筑物的安全系数，尤其是屋顶的荷载。国标规定：设计荷载在 200kg/m^{2}以下的屋顶不宜进行屋顶绿化；设计荷载大于 350kg/m^{2}的屋顶，可根据荷载大小种植适宜的地被和花灌木，也可适当种植小乔木。当实施屋顶园艺时所附加的重量超过了屋顶的荷载，楼体的安全将受到极大的影响，因此，在设计前应充分调查建筑物安全相关指标，对屋顶的平面布局进行精确的计算。选择容器、栽培基质、植物及各种园林小品时都应考虑材料的重量，规划小乔木、假山、小水池等应尽量设置在承重墙或承重柱上。

屋顶的防水问题也不可忽视。在进行屋顶园艺建造前应检查和加固修补原有的防水层，屋顶的造园过程是在防水层上进行的，土木的施工和频繁的园艺劳作，极易破坏防水层，使屋顶漏水，造成经济损失，甚至带来安全隐患。

5.2.4　经济性原则

屋顶园艺建设也是城市建设的一部分，设计新颖、环境优美的屋顶花园是生态城市建设的重要手段之一，在设计时应将生态效益和经济效益有机地结合。屋顶花园的造价相对较高，因此，在建设前必须做好预算，结合实际情况对施工和后期养护管理的费用进行估计，形成合理估价。在设计过程中必须因地制宜，在保证安全性和功能性的前提下，尽量使用合适的材料、精简的工艺来降低成本、节约资金。较低的施工成本和大众能接受的造价，对我国屋顶园艺的推广、发展具有重要意义。

此外，屋顶园艺可选用经济性植物，如蔬菜类，不仅可以美化环境，而且通过解决家庭蔬菜需求可减少不必要的开支。同时，选择对光照、冷热、风雨等耐受能力强的植物材料可大幅降低维护成本。

5.2.5　人性化原则

屋顶园艺设计的最终目标是满足人们对生态环境、生活质量的需求，以加强其与自然的联系。因此，屋顶园艺设计建造应遵循人性化原则。

①应根据不同建筑的功能进行设计造园。如宾馆饭店的屋顶园艺设计建造时，其使用目的主要是为宾客提供一个优雅的休息场所；对于居住小区来说，则要从居民生活和休息为出发点来考虑。因此，不同性质的屋顶花园应有不同的设计内容，包括园内植物、建筑和相应的服务设施。但不论哪种性质的花园，都应该把功能性放在首位。一般屋顶花园的绿化覆盖率应在60%以上，只有这样才能发挥屋顶绿化的生态效应。

②设计者还需充分考虑不同人在身体素质、心理状况、兴趣爱好等方面的差异，有针对性地开展设计，为其营造优美的环境，进而确保人们使用得安全、舒适。当设计主体是年轻白领群体时，主要为其提供舒适的休闲娱乐空间；当设计主体是中小学生时，则主要为其提供科普宣传、自然实践的空间。

③屋顶园艺设计并非孤立存在，其与周边环境、当地的人文背景等具有密切的联系。因此，充分考虑当地的风土人情、气候条件等，设计出优质的屋顶园艺，突出建筑的文化性和特殊功能性，从而更好地改善生态环境。

5.3 屋顶园艺的植物选择

5.3.1 根据对环境的适应性选择植物

植物的生长习性只有与屋顶的生态环境相适应，才能保持良好的生长状态，达到绿化的效果。屋顶的土层浅、气温变化大等一些弊端则给植物的生长带来不利的影响。因此，屋顶园艺植物的选择原则最重要的是适应性。主要包括以下几点：

①选择耐旱、抗寒性强的植物　根据屋顶上夏季气温高、风大、土层保湿性能和冬季保温性差的特点，应选择耐旱、抗寒性强的植物。

②选择低矮的灌木和草本植物　考虑到屋顶的特殊地理环境和承重的要求，植物的体量不宜过大，应多选择低矮的灌木和草本植物，以利于植物的运输、栽种、管理。原则上不选用大型乔木，在承重允许的情况下可少量使用耐旱的小乔木。屋顶园艺中各种植物类型的数量顺序多为：草坪植物>地被植物>灌木>藤本植物>小乔木。

③选择喜光的植物　建筑屋顶的大部分地方为全日照直射，光照强度大，应尽量选用喜光植物，但在某些特定的小环境中，如花架下或靠墙边处，日照时间较短，可适当选用一些耐半阴的植物，以丰富屋顶园艺的植物种类。

④选择耐瘠薄的浅根性植物　屋顶的种植层较薄，为防止根系对屋顶防水层及建筑结构的破坏，不宜选择根系穿刺力强的植物，应尽量选择浅根性植物。另外，施用肥料会影响环境的卫生状况，故屋顶园艺种植设计应尽量选择耐瘠薄的植物种类。

⑤选择抗风、不易倒伏、耐积水的植物种类　由于屋顶上的风力一般比地面大，尤其是雨季或台风来临时，风雨交加的天气对植物的生存造成极大危害。屋顶种植层薄、蓄水性能差，遇暴雨时容易引起短时积水，对植物的生长不利。故屋顶园艺植物应尽可能选用一些抗风、不易倒伏，同时又能耐短时积水的植物。

5.3.2 根据艺术性选择植物

屋顶园艺的主要功能是装饰美化，因此，在植物选择时还应考虑植物的形态、色彩、芳香等观赏特征，并进行适当的配置以达到装饰绿化的效果。

①选择精美的花灌木　由于屋顶的范围相对于平地小，因此，所栽种的植物多以近距离观赏为主，这就要求无论何种类型的屋顶园艺，都要求配置比平地花园更为精美的植物材料，保持四季常青、三季有花、一季有景。如屋顶园艺中常作为设计主体植物的花灌木，应尽量实现四季花卉的搭配(表5-1)。

表5-1　常见屋顶园艺中花灌木种类

主要观赏季节	花灌木种类
春季开花	榆叶梅、春鹃、迎春花、栀子、桃花、樱花、贴梗海棠、牡丹、连翘、杜鹃花等
夏季开花	紫薇、夏鹃、石榴、月季、六月雪、米兰、八仙花、鸳鸯茉莉、木槿等
秋季开花结果	海棠、菊花、桂花、木芙蓉、南天竹、枸骨、沙棘等
冬季开花	蜡梅、茶花、茶梅、瑞香等

②选择观赏期长的植物种类　除了考虑花卉的四季搭配外，还应根据植物的季相变化进行合理的选择。如大栀子、'龙柏'(*Juniperus chinensis* 'Kaizuca')、黄杨球、紫叶李、'龙爪'槐(*Styphnolobium japonicum* 'Pendula')、桂花、竹类等常绿植物观赏期长，绿化效果良好。

③多运用有寓意的树种　适当选择运用具有美好寓意的树种，如枝叶秀美、叶色红艳的鸡爪槭(*Acer palmatum*)、石楠，飘逸典雅的苏铁，枝叶婆娑的丛竹。树形奇特、色彩鲜艳，引人注目的树种，适宜作为主景植物营造。梅、兰、竹、菊、松(*Pinus*)等寓意品行高洁的植物则可营造点景，表达意境，彰显屋顶园艺主人的个性。

④选择可进行墙面绿化的植物　屋顶园艺的墙面绿化通常利用有卷须、钩刺等吸附、缠绕、攀缘性植物，使其在各种垂直墙面上快速生长，常见的攀缘植物有：地锦、紫藤、常春藤、炮仗花、凌霄及爬行卫矛(*Euonymus fortunei* var. *radicans*)等。这些植物或叶形奇特，或色彩艳丽，且物美价廉，适应性强，可作为屋顶园艺墙面绿化植物的首选。也可选用薜荔(*Ficus pumila*)、藤本蔷薇、木香、金银花、西府海棠(*Malus*×*micromalus*)、木通(*Akebia quinata*)、牵牛花、茑萝等，或果蔬类如葡萄、苦瓜、南瓜、丝瓜、佛手瓜(*Sechium edule*)等植物垂吊于墙面观赏。

⑤选择适宜的地被植物　地被植物种类繁多，进行巧妙搭配、合理组织，可创造出鲜明活泼的底层空间。屋顶园艺常用的地被植物如矮化龙柏、仙人掌科植物、高羊茅(*Festuca elata*)、细叶结缕草(*Zoysia pacifica*)、吉祥草、麦冬、葱兰、马蹄金、美女樱、大花马齿苋(*Portulaca grandiflora*)、遍地黄金(*Arachis pintoi*)、蟛蜞菊(*Sphagneticola calendulacea*)、马缨丹、锦绣苋(*Alternanthera bettzickiana*)、吊竹梅等。此外，许多宿根植物也是地被覆盖的良好植物材料，如紫云英(*Astragalus sinicus*)、小地榆(*Sanguisorba officinalis*)、富贵草、石竹等。

⑥选择镶边植物　镶边植物是园林植物配置的补充和完善，可清晰勾勒出花境的边

缘，柔化硬质铺地，甚至可以减少病虫害。镶边植物在屋顶园艺中的应用非常广泛。如在花坛周围或乔木、灌木之下，栽植一些镶边植物可增添精致的韵味，同时也充分利用坛边地角，避免露出裸土和空白。常见镶边植物有麦冬、鸢尾(*Iris tectorum*)、小叶女贞、大花马齿苋、石竹、景天(*Sedum* spp.)、银叶菊(*Jacobaea maritima*)等。

⑦选择绿篱植物　绿篱植物不仅可以作为栽培区域的边缘分界，还可成为某些雕塑、喷泉、假山等独立景点的背景。屋顶园艺中常见的绿篱植物有金叶女贞、小檗、刺玫、圆柏(*Juniperus chinensis*)、杜松(*J. rigida*)、珍珠梅(*Sorbaria sorbifolia*)、黄杨、雀舌黄杨(*Buxus bodinieri*)、木槿(*Hibiscus syriacus*)和冬青等。

植物的选择还应考虑屋顶的建筑风格。植物可弥补建筑物在动态上的不足，协调建筑与空间的关系，将冰冷的建筑变得生动而富有动态。在不同的地方种植恰当的植物，能够增加景观的意境和丰富性。在屋顶园艺植物选择中，还应充分考虑建筑物的风格特点，如中式风格的屋顶花园，可选择兰、竹、菊、山茶、迎春(*Jasminum nudiflorum*)、萱草(*Hemerocallis fulva*)、松柏盆景等来体现意境。而欧式风格的屋顶花园一般多采用造型丰富、耐修剪的树种，如圆柏、侧柏、冬青、枸骨等，修剪造型时应和整个建筑的造型相协调。

5.3.3 根据主体人群选择植物

不同的家庭中，由于主体人群不同，职业不同，喜好不同，植物的选择也应有所区别，即在进行屋顶园艺设计时，应充分考虑人的因素，才能充分发挥屋顶园艺的功能。通常在家庭园艺中，更多的老年人会选择种植蔬菜，既可满足家庭对日常蔬菜量的需求，又可满足其心理需求，且自己亲自种植的蔬菜安全、口感好。也有一部分人会选择花卉或特色果树等，主要满足观赏需求，又便于管理。但从精细化划分或从公共庭园性质或特定环境的针对性需求考量，又可以有以下几种不同的选择。

①针对儿童的植物选择　为儿童提供屋顶园艺空间，参与屋顶园艺设计、配置和养护，可作为校园知识和文化的延伸，是让儿童亲近大自然的重要手段。针对低龄儿童，屋顶园艺可选用常见的蔬菜瓜果或形态奇特的花草以达到科普教育的目的；对于一些初高中生，屋顶园艺中的植物应以绿期长的观叶植物为主，配以适当的开花植物，为学生提供缓解疲劳、舒缓心情的空间。

②针对城市工作者的植物选择　随着人们工作生活节奏的加快，越来越多的城市工作者渴望在工作之余，能有一方小空间放松休闲。而这类人群多居住于阶梯式的住宅公寓中，居住空间的限制和工作的繁忙使他们无暇从事园艺种植和管理。许多公寓、小区的物业则为他们提供了相应的服务，在公寓的屋顶开辟屋顶花园，人为创造出生活、娱乐、消费等活动的外部景观空间。如福州的青遇公寓，在屋顶打造天空农场，种植蔬菜、水果、花卉，配套园林小品，为入住创业的青年提供放松心情的空间。福州水科技公司，在公司大楼厅层分区种植各类蔬菜和花卉，主要采取基质栽培方式，按园林布局方式进行设计，形成立体的种植模式，在管理上各科室分片包干，部门之间对种植管理的结果进行年度评比，生产出来的蔬菜产品主要供应内部食堂。这种方式对水科技企业员工来说，既能通过园艺劳作调节情绪，又能在蔬菜种植过程中增进相互沟通交流，进一步增强企业凝聚力，同时员工品尝自己种植的蔬菜更有成就感。另外，一些高级酒店

式公寓的屋顶，如广州万菱汇的屋顶上建造的屋顶花园，设有餐厅、广场等景观功能空间，使顾客在优美环境之中放松心情、活动交流和餐饮聚会。这类屋顶园艺的设计应充分考虑满足消费者休闲娱乐的需求。屋顶园艺的选择应注重艺术观赏性，并考虑成本计算。以本土常绿植物为主，搭配彩叶植物，实现园内植物的多样化，并根据建筑风格适当增加园林小品，增加花园的新鲜感和游乐体验感。

③针对旅客的植物选择　近年来，随着旅游业的不断发展，家庭旅馆、民宿悄悄兴起。它们是经营者利用自用住宅空闲的房间，结合当地人文、自然景观、生态、环境资源及农林渔牧生产活动，为外出郊游或远行的旅客提供个性化住宿场所。与传统的饭店旅馆不同的是，民宿和家庭旅馆没有高级奢华的设施，而是让人体验当地风情、感受主人的热情与服务，让远行的旅客感受到家庭的温暖，体验有别于以往的生活方式。屋顶园艺的设计应根据建筑的风格特点，并选用本土植物进行装饰。如图5-3所示，在日式风格建筑的屋顶上设置了茶室，供旅客喝茶聊天之用，茶室的外围植物配置以绿色灌木、蕨类植物和草坪草为主，色彩简洁，景观形式采用枯山水的设计，使景观和建筑的风格相统一。

图5-3　日式风格的屋顶花园

屋顶园艺设计常常对功能进行分区，如缤纷果园区、生态菜园区、温室花房区、立体绿带等多个功能分区，应根据不同植物主要的观赏部位和生态习性进行选择。常见屋顶园艺植物见表5-2所列。

表5-2　不同功能分区的屋顶园艺植物推荐表

不同功能分区	植物名称
观赏花卉区	福禄考、薰衣草、鸡冠花、百日草、三色堇、一串红、绣线菊、鼠尾草、萱草、花菖蒲、玉簪、马蹄莲、八仙花、凤尾兰、梅花、紫荆、海棠、蔷薇、樱花、石榴、迎春、碧桃、月季、山茶、木槿、杜鹃花、茶梅、栀子、西洋杜鹃、蜡梅等
食用植物区	各种蔬菜和浅根性水果、迷迭香、茴香、百里香、薄荷、菊花、茉莉、金银花、向日葵、耧斗菜、锦葵、紫花地丁、酢浆草、百合、莲等
药用植物区	百合、半枝莲、长春花、地肤、凤仙、杜鹃花、佛手、枸骨、枸杞、红花、鸡冠花、景天、景天三七、菊花、连翘、芦荟、射干、石蒜、无花果、鱼腥草等
生态草坪区	佛甲草、鸭跖草、沟叶结缕草、垂盆草、狗牙根、麦冬、沿阶草、紫花地丁、酢浆草等
立体绿带	常春藤、地锦、油麻藤、木香、叶子花、紫藤、络石、凌霄、金银花等

5.4 屋顶园艺设计类型

5.4.1 按布局形式分类

(1)规则式

规则式的家庭屋顶园艺无论是整体的空间布局，还是其中的景观要素设计都呈现出秩序美。植物的配置多以对植、列植或绿篱的形式出现，呈现出规则式的布局，一些设计中，绿植还被修剪成球体、圆柱体、圆锥体等几何形图案。若是铺设草坪，则草坪的图案也为规则式。规则式的设计常分为对称式的规则和不对称的规则。对称式的规则屋顶园艺有明显的对称轴或对称中心，如图 5-4 所示，绿植以中心线为轴呈现对称式的列植，且对称的植株在种类、形态、大小、色彩上一致，给人以宁静稳重、端庄大气之感。不对称式的规则屋顶园艺没有明显的对称轴或对称中心，建筑、植物等要素的布置无须对称一致，注重强调的是视觉重心的稳定性。如图 5-5 所示，屋顶以园路为中线，种植了小乔木和灌木，植物种类相同，形状相似，但在体量上和数量上有所不同，且最底层一侧铺设草坪，另一侧则为地被植物，呈现出不对称的规则感。

图 5-4 规则式

图 5-5 拟对称式

(2)自然式

自然式屋顶园艺的设计没有明显的对称轴线，其中的建筑、山石、道路、植物等要素布置的创作手法效法自然，没有明显的人工痕迹，追求“虽由人作，宛自天开”的艺术效果，将大自然的美景浓缩于有限的屋顶空间中。

在自然式的屋顶园艺中，植物的配置无一定规律性，以自然界中植物的生态群落为蓝本，充分考虑其生态习性进行配置。所选用的植物种类丰富，在大小、形态、色彩上变化多样。植物的修剪除了日常栽培管理的修剪外，不做刻意规则式的造型修剪，保持自然的树体外形或展现出苍劲古雅的树形。植物之间没有固定的株行距，沿着园路，采用自然式的配置方式，如孤植、自然式丛植、群植、自然式花境、花丛等，营造出生动活泼、充满自然野趣的自然景观(图 5-6)。

(3)混合式

混合式屋顶园艺介于规则式和自然式之间，两种形式交错组合。有的局部设计为规则的几何形，但总体布局呈现自然式。有的总体布局呈现规则式，但局部设计为自然式。整个屋顶空间的设计既具备规则式屋顶园艺的刻意雕琢、工整大气，又有自然式的潇洒灵动、含蓄雅致之美。如图 5-7 所示，为混合式布局，西侧植物种类丰富，小乔木、灌木、草本花卉，构成了自然式花境，色彩绚丽；而东侧的植物则列植了 4 棵修剪规整的树球。此布局将自然式和规整式融入屋顶园艺设计中，使屋顶空间更加活泼生动。

图 5-6 自然式

图 5-7 混合式

5.4.2 按绿化模式分类

(1)地毯式

地毯式屋顶园艺是指将草坪等地被植物以片植的形式种植覆盖于屋顶表面的一种景观应用形式。植物的选择以草坪草为主，配置低矮的小乔木和灌木，远观宛若一片绿色的地毯铺垫在建筑物的高空之中。地毯式的设计适用于承重较小的屋顶空间。由于草坪草低矮，景观视野较宽阔，在提供日常绿化的同时，还可以满足人们休憩和观赏的需求。另外，柔软、弹性大、耐踩踏的草坪还可以为儿童提供嬉戏游乐的空间，为运动爱好者提供日常练习的场所(图 5-8)。若选择的草坪草不耐踩踏，则应在草坪中铺设园路和观赏平台，设计好游览路线。为避免单一的铺设草坪给人的单调之感，可对草坪的外部轮廓进行几何线条或曲线的设计，也可采用不同色彩的草坪草进行色块的配置，另外还可在草坪之上配置地被和灌木、铺设园路、搭建凉亭等多元化的设计，增添韵律感和层次，营造出舒适的屋顶景观空间。

(2)花坛式

花坛式屋顶园艺是指在屋顶上架设不同形状、高度的种植苗床，种植床可以采用花坛、花箱、花台等形式，也可采用低矮地被镶边，综合考虑屋顶的环境特点，色彩搭配美学原理，植物外形特征和花期等条件，选择搭配适宜的植物栽培于种植床中，以展现植物的群体美的一种景观形式(图 5-9)。种植床可设置于屋顶花园的边缘，也可点缀在花园中作为主景和配景。种植高大的花灌木或小乔木作为假山、雕塑的背景，也可作

图 5-8 地毯式屋顶园艺(屋顶草坪运动场)

图 5-9 花坛式

图 5-10 屋顶花园上的花箱、花台

绿墙种植在墙体边缘起到遮掩角落、装饰美化的作用。花箱、花台还可以起到分割屋顶空间、组织路线的作用。各式各样的花坛、花箱、花台如同一颗颗明珠，打造出一个花团锦簇的屋顶空间(图 5-10)。

(3) 棚架式

棚架式屋顶园艺是指以棚架、凉亭、连廊等结构作为园中主景，所选用的植物多以攀缘植物为主，适当搭配较低矮的灌木、地被和草坪，构成立体绿化的空间(图 5-11)。这种方式既可达到较大的绿化面积，又可减少土壤的使用，为居民们提供遮阴纳凉的场所。除了地锦、络石、常春藤等常见攀缘植物外，观花类的攀缘植物，如叶子花、凌霄、紫藤、木香、炮仗花、藤本月季、铁线莲(*Clematis florida*)、金银花等也是常见的屋顶棚架植物，还可根据主人的喜好选用葡萄、西番莲(*Passiflora coerulea*)等观果类的藤本植物。在棚架上或侧边亦可采用吊篮、壁挂篮等形式进行植物装饰(图 5-12)。

图 5-11　棚架式屋顶园艺

图 5-12　棚架上吊篮和壁挂篮装饰

图 5-13　菜园式屋顶

(4) 菜园式

菜园式屋顶园艺又称“屋顶菜园”“屋顶农场”“空中菜园”，是我国常见的家庭屋顶园艺形式。植物选择以蔬菜、瓜果为主，配合适当的景观设施，将生产劳动与景观效果相结合，集农业生产、环境美化与休闲娱乐等功能于一体的可持续的屋顶绿化方式(图 5-13)。

图 5-14　园艺式

(5) 园艺式

园艺式屋顶园艺以植物配置为主，通过灌木、乔木、地被植物搭配种植，或是结合水景设计，浓缩自然山水于屋顶之隅，形成具自然风格的园艺式屋顶(图 5-14)。也可将屋顶空间设计成规则的几何园。园艺式的设计更加精细，追求艺术美，适用于较大的屋顶空间环境。

5.5 屋顶园艺设计要素

屋顶园艺是屋顶绿化的一种特殊形式，它作为城市绿化系统的重要组成部分，对提高城市景观质量和空间利用率，增加城市绿地数量和可视数量，改变建筑环境景观、建筑小气候，建立生态健全、景观良好的现代化都市有着重要的影响。但屋顶花园的建造难度远远高于普通绿地，施工技术要求高，后期维修难度大，安全性是其成功与否的重要保障，主要涉及结构承载量、防水和蓄排水等技术问题。因此，在设计时要充分分析屋顶园艺的技术要素，才能达到预期效果。

5.5.1 屋顶荷载

建造屋顶园艺不仅需要考虑艺术美观，还要求将屋顶的荷载量严格控制在屋顶可承受的范围之内。屋顶的荷载量是指屋顶单位面积上承受的重量。屋顶荷载分为活荷载与恒荷载。活荷载是指由于自然力、人和临时附属所产生的荷载。根据《建筑结构荷载规范》规定，屋顶平均分布活荷载的标准为："不上人的屋面活荷载为 0.5kN/m^2；上人的屋面活荷载为2.0kN/m^2；设计作为屋顶花园的活荷载为3.0kN/m^2。"恒荷载，又称静荷载，是指屋面自身和屋顶上永久性功能构件所产生的荷载，如各种假山置石和雕塑、园林小品、建筑、水体荷载以及种植区荷载等。其中，种植区荷载指的是植物、种植土、过滤排水层等荷载。由于植物种类不同，其生长发育及屋顶防风所需土层厚度的要求也有所不同(表 5-3)。设计时应尽量把种植土和植物的荷载控制在最小限度之内。同时，为减小屋顶荷载，应尽量选择轻质材料，如使用人工介质基质、小型空心砌块、加气混凝土砌块、轻质墙板、铝合金材料和塑料板材等。

表 5-3 屋顶花园种植区土层厚度与荷载值(董丽，2010)

类 别	地 被	花卉及小灌木	大灌木	浅根乔木	深根乔木
植物生存种植土最小厚度(cm)	15	30	45	60	90~120
植物生育种植土最小厚度(cm)	30	45	60	90	120~150
排水层厚度(cm)	—	10	15	20	30
平均荷载生存(kN/m^2)	1.50	3.00	4.50	6.00	6~12
平均荷载生育(kN/m^2)	3.00	4.50	6.00	9.00	12~15

5.5.2 防排水

做好防水和排水是屋顶园艺施工的关键所在，也是屋顶花园保持长久效应的关键。只有在确认屋顶防水工程完整无损的条件下才允许其他园林工程和建筑小品的施工。

5.5.2.1 防水

防水层质量的好坏与屋顶绿化的成功与否及建筑物的安全性关系极为密切。屋顶园艺中的防水层不仅要求有良好的防水性，还应具有良好的抵御植物根系穿透的能力。施工中一定要突出重点，在不损伤建筑原有防水层的情况下实施二次防水处理，严格做好48h闭水试验，以达到双重防水目的，优先选择耐植物根系穿刺的防水材料。铺设防水材料时应向建筑侧墙面延伸，应高于基质表面15cm以上。隔根层铺设常用的有合金、橡胶、聚乙烯和高密度聚乙烯等材料，铺设在排(蓄)水层下，搭接宽度不小于100cm，并向建筑面延伸15~20cm，防水层做好后应及时养护。根据防水材料的类型，建筑屋顶的防水层类型常见的有3种：

①刚性防水层　采用防水砂浆、防水混凝土等具有较高强度和无延伸防水材料所构成的防水层。在其中可加入适量微膨胀剂、减水剂、防水剂等外加剂，以提高抗裂、抗渗性能。刚性防水层工艺简单，成本较低。

②柔性防水层　使用防水卷材或有机防水涂料构成的防水层。柔性防水层的柔韧性和延展性较强。但其成本较高，若损坏或失效，渗漏部位难发现，修复较困难。

③涂膜防水层　采用聚氨酯等油性防水涂料构成的防水层具有无接缝、密闭性强、施工简单，不受任何屋顶形状地势影响的特点。但要注意防止雨水、潮气和有害气体的侵害。

应根据当地的气候特点以及建筑的防水要求，选择安全适宜的、功能性良好的防水层类型。常见的有高聚物改性沥青卷材及涂料、合成高分子卷材及涂料、弹性密封材料和新型刚性防水材料等。有的材料还在混合料中添加“抗根剂”，能起到阻止植物根须从防水材料接缝部位侵入但又不伤害植物生长的作用。

为保证防水的功能，在屋顶园艺施工前，必须对屋顶花园做防水测试，两次测试都达到标准且保证没有渗漏情况发生时再进行景观施工，并注意保护防水层不受损坏。

5.5.2.2　排水

除了防水层，良好的排水层设计也十分重要。排水层建在防水层之上、过滤层之下。设计通畅的排水系统可有效吸收和排除种植层中多余的水分，防止栽培基质积水而导致通气状况不佳，从而保证植物的正常生长。排水层通常由蛭石、炉渣、粗砂、陶粒、砾石等粗大的轻质颗粒材料构成，用于改善植物根部与基质的通气状况，迅速排出因下雨或养护浇水时多余的水分，以免因积水而导致植物根系腐烂。厚度通常在3~7cm。现代屋顶多采用屋面找坡、设排水沟和排水管的方式解决排水问题。

由于种植土层的滞水作用及植物根系极易堵塞管道，设计时可适当增加排水口数量或增大排水管管径，在种植区内要设置排水层和过滤层，并用土工布设置排水盲沟。排水口应袒露，定期清洁和疏通管道中的堆积物，严禁覆盖和在周围种植植物。

排水层通常还兼有蓄水的功能。当种植层干燥时，蓄积在颗粒材料中的多余水分又可反吸入种植层中，起到节约用水、保持土壤湿润的作用。

5.5.3　滤水层

滤水层又称过滤层、隔离层。一般使用聚酯纤维无纺布、玻璃纤维、尼龙布、金属丝网、浮石等既能透水又能过滤的材料铺设在种植层和防水层之间，可以有效阻止种植基质进入排水层中，阻隔水和空气的流动，防止养分流失。施工时要求搭接缝的有效宽度应为10~20cm，并向建筑侧墙面延伸至基质表层下方5cm。

5.5.4 种植区

植物是屋顶花园主要的构成要素，由于建筑荷载的制约，植物所需的种植土厚度也有相应的限制，屋顶上的生态条件也与地面不同，因此，屋顶花园种植区的要求不同于地面种植区。

(1)种植土厚度

具有一定厚度的种植土才能为植物根系的生长提供空间，使根系发育完善，充分吸收营养并保证植物体不被风吹倒。而建筑屋顶上生态条件严峻和负荷有限，种植土尽量选用轻薄栽培基质。人们在设计基质厚度时应在保证建筑荷载的前提下，满足植物生长发育的基本要求。种植基质厚度的影响因素包括：种植区的地形、植物株形大小、根系特性、造景需求、种植基质材料特性以及造价和养护水平等多方面因素，且满足屋顶总体荷载的限制。不同类型植物对基质厚度的要求不同(表5-4)。草本植物和小灌木是屋顶植物的主体，可适当配置浅根系的乔木，要慎用深根系的大乔木。

表5-4 不同类型屋顶植物适宜的基质厚度(黄金锜，1992)

植物类型	基质厚度(cm)	植物类型	基质厚度(cm)
草本和地被植物	15~30	小乔木	55~60
小灌木	25~35	大乔木(浅根系)	90~100
大灌木	40~45	大乔木(深根系)	125~150

(2)种植土的配制

种植土为屋顶植物的正常生长提供必要的养分、水分、无机盐等，是植物赖以生存的基础。由于屋顶承重所限，所选用的栽培基质要有质量轻、保水保肥、不板结等特性，还应在有限的土层或基质层厚度下为植物提供生长空间和各种营养。另外，屋顶园艺的种植土还应具备施工简便、成本低、环保、管理方便等特点。一般可选用腐殖土、草炭土或泥炭土、松针土、田园土、腐叶土、煤渣、发酵木屑、轻砂壤土、珍珠岩、蛭石、砂土等，选用其中的几种经过发酵处理后按一定比例混合配制而成。容重一般控制在700~1500kg/m^3，容重过大会超过屋面的荷载限制，容重过小则不利于植物根系的固定。

5.5.5 屋顶园艺的景观要素

(1)水景

人类有亲水的天性，灵动的水会给人以美感，以吸引人来此观赏戏水。无论是在中国传统园林中，还是在国外的园林，如喷泉、意大利的“水链”和日本的枯山水等都是常见的景观形式，可见水景在世界园林中的重要性。然而，在古代，由于建筑材料防水性不佳，屋顶多为坡屋顶，在其上设置水景极不容易。现代一些别墅和高档公寓的平屋顶面积较大，在进行屋顶园艺设计时，可适当进行水景的规划。

首先，屋顶园艺在水景设计时防水是关键，若发生渗漏会给住户带来较大的困扰。从荷载的角度来讲，同样体积的水体重量虽然远不及种植土壤，但是能够容纳水体而不发生渗漏的特殊水泥的密度却是水的密度的2.5倍左右。因此，水池等水景的设置通常在承重墙或承重柱之上，且面积较小，多为浅水池，深度一般在30~40cm。若在屋顶设置游泳池等水体，则墙体应经过特殊的防水和加固。

其次，景观设计方面，水景的类型可以分为“动水”和“静水”。“动水”为瀑布、跌水、喷泉等可以流动的水景，给人以千变万化、充满灵性的流动之美；“静水”为水池、水塘、水镜等，可烘托出宁静祥和的氛围。在设计时要结合屋顶的空间环境、建筑形式、植物种类等，使水景与整体环境协调，还可在水中或滨水的位置种植一些水生植物，以加强水面层次和增添野趣。水生植物的种植不能只求填补空旷的水面，应注重合理的配置方式，通过水面的大小、空间开合，把不同姿态、形韵、线条、色彩的水生植物种类进行搭配组合，使之与周围环境相协调，力求模拟、浓缩、创造自然水景之美，构成形式稳定和有季相变化的自然美，展现其特有的意境。

(2)园路

园路是景观之间相联系的纽带，也可将屋顶景观分割成不同的观赏空间。具备分流、引导、集合疏散人流的作用。在设计园路时应根据人流量、人群种类等多种因素来设计园路的宽度。屋顶空间较小，园路的设置通常沿着种植区域做简单的曲线造型，最大限度地利用有限的空间，让游客有路可走、有景可观。必须避免太多的迂回，切忌缺乏导向性。需要注意的是，园路不可离屋顶边缘过近，以防止游客发生意外。

园路的铺装应与屋顶的空间环境相结合，铺装图案不应太复杂，需遵循统一协调的原则，以增加空间的趣味感。施工时应确保不损坏屋面的防排水系统。

(3)景观小品

常见的景观小品不仅包括雕塑、建筑、景观石等观赏性设施，还包含了铺装材料、桌椅、垃圾桶、标识牌、遮阳伞等多种服务性附属设施。设计时，应注意景观小品的主题与风格应与屋顶建筑环境的主题风格相一致，并以实际空间大小决定景观小品的比例尺度。

应尽量选择环保、防滑、透水性好、轻质、美观的铺装材料，铺装面材应具有柔和的光线色彩，减少反光和刺眼，并与所处的地形、植物、山石、小品等协调一致。铺装垫层在设计时应尽量采用轻质陶粒混凝土。山石施工时宜选用造型独特、特点鲜明、体量较小而分散的精美置石，石材体积不宜过大，便于从地面垂直运输到屋顶并满足屋顶荷载的要求。山石放置应在种植工作展开前完成，并确保其稳定。

另外，雕塑、假山石、凉亭等重量较大的小品体积不可过大，尽可能放置在建筑承重梁上，减小屋顶荷重。灯具和喷灌设施则要在设计阶段就予以确定，否则后期再进行设计安装费力且昂贵。灯具最主要的功能是照明，增加人们的安全感；其次灯光还可烘托气氛，有些灯具依附于景观设施上以勾勒外形，在夜晚营造出丰富的景观效果和艺术情调。灯具安装时应注意安全，严格遵守防水、防漏电措施，水池中的水底灯、地埋灯、各种景观灯等人们能直接触及的场所，都应使用安全的低压供电。也可以根据需要独立选用太阳能景观灯。

景观小品(如花架、木平台、木座椅等)中所用的木材应选用经过处理的户外花园防腐木。所有外露的钢构件需做防腐处理，除锈后涂防锈漆两道，面层处理根据设计要求进行施工。

5.6 屋顶园艺设计实例

5.6.1 花坛式屋顶花园

该屋顶花园位于安徽合肥市，占地约 150m²。对屋顶花园进行了合理的功能分区，南面是搭建的阳光房所拓展的室内空间，包含了活动室、茶室等(图 5-15)，由安徽沃科景观工程有限公司设计完成。花园东侧 2/3 的空间则是真正的屋顶花园区域。该区域的中心为浅色石英砖铺设的活动区，周边有一圈砾石及灯光，既满足了平台的排水需求，又是平台的收边线条，美观大方。北侧防腐木铺设的休闲区借势抬高了台阶，通过平桥与活动区相连，形成两个可动静分开，又相互联系的区域。整个屋顶花园的周围由花坛、植物、水景、玻璃护栏围合。水景为抬高式，水深 30cm，结合玻璃边界，通透时间。后期在水景里可种植水生植物或养殖观赏鱼类，配上雾化效果，使人犹如置身仙境。植物配置以小叶女贞球、罗汉松等常绿植物为主，搭配红枫、矾根、杜鹃花、马缨丹等彩叶或观花植物进行点缀，满足花园一年四季有花可赏的状态。

图 5-15 花坛式屋顶花园设计及实景

5.6.2 现代简约屋顶花园

该屋顶花园位于安徽六安市裕安区，占地约400m²。花园的功能分区十分明显，包含了现代简约风格的阳光房室内区域，以及木质铺装的户外茶室，为公司员工等提供休憩空间(图5-16)，由安徽创景园林绿化工程有限公司设计完成。花园在现代格调中融入中式元素，以简约舒适为目标，以营造禅意的氛围。屋顶外围设置了木质栅栏，在保证屋顶安全的同时，又起到围合作用，营造出较为幽静私密的空间。栅栏下砌了高低错落的花槽，槽中植物种类繁多，以观叶灌木为主，如小叶女贞、红枫、黄杨、红花檵木(*Loropetalum chinense* var. *rubrum*)等，观花植物点缀其中，如美人蕉、鼠尾草、海棠(*Malus spectabilis*)等。屋顶花园的地灯如圆形的明珠均匀地布置在花槽下，花槽中还设置了蒲公英路灯，与圆形地灯相呼应，渲染温柔浪漫的氛围。

图5-16 现代简约屋顶花园设计及实景效果

5.6.3 日式风格屋顶花园

该屋顶花园面积约130m²，位于安徽省合肥市，由安徽沃科景观工程有限公司设计完成，采取"一池三山"的造园意境，搭配造型植物，融入日式元素，将植物、水、石基本元素，用简单、干净的线条结合起来，注重山水画般写意自然的表达(图5-17)。

屋顶的中心区域是一个半开放的茶室，从茶室往外看，是一个框景景观。景观中，马尾松(*Pinus massoniana*)和黑松(*P. thunbergii*)两株造型树，一高一低地对植于两侧，在造型体量上显出不对称的均衡感。马尾松下造型特色的石灯笼营造出典雅幽静的氛围，而黑松树干上两只可爱的小松鼠，给景观增添了活泼灵动之感。配合意境，园中植物的选择主要为日本红枫、造型松、羽毛枫(*Acer palmatum* var. *dissectum*)，搭配了大吴风草(*Farfugium japonicum*)、丰富多样的蕨类植物等。

考虑屋顶荷载，园中景观石的内部全部掏空，同时减少水景的重量。空中花园的功能划分不明显不刻意。茶室和活动室之间是石块铺成的小路，路边栽植蕨类和苔藓地被，路旁石缝间隙隐藏了雾化装置，可营造出清幽雅致的空间氛围。

图 5-17 日式风格的屋顶花园设计及实景效果

思考题

1. 什么是屋顶园艺？屋顶园艺的功能有哪些？
2. 屋顶园艺与平地园艺相比有哪些特点(不同点)？
3. 屋顶园艺设计应遵循哪些原则？
4. 选择屋顶园艺植物有哪些原则？
5. 屋顶园艺设计有哪些类型？分别有哪些特点？

推荐阅读书目

1. 屋顶绿化：植物资源与种植指南. 斯诺格拉斯. 华中科技大学出版社，2013.
2. 阳台及屋顶绿化. 沐薇，苏兴. 四川科学技术出版社，2002.
3. 屋顶花园设计与营造. 黄金锜. 中国林业出版社，1994.
4. 园林规划设计. 周初梅. 重庆大学出版社，2006.
5. 庭园屋顶绿色环境艺术. 李祖清. 四川科学技术出版社，2002.
6. 园林规划设计. 樊俊喜，刘新燕. 西北农林科技大学出版社，2016.
7. 园林花卉应用设计(第4版). 董丽. 中国林业出版社，2020.

6 庭院园艺设计

[**本章提要**] 本章从庭院园艺的特点出发，着重介绍了庭院园艺设计的原则、布局形式及设计要点，详细阐述了庭院园艺植物选择、植物配置原则及配置设计，并通过分析观赏植物主题、可食植物主题及综合型三类不同植物主题的家庭庭院园艺设计案例，进一步学习和巩固。

古书《玉篇》记载：“庭者，堂阶前也”；“院者，周垣也”。释义为：庭，堂前地；院，房屋边用墙垣等围合的空地。家庭庭院是家庭居住场所的外部空间，是室内空间的延伸，扩大了人们的室内活动空间。现代家庭庭院园艺可改善居住生态环境，提高居住环境质量，它以生态学原理为指导，以人工植物群落为主体，以艺术手法构成具有生态、景观、休闲等综合功能的居住绿色空间，给人以自然的宁静。庭院园艺设计应基于庭院立地条件、庭院功能要求和主人的情趣爱好等进行植物选择与配置设计，为家人创造一个“美观、舒适、宜人、享受”的庭院生活空间。

6.1 庭院园艺特点

庭院在家庭园艺中是唯一一个有天然土壤的户外空间，相对于其他家庭园艺场所而言，庭院园艺具有空间尺度相对较大、栽植条件优越、功能综合性强的特点。

6.1.1 空间尺度相对较大

家庭园艺空间附属于家庭居住场所，受限于居室的户型。无论建筑风格及格局如何，家庭园艺的空间都只能依附于住宅存在，因此普遍具有面积小、采光受限、通风较差的特点。相对于居室内部、阳台等空间而言，庭院园艺面积较为宽裕，从十几到几百平方米不等，具有空间尺度相对较大的特点，可满足主人更多的景观需求和功能需求，一片灿烂的月季，一座挂满葡萄的藤架，甚至足够一家人食用的果蔬，在庭院园艺中都成为可能。

6.1.2 植物栽植环境条件适宜

庭院不仅空间大，而且土壤、光照、通风等自然条件良好，为植物的生长提供了优良的环境。庭院中一般拥有自然土壤，即使土壤条件不适，也可以进行土壤改良，或以盆栽等方法来进行弥补(图 6-1)。如果使用盆栽，庭院中也可以选择容量较大的盆栽，为植物生长提供更加充足的空间。有全日照、半日照、荫蔽等不同的光照条件，在不同条件的位置选择适宜的植物都能取得良好的效果。与光线不足的室内区域相比，庭院室外环境更加适宜植物的生长。通风条件也较室内更加良好，可以保证植物不易受到病虫害的侵袭。

图 6-1 现代家庭庭院及庭院入户门外台阶上的植物盆栽

6.1.3 功能综合性强

家庭园艺面积受限于户型，功能受限于面积。室内空间较小，家庭园艺的丰富功能受到了一定的限制，而庭院园艺则为家庭园艺的众多功能提供了更大的可能性。起居空间的扩充、园艺场地、工具物资的储存都可以在庭院中找到合适的空间。起居空间的扩充包含了丰富的功能，如户外客厅、户外厨房、户外餐厅、休闲区、运动场地、晾晒衣物、儿童活动空间等。园艺场地不仅包含各类种植空间，如攀缘植物的棚架、观赏植物、可食植物，还包含了进行园艺操作的场所，如盆栽换盆换土、微型景观的制作、园艺物品的制作、堆肥制作等场所。工具物资的储存更是家庭园艺操作的必备空间，铁锹、铲子、耙子、水管、水桶、种子、花盆、肥料、种植土、标识牌等各类园艺资材都需要有地方存放。庭院园艺为这些功能提供了充足的场地，具有功能综合性强的特点。

6.2 庭院园艺设计

6.2.1 设计原则

(1) 生活性原则

庭院是居家生活的空间，庭院园艺的布置应以生活性为原则，首先保证庭院主人生活必要功能的顺利开展，在此基础上进行庭院的园艺设计。庭院不同于植物园，须考虑主人的需求，人在庭院内部的活动才是设计时应考虑的核心要素。

(2) 和谐性原则

庭院设计的和谐性体现在三个方面：与建筑和谐、各要素之间和谐、与周边环境和谐。庭院设计必然涉及风格、色彩、质感等，这些都应与建筑、室内装饰保持和谐。庭院空间是室内空间的延伸，不是独立于建筑而存在的，二者保持和谐能够起到令人舒适、扩大空间的效果。景观各要素之间也应保持和谐，如墙面、地面、景观小品、植物、水景、家具等。庭院并非独立于外部空间，还应与周边环境保持和谐，尽可能利用外部空间的优质资源。

(3) 生态性原则

生态性不光是环保人士的专利，也给庭院带来极大的益处。生态性的土壤更加健康，加上生态性的植物配置，植物更能够健壮成长；参与的生物越多，越有利于生态平衡，病虫害等问题也会随之减少；生态的建造方式更加轻便而适应自然，也有着更加低廉的造价和更低的维护强度；利用太阳能、收集雨水资源能够降低庭院运行成本。

6.2.2 布局形式

家庭庭院绿化布局形式主要有规则式、自然式和混合式。

(1) 规则式

规则式的庭院以几何形状为基本构图要素，铺装、植物、道路、水体、家具等平面或立面构图都遵循这一规律。对称式有明显的轴线，以轴线为对称轴组合和构图；不对称式无明显轴线，以各种几何形状的组合来进行组织和构图。图 6-2 所示为规则式庭院布局，以建筑的轴线外延形成庭院景观轴，轴线的南端为半圆的矮景观墙，轴线两侧通过葡萄架和出入口建筑及照壁、植物配置等来均衡，其道路、种植区、铺装区均采用直线构图。

地形的变化多以平坦的地面加台阶来构成；水体的外轮廓为几何形状，驳岸为垂直的规则式；道路和铺装多由直线、折线、几何形状构成；园林小品和家具的布局都与轴线有密切关系，或在轴线中，或在轴线尽端；围墙采用规则整齐的样式；植物布局规则而整齐。

(2) 自然式

自然式的庭院以模拟自然为构图法则。自然式庭院无明显轴线，以自然曲线和构图重心来进行组织和构图，如图 6-3 所示的自然式庭院，以自然曲线来处理水体和绿地轮廓线，并采用自然的方式进行植物种植。

地形的变化多以自然曲面来构成，水体的外轮廓为自然水体形状，驳岸为自然水岸的模拟，或山石，或缓坡，并有植物点缀其中；道路多为自由曲线，随地形变化而变化；园林小品和家具的布局与整体构图、意境相配合，无明显轴线，却具有点景、添景的效果；围墙更多采用自然元素，更加轻松、活泼；植物仿照自然界中的布局规律来进行种植，花盆、花箱的摆放也更强调意境和点景。

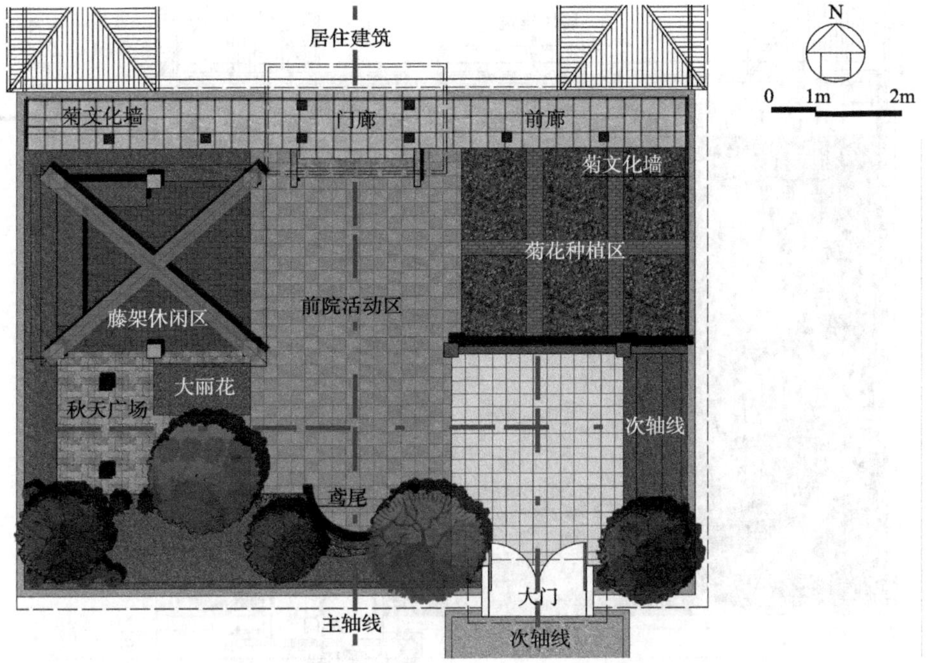

图 6-2 规则式庭院绿化布局

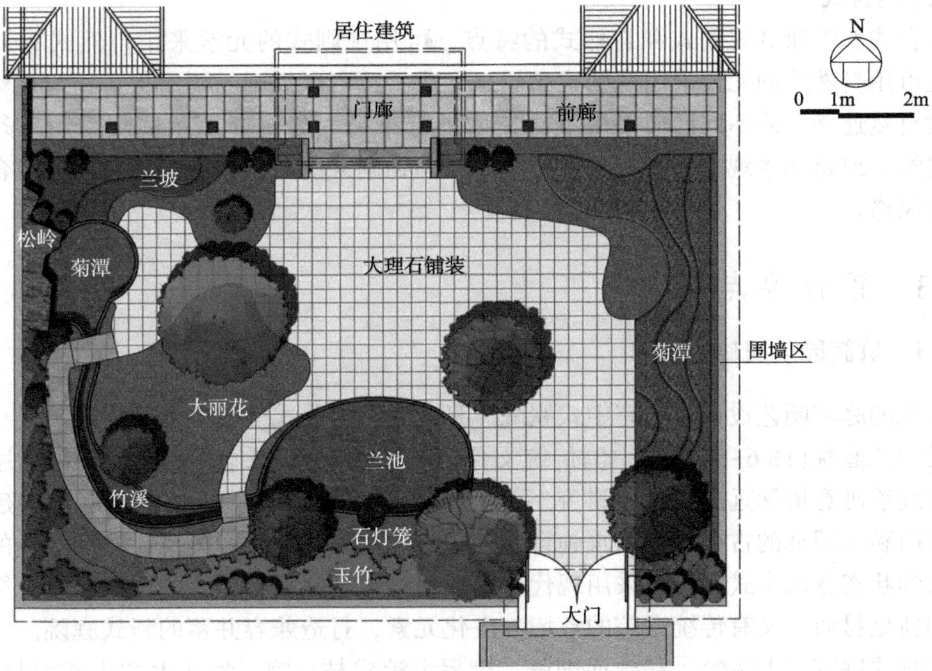

图 6-3 自然式庭院绿化布局

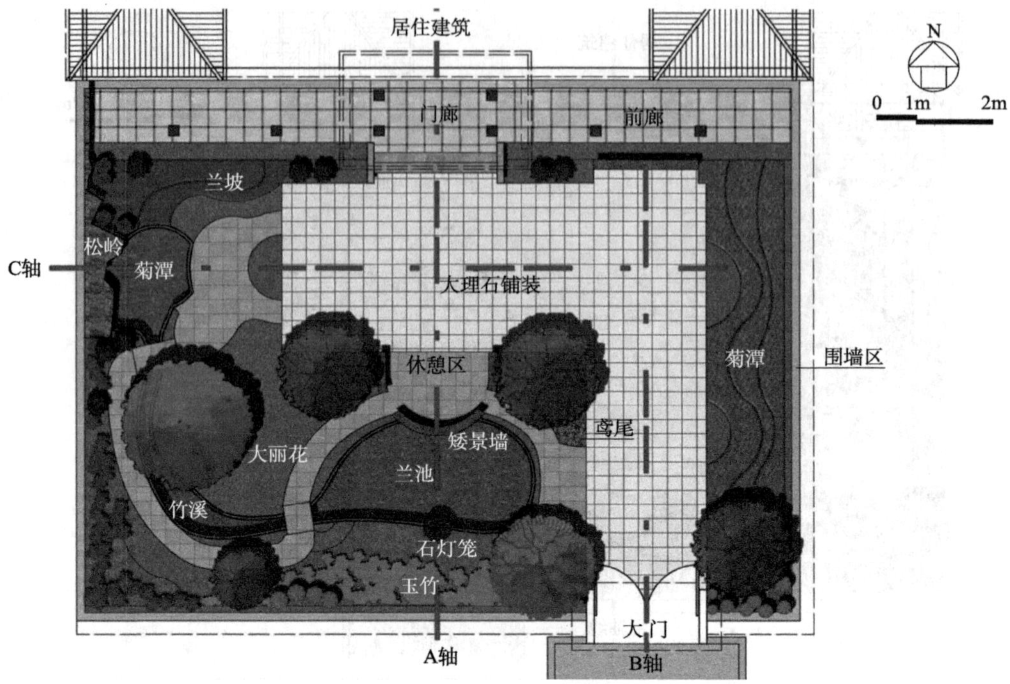

图 6-4 混合式庭院绿化布局

(3) 混合式

混合式庭院兼具规则式和自然式的特点，可用规则式的元素采用自然式布局来形成，也可用自然式的元素采用规则式布局来完成，还可以规则的硬质构造物与自然的软质元素自然连接，或不同区域采用不同类型进行布局。图 6-4 所示庭院采用三条轴线控制建筑、道路和景观小品，而水系、小径、植物则采用自然布局，是典型的混合式庭院设计风格。

6.2.3 设计要点

6.2.3.1 庭院园艺风格

常见的庭院园艺设计风格有中式庭院、日式庭院、美式庭院、欧式庭院。

①中式庭院(图 6-5) 受中国传统文化影响，体现“天人合一”的传统哲学思想与我国传统绘画意境深远的特色，讲究“虽由人作，宛自天开”。传统中式庭院构建的目标是江南私家园林的古典水墨山水画意境，传承中国文人的隐逸思想，淡泊宁静的生活是理想的状态；新中式庭院则采用现代时尚风格与传统元素相融合的方式，既有简明的线条和新型材质，又有传统庭院的意境与文化元素，打造兼容并蓄的新式庭院。

②日式庭院(图 6-6) 精致而细腻，境界上追求枯、寂，形式上和中式园林类似，不追求对称，追求对自然的概括与提升。植物强调枝干的质感，可用植物种类较单一，但层次分明而简洁。枯山水是日式庭院的精华所在，不仅能够体现出日式园林的特点，还能够在小空间内实施且造价不高。

图 6-5 中式庭院

图 6-6 日式庭院

③美式庭院(图 6-7) 具有自由奔放的性格属性，体现出人类对大自然的向往，强调简洁明快的风格。美式庭院设计中常见草坪、鲜花和参天大树，常布置舒适的户外休闲空间，运用天然材料(如石头、木材等)表现乡村田园风。

④欧式庭院(图 6-8) 体现规则式古典花园的特点，风格华丽，一般都有对称的轴线、几何的线条。欧式庭院使用的色彩较为简单，花坛里的花颜色也尽量单一；经过精心修剪的灌木及简洁的植物布局，给人以整齐而有韵律的美感；喷泉、漂亮的柱子加上欧式雕塑，重现宫廷的雍容华贵和庄严雄伟。

图 6-7 美式庭院

图 6-8 欧式庭院

庭院的风格应根据当地气候条件、庭院场地特点、庭院主人的生活方式来选择。寒冷的区域无法种植热带植物，庭院所选风格应该符合当地的气候条件。面积偏小的庭院也无法设计出拥有大草坪的美式风格，庭院风格应该符合庭院的场地特点。还要考虑到庭院与建筑物之间的协调，庭院的风格应该与建筑物风格、室内装修的风格相适宜且和谐统一。庭院主人的闲暇时间、打理庭院的能力对庭院风格有极大的影响。大量的植物，足够的园艺操作台，充足的存放物资和工具的场所，适宜喜欢花很多时间去照顾植物的主人。而侧重构图、纹理和色彩，利用雕塑、盆栽等来打造的庭院，适宜工作繁忙、闲暇时间较少的主人。

6.2.3.2 庭院功能

庭院是非常重要的家庭户外生活场所。具有起居、游戏、室外烹饪和就餐、晾晒衣物、储存杂物等功能。庭院的主要功能不仅要考虑植物带给人们的美好享受，更需要考虑生活中必不可少的其他功能。庭院主要功能类型见表 6-1 所列。

表 6-1 庭院的主要功能

功能类型	主要功能
生活空间	休闲、读书、户外娱乐、用餐、烹饪、烧烤、锻炼、晾晒衣物、会客、储存、日光浴、夜间赏景
景观功能	增加景观、改善景观(掩饰不美观、美化荒地)、五感的享受(嗅觉、听觉、视觉、味觉、触觉)
体验功能	园艺操作、手工制作、自然教育
生产功能	提供花材(鲜切花、干花)、提供食物(果蔬、叶片、花朵、根茎)
生态功能	更多的绿量、生物(植物)多样性，吸引鸟和蝴蝶等小动物、集雨、降低需水量
儿童娱乐	儿童玩耍、草坪、沙坑、秋千等
宠物生活	家庭宠物活动空间

应该根据家庭的生活方式与风格、周边环境及气候条件，对庭院的功能进行设计和布局。不同气候条件地区，适宜不同的庭院园艺打造方式。较为温暖的地区，户外比较适宜人们的活动；但如果所处的地区比较寒冷干燥，人们在户外停留的时间明显变短，庭院设计时，需捕捉光线，给人温暖，并通过植物配置减少冬季寒风对人们生活的影响。不同的周边环境也会对庭院产生影响，庭院距离交通要道较近，噪声较大，也有汽车尾气的干扰，在庭院设计时，需充分考虑这些因素对庭院休闲生活的影响。

6.2.3.3 庭院园艺的建设条件

(1) 自然条件

①纬度、海拔及地形　纬度、海拔、地形共同决定了当地的光照、气温、湿度、降水、土壤等条件，是一个地区气候特点形成的基础，因此，在设计前应充分了解当地的地理位置和环境条件。可供参考的标准有《中国综合农业气候区划》《中国建筑气候区划》，可以此为依据判断庭院所在区域的基本气候条件。

②温度与湿度　这两者直接影响植物的生长。因此，必须掌握有关温湿度的详细资料，包括年平均温度、年最高气温、年最低气温、持续低温或高温天数、各月最低气温和最高气温及各月平均气温、无霜期、土壤冻土层深度等。

③光照　光是绿色植物正常生长所必须的条件。不同纬度地区的太阳高度角不同，而且随着季节的变化，光照强度和光照时间也都发生变化，直接影响着植物的生长。了解当地的光照条件，需要掌握夏至日太阳高度角、冬至日太阳高度角。一般夏至日太阳高度角和日照时数最大，冬至日最小，确定不同区域在不同季节的日照条件，为合理进行功能分区和种植设计提供依据。

④其他气象资料　风向、降雨量等也会对庭院的建设和后期植物生长、人们的活动产生较大的影响。南方降雨量偏多，古典园林中常会设计长廊来满足雨天活动的需求。四季风向(尤其是冬季寒风)也应调查清楚，才能减少或避免庭院里刺骨的冬季寒风对

庭院生活的影响。

(2)场地条件

①地形　这是庭院的骨架，建筑物、道路、水景、植物等元素的设计都必须依托地形来进行，良好的庭院设计是建立在相地的基础上，不同的地形条件适宜不同的庭院风格，不同的地形处理也能塑造不同的庭院风格。庭院中利用地形组织排水，可将水资源聚集起来再利用，不仅能够降低维护成本，还能够起到生态环保的作用。

②水体　水在庭院之中经常是点睛之笔，是环境中出现的亮点，也可作为自然排水的终点。现代庭院中水体形式多种多样，主要包括水池、溪流、瀑布、跌水、喷泉及容器水景等，不仅能够为人们提供观景赏景的场所，还能够为人们提供嬉戏娱乐的空间；为园艺操作提供洗手、浇灌用水；增加空气湿度，调节小气候，有着丰富多元的功能。

掌握庭院现有水源、水面位置、大小、水位及水质变化情况；了解驳岸与护坡形式；了解园内水面与外水系的关系，包括水流流向、水位落差等；结合地形划分出汇水区，标明汇水点或排水体，绘制出主要汇水线。

③土壤　这是庭院内植物的生命依托。土壤的状态取决于土壤中的矿物质、有机质与微生物、昆虫、植物、其他动物等的共同作用。应关注土壤的类型、土壤的 pH、透气性、透水性、有机物的含量。

良好土壤的标准是有机质含量高，形成团粒结构。增加土壤有机质能够改善团粒结构，改善土壤通透性，促进根际微生物活动，增加土壤肥力。新建庭院的土壤一般很贫瘠，可加入有机肥或者自制堆肥充分腐熟的混合肥料或粪肥以增加土壤有机质含量，同时改善土壤的理化性质。

④植被　对于庭院现有植物应遵循能利用尽量利用的原则。调查庭院用地内现有植物的种类、数量、大小、长势、位置，分析其可利用程度，在现状图中进行标记，并进行详细记录，尤其是值得保留的大树。

⑤建筑及其他设施　庭院设计与建筑物关系密切，任何景观的布局、功能的设置都受到建筑物布局的影响，应在设计前充分了解其现状，如建筑物每层平面图、建筑立面图、建筑物高度、层高等。此外，还应进一步关注庭院大门、住宅大门、各个门窗的位置与尺寸、建筑室内布置情况、排水管位置、空调室外机位置、有无地下室等，这些对庭院设计均有较大的影响。

现有道路和铺装能够利用的尽量利用，应掌握现有道路的宽度、类型、平曲线、竖曲线及主要点的标高；了解现有铺装的位置、形状、大小、面层材料、标高等。管线的存在对庭院设计造成一定的限制，应在保证安全的前提下进行设计和施工。因此应充分了解电线、电缆线、给排水、暖气、天然气等管线的位置、走向、长度、管径、埋深等。

⑥庭院朝向　庭院朝向不同，采光与温度差异较大。如果没有建筑物的遮挡，朝南的庭院拥有最佳的光照条件，但温差较大，在晴朗的冬日白天变暖，但夜间却变得更冷，在冬天能够晒到暖阳，也为喜光植物提供了良好的生长环境。朝北则光照条件不良，环境阴冷潮湿，但气温相对稳定，在夏天能提供一个凉爽的环境，喜阴湿的林下植物能茂盛地生长。不同朝向的庭院具有不同的环境特点，适宜不同植物的生长。

⑦周边环境　优质的庭院周边环境为庭院设计提供了一个广阔的背景，甚至可能成为借景的对象；但杂乱、嘈杂的周边环境则需要利用更多的庭院植物围合来进行屏蔽。需掌握庭院周边环境的景观特征，找出对庭院景观具有影响的"俗"与"嘉"，采用适合的手段进行"屏"与"收"。

6.2.3.4 庭院设计

除了需要考虑庭院风格和功能外，庭院设计还需要考虑庭院内外景观的空间组成部分，如出入口、地面、水体、墙面、顶面等，以达到和谐统一的效果。

(1)出入口

出入口是分隔庭院内外最主要的部分，是庭院景观的亮点之一(图6-9)。庭院大门、建筑大门、连接二者的通道、门口的装饰形成一条带状的连续景观，这些地方尽量形成统一风格，形状、色彩、材质的选择需要从建筑风格获取灵感。安全性、私密性有时会和景观产生矛盾，尽量协调它们之间的关系，在满足安全性和私密性的同时，减少大门过于高大厚实带来的局促感。

图6-9　庭院出入口绿化

庭院大门是否出入车辆对设计影响较大，车辆的出入如果有独立的门则方便处理，如果庭院大门必须要进出车辆，需保证车辆进出时有足够的空间，同时尽量兼顾景观。

(2)边界

庭院应该有良好的私密性，墙体或是围栏都可以在边界上起到围合的效果(图6-10)。简单的围墙或围栏过于单调，增强围墙、围栏的设计性，使其变成欣赏的对象或庭院的背景，则能够大幅提高庭院的景观效果。打破围墙的连续性可以降低围合封闭的感觉，在围墙上安装搁板来进行装饰和展示，用雕刻面板、彩绘墙面，悬垂植物等丰富多样的手段来装点围墙。石板、水泥、碎石、旧砖、金属、彩漆墙、瓷砖墙等丰富的材料都可作墙面材料，根据房屋的风格来选择合适的墙面材料。围栏造价比墙体低，轻便、易于安装，镂空式的围栏还具有更好的通风效果，由于视线能够穿过，还能够从一定程度上延伸空间的大小。围栏的材质和风格多种多样，木栅栏就可以有传统、现代、乡村等多种风格的选择，还可以选择柳条、竹竿或软木。

图 6-10 庭院边界绿化

图 6-11 庭院地面铺装

(3) 地面

首先应尊重原有地形来进行设计。设计后的地形应能体现庭院风格并满足功能的需求，同时形成良好的排水条件。

地面铺装应与庭院风格相协调，尤其是墙面的风格、材质和室内装修。地面图案、色彩的变化，可起到丰富视觉效果、区分不同区域的功能。预制混凝土块、砖块、石块、卵石、碎石、砂砾等都可以成为地面铺装材料良好的选择，简单的形状通过不同图案的组合便可形成不同的风格(图 6-11)。地面也可以做成非固化的地面，砂砾、卵石、树皮铺装的地面更加自然、也更加惬意，这种方法不仅可以用于小路的铺设，也可用于植物旁土壤的覆盖，甚至枯山水的营造。木质铺装可以巧妙地处理不平整的土地，扩充活动空间，营造温馨的场景。

台阶可作为通道，也可成为主角。在大面积的庭院中，台阶可成为增加景观的方法，小面积庭院中的台阶也可能成为庭院的一部分。花盆、花箱可以和台阶巧妙结合，柔性的植物可以软化台阶硬质的线条。台阶的材料可以是砖砌、金属、木质等，但无论何种材质，应具备良好的防滑性和安全性。

(4) 水体

庭院面积有限，水景可以不仅仅是平面的，也多可以和立面、落差结合起来，抬高的水采用不同的形式流下，或是涓涓细流，或是喷涌而出，抑或点滴流淌，带来美妙的乐曲，可以降低噪声和酷暑对人们的影响(图 6-12)。水生植物不光能带来丰富的水面景观，也能净化水质、减少维护水池的次数和成本。根据庭院空间大小，可布置游泳池或鸟浴台、洗手池、水缸等小型水体(图 6-13)。

(5)顶面

藤架、棚架可以提供遮挡的空间，避免暴晒，便于人们在户外活动(图 6-14)。藤架可以与建筑相连，也可独立存在，主体结构材料可选择金属、木质或竹质。同时，选材应符合庭院整体风格。覆盖材料选择攀缘植物或自然材料编织物、阳光板、遮阳布等，均具有各自独特的风格。

(6)户外家具

户外家具提供了较多功能，可以借助户外家具进行户外工作、写作、备餐、用餐、休闲、娱乐、玩耍等(图 6-15)。还有一部分家具可直接与庭院融为一体，如花池+座椅、景墙+桌椅、树池+座椅、围墙+座椅等。

(7)营造小气候

庭院中东南西北各个方向的小气候都略有不同，南边有充足的阳光；北边则光线较弱，并存在一些常年无光照的区域；东边上午日照充足，下午阴凉；西边则相反，下午日照较多(图 6-16)。通过不同形式的围墙、围栏、大树、灌木、池塘、棚架均可营造出不同的小气候。

图 6-12 庭院水景

图 6-13 庭院小型水体

图 6-14 庭院凉亭

图 6-15 庭院中的座椅

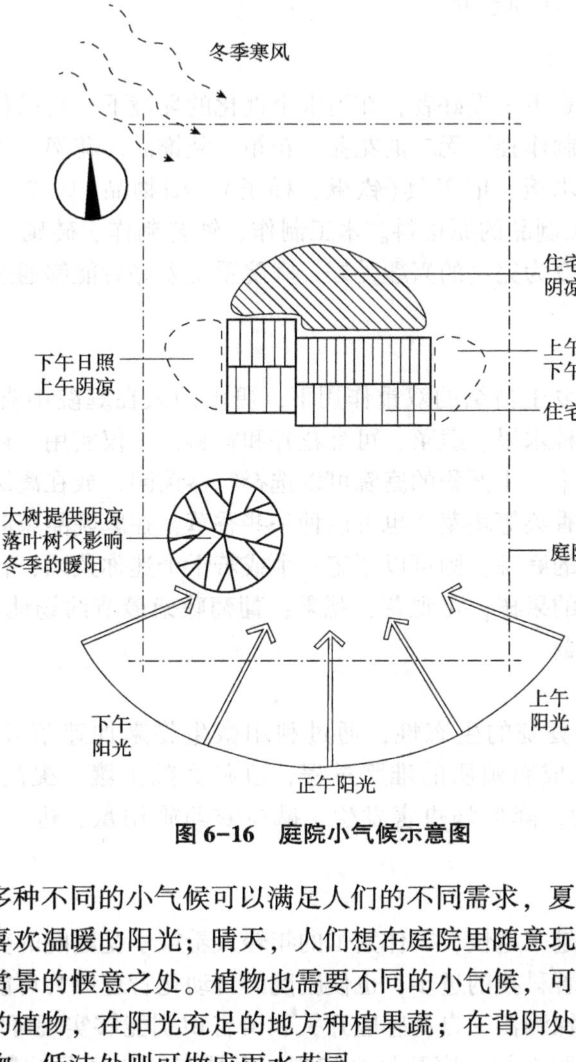

图 6-16 庭院小气候示意图

庭院内营造多种不同的小气候可以满足人们的不同需求，夏季，人们喜欢大树的阴凉；冬季，人们喜欢温暖的阳光；晴天，人们想在庭院里随意玩耍；雨天，人们需要一处无风无雨却可赏景的惬意之处。植物也需要不同的小气候，可以利用这些环境差异种植更多不同特性的植物，在阳光充足的地方种植果蔬；在背阴处配置蕨类植物；高处干燥可种植耐旱植物；低洼处则可做成雨水花园。

(8)小空间的处理

通过减少庭院摆放物品(如花盆、雕刻等)的数量，适当放大其体量、控制材料的选择范围都可以获得增大空间的效果。通过模糊室内外的分界，采用近似的材质和色彩将庭院与室内相连接，也可以获得类似的效果。在一些特别狭小的地方，尽量避免将其作为种植场地来使用，在这里可以摆上一些桌椅板凳、盆栽绿植，就可以变成一幅非常唯美的画面。

小庭院中可以更多地利用花盆进行摆设，这样还可以随时根据心情来重新布置。在地面上种植一些简单素雅的花草树木，花盆中则种植一些色彩丰富的、艳丽的植物。花盆的材料多种多样，铁皮、石头、陶土、陶瓷、玻璃，整齐摆放的同一材质的花盆可以产生一种秩序感，杂乱堆放的同一材质、不同形状大小的花盆和植物则有一种自然野趣。

6.2.4 庭院设计新趋势

(1)互动性

很多园艺爱好者也是手工爱好者，在追求个性化的环境下，自己打造属于自家的个性花园，包括自己动手制作独一无二的花盆、花箱、装饰品、花架、工作台、水池等庭院用品。砖头、树杈、木板、旧工具(铁锹、梯子)、旧物品(鸟笼、椅子、喷壶、瓶子、箱子)都能成为手工制品的原材料。木工制作、铁艺制作、砖砌、涂装这些属于专业人士的工作现在已演变为完美的兴趣爱好，庭院手工爱好者能够通过自己动手打造属于他们的天堂。

(2)注重可食性

在食品安全问题和乡土情结的双重作用下，更多的人在庭院中尝试种植可食性植物。菜园中可以种植各种水果、蔬菜、可食花卉和香料，不仅实用，还能像花园一样美丽，形成独特的景观效果。小面积的庭院可以选择容器菜园，放在离厨房最近处，可以方便摘到新鲜的香葱、香菜等蔬菜，也可以种一些香草，在庭院品茶时，泡上自己种的迷迭香；场地较为宽敞的庭院，则可以划定一个或若干个迷你菜园，种植各种蔬菜，阳光充足的地方栽植喜爱的果树，可观花、观果；葡萄藤架最节约场地，既可享受阴凉，又可享用美味多汁的葡萄。

(3)生态性

越来越多的人关注庭院的生态性，通过利用微生物来加速落叶、果蔬皮、废茶叶、豆渣等有机物转化成腐殖质的堆肥过程，改善庭院土壤，提高土壤肥力。更多地应用多年生乡土植物，降低病虫害发生，减少农药施用量，进一步保证庭院环境和生态性。

(4)智能化

现代人的生活节奏越来越快，工作繁忙的年轻人希望享受庭院的美景，但又无法付出相应的时间成本。随着科技的进步，也使庭院的自动化管理成为可能。智能家居通过各类感应探头、红外线探测器、自动感应开关和语音识别能够实现环境自动监控系统、自动浇水系统、自动遮阳系统、庭院灯光控制、电器定时与远程控制、电动遮阳棚控制、庭院背景音乐系统、影音控制系统和远程安防系统等的操控管理，在享受更加方便、快捷、惬意的庭院生活的同时，大大降低人们的劳动强度，节约劳作时间。

6.3 庭院园艺植物选择

庭院属于室外空间，采光、通风受房屋、围墙等建筑物和构筑物的影响较大。植物首先要选择体量适宜，以可以露天栽培养护的植物为主，同时考虑植物的基本功能要求，然后结合主人爱好及养护条件等做具体的种类选择。在充分考虑立地条件和空间特点的前提下根据植物特点做合理的搭配，打造独特的庭院风格和特色。

家庭庭院属于私人空间，因主人的爱好和环境的不同导致植物选择的出发点不一，具体选择以满足功能为基础，结合形态要求、立地条件和栽培养护要求等条件来选择。

6.3.1 根据功能要求选择

在定位庭院园艺植物功能时往往因人而异，甚至随着时间的推移而改变定位。结合我国人民的生活现状和对庭院绿地功能的认识，人们赋予庭院园艺植物的功能分为观赏功能和食用功能两大类，也有二者兼顾的复合功能。观赏功能的园艺植物传统上是以观赏植物为主，主要包括草本观赏植物、木本观赏植物和草坪及地被植物等。食用功能的植物基本以蔬菜、果树或一些香料植物为主。复合功能的园艺植物既可以用于庭院观赏，其果、花、叶、茎，甚至根部等部位也可以作为食材，即这些园艺植物同时具备观赏和食用两种功能。

(1)观赏类植物

庭院植物的选择同庭院空间规模大小相关，观赏植物选择往往以中小型植物为主，大型观赏树木应做到少而精。

草本观赏植物只要适合当地露天栽培或者生长季能在当地露天栽培的植物均可，如常用的野茉莉(*Styrax japonicus*)、凤仙花(*Impatiens balsamina*)、芍药、菊花类、大丽花、鸢尾类、喜林芋属、茑萝、马蹄金等。木本观赏植物以灌木为主，乔木为辅。常用灌木如石榴、绣线菊(*Spiraea salicifolia*)、南天竹(*Nandina domestica*)、月季、牡丹、栀子花、苏铁、杜鹃花等；乔木结合庭院尺度尽量选择中小乔木为主，如常绿的桂花、罗汉松、枇杷等，落叶乔木如红枫、羽毛枫、'碧桃'(*Prunus persica* 'Duplex')、玉兰、山楂、柿树等。藤本类植物主要用于立体绿化或者作藤架植物，常绿类可以选择扶芳藤、常春藤、络石等，落叶类有金银花、紫藤、蛇葡萄(*Ampelopsis glandulosa*)、地锦等。竹类植物因地下茎横向生长繁殖，扩充较快，一般尽量在相对独立的空间应用，常用的有早园竹(*Phyllostachys propinqua*)、斑竹(*Phyllostachys reticulata* f. *lacrima-deae*)、箬竹(*Indocalamus tessellatus*)等。

(2)蔬菜

蔬菜多以草本为主，植株体量较小，比较适合庭院空间，往往是庭院空间主选的植物类型之一。庭院常见蔬菜有：果菜类，如茄子、番茄、南瓜、豇豆等；叶菜类，如生菜、小白菜、鸡毛菜(*Potentilla supina*)、芝麻菜(*Eruca vesicaria* subsp. *sativa*)、甜菜等；花菜类，如黄花菜、花椰菜、紫菜薹(*Brassica campestris* var. *purpuraria*)等；也可以选择一些地下根茎类蔬菜，如番薯、胡萝卜等。

选择观赏蔬菜可以做到兼顾食用和观赏。观果类蔬菜如观赏南瓜、多彩番茄、珍珠番茄、金银两色的鸡蛋茄、色彩绚丽的七彩辣椒等，种植在庭院中可以增加田园风光，享受丰收的喜悦；观花类蔬菜，如百合、黄花菜等，花色丰富，兼顾食用和观赏；观叶类蔬菜，如羽衣甘蓝(*Brassica oleracea* var. *acephala*)、彩叶苋菜(*Amaranthus mangostanus*)、七彩菠菜、紫背天葵(*Begonia fimbristipula*)、彩叶甜菜等，叶子色彩斑斓，令人赏心悦目；芳香类蔬菜，如罗勒、迷迭香、鼠尾草、薄荷、茴香等，可散发特殊香味，往往是庭院味觉美的源头；观赏根茎类蔬菜，如甜菜、石刁柏(*Asparagus officinalis*)、球茎甘蓝(*Brassica oleracea* var. *gongylodes*)、球茎茴香(*Foeniculum dulce*)等。

(3)果树

选择果树以中小乔木为主，与庭院小空间搭配。多数果树喜光照充足的环境，果树一般适合种植在院落阳面。庭院果树选择可以考虑两个方面，一个是尽可能保证一年中较长时间有成熟的果品，能在不同时段享受营养丰富的新鲜水果，如樱桃、枇杷果期为5~6月，杏7月成熟，葡萄成熟期为8~9月，石榴果实成熟主要在10月。此外，所选果树种类尽可能兼顾观赏，考虑树形和花果的观赏价值。

6.3.2 根据视觉形态的要求选择

庭院园艺以视觉形态为实体而存在，也往往用视觉形态表达出其另外的内涵。“形”是指可看得见或可以触摸到的实体，包含大小、形态、色彩和质感的概念，所以庭院园艺植物的选择也应该考虑植物作为形态本身的一些特征。

(1)园艺植物的大小

园艺植物体量大小对庭院空间影响很大，庭院空间需选择小尺度的植物为主，这样在有限的空间范围内可以种植相对“多”的植物，形成相对丰富的植物景观层次，从而体现出庭院的“大”。而且庭院景观往往也是由人工要素组合而成的，植物必然要和其他景观要素合理搭配，所以“丈山尺树，寸马分人”的比例要求对植物的选择有了限制。

(2)园艺植物的形态

园艺植物的形态选择与塑造要结合庭院其他要素来综合考虑，总体以自然形态为主，尽量少选人工造型的植物。自然形态的植物易于营造自然景观环境，引发人们对自然的热爱和共鸣，而且后期养护相对方便，适应性更好。

(3)园艺植物的色彩

色彩是最吸引人们眼球的景观要素。五彩缤纷的花色、金黄的秋叶都是庭院植物引人关注的点，也是庭院植物选择和搭配需要重点考虑的因素。园艺植物的选择要考虑其一年四季色彩的转换，明确其花色、叶色、果色、枝干的颜色，一般尽量保证庭院植物用绿色作为基底。

(4)园艺植物的质感

植物的质感主要体现在植物的视觉尺寸和空间对比效果上。质地粗的植物在视觉中比实际尺寸显大，会因吸引人眼球而更加突出；质地细腻的植物就比实际尺寸显小，在空间中不会过于醒目。庭院中尽量选择细腻的植物与其小空间配套。同时，庭院其他景观要素往往也是少而精致，质地细腻的植物与精致的景观要素搭配效果更佳。

6.3.3 结合种植场所条件选择植物

场地立地条件之一就是庭院空间给植物营造的生态环境条件。创造良好的土壤、水肥条件来满足植物生长需要。庭院生态环境因子中对植物生长影响最大的是光照，结合庭院和建筑相对位置的不同，科学分析其光照条件，选择适宜植物是庭院设计的关键环节。植物在搭配过程中也尽量考虑层次感，上层植物尽量少遮阴，留出一定的光照条件而便于下层植物选择。庭院内配置一部分盆栽植物，根据季节不同和植物对光照要求的差异，可更换盆栽植物的位置来满足其对光照的需求。

另外，庭院建筑、围墙、道路等要素对植物的生长有一定的影响，如建筑风格，尤其是建筑立面的颜色、材质必然影响植物的选择；庭院围墙高度、形式不同也影响植物种类的选择；庭院内道路和小型广场是观赏点的主要位置，对植物大小的选择也会提出要求。

6.3.4 根据主人爱好选择

家庭庭院空间一般属于私人领域，是主人平时活动或者招待客人的场所，所以庭院景观必然要表达主人的情趣、爱好。如果庭院园艺植物的选择与营建是主人亲自设计、施工，最能直接表达主人的爱好，如有些人痴爱菊花，满园菊花。委托专业公司进行园艺设计施工的庭院，最终的园艺植物选择是设计人员和庭院主人多次沟通交流的结果，也体现出庭院主人的爱好。

6.3.5 结合文化要求来选择

“榆柳荫后檐，桃李罗堂前”，国人在庭院植物选择时从古到今都不能不考虑文化。随着物质生活的日益丰富，人们更多地追求精神层面的需求。植物的选择就必须考虑建筑风格，考虑植物如何与之搭配，植物如何能体现本地特色，通过植物表达怎样的格调或情感等，这些均与庭院文化相关。植物可体现中国的花文化、隐逸文化、田园文化，甚至宗教文化，如植梅兰竹菊可突出文人文化体现文人品德，梅表示高洁傲岸，兰表示幽雅空灵，竹表示虚心有节，菊表示冷艳清贞等。种菊、植蔬表现“采菊东篱下，悠然见南山。山气日夕佳，飞鸟相与还”的田园文化；苏州耦园“开门看雨，一片蕉声”的隐逸文化；网师园小山丛桂轩院落绿化则是建筑主题的外延，小山丛桂轩用《招隐士》中“桂树丛生兮山之幽”点出隐逸的主题，南侧庭院造景以太湖石营造山林之势，以桂花来突出其主题。图 6-17 所示为小山丛桂轩南庭院景观。

图 6-17 小山丛桂轩南庭院景观

无论选择观赏植物，还是蔬菜、果树，都可以考虑植物的文化内容，抒情达意突出庭院文化氛围和格调，传达积极的人生观，积极面对生活的态度，更是表达对美好生活的向往和实践。

6.4 庭院园艺植物配置设计

6.4.1 配置设计原则

(1)注重空间营造原则

庭院是小型空间，所以在植物配置时应考虑植物对空间的影响，尽可能做到“小中见大”，尽可能在小空间中做出“大景观”。要达到这个目标可以考虑以下具体原则：

①占边把角让心 针对小型空间设计的关键就是“小中见大”，在有限的空间营造丰富的景观层次，甚至通过联想跨越时空，在有限的空间内营造出丰富多彩的“大空间”。植物配置也是如此，无论庭院的道路系统或者其他要素如何布置，一般把遮挡视线的灌木尽量放在靠近墙体侧，低矮的蔬菜、花卉等植物种植在庭院中部，对于墙体、建筑形成的角落需特殊处理，可用植物搭配来美化遮挡处理，总体形成四周高、中间低的空间结构。而少量的乔木对立面空间影响较小，树冠起到的是顶面效果，可以根据需要定植，但不能完全遮挡庭院阳光。图 6-18 所示为拙政园听雨轩院落对庭院角落的处理，在西侧玲珑馆与北侧围墙的角落里用几株高度错落的芭蕉(*Musa basjoo*)来处理围墙的“死角”，屏蔽了不雅的景观，形成了以粉墙黛瓦为背景、水池为前景、黄石芭蕉为主导的角隅景观。植物的选择与庭院的内涵一致，下雨时可听到雨打芭蕉之声，充分体现周瘦鹃的“芭蕉叶上潇潇雨，梦里犹闻碎玉生”的意境。

②层次丰富 相对于室内空间，庭院空间较大，可进行多层次植物配置来丰富空间。为了有效提升庭院美感度，在进行植物配置时一定要坚持层次分明的原则，既要有乔木、灌木的高低配置，体现出一定的层次感，又要对底层的中小灌木、草本植物做好高低搭配，结合色彩等变化来营造视觉盛宴。其实，中下层才是庭院空间的关键，无论选择花卉还是蔬菜，从低矮地被到高度 0.9~1.2m 植物范围内，精心营造层次至关重要。各个层次从视点角度出发坚持近低远高的原则进行搭配，同时结合总体绿地轮廓进行布局，由于植物总量和视距有限，每个层次的植物可能只有一行或者几株，但配置时尽量做到有高差变化，同时不同的植物也可带来形状、色彩，甚至质感的差异，给庭院植物景观创造多种变化组合的可能，在有限的空间打造丰富的植物景观效果。

图 6-18 拙政园听雨轩庭院角隅植物配置

③合理利用立体绿化 合理利用庭院的

立面要素，利用植物搭配进行立体绿化，既可以遮挡不良的景观要素，也可以提高绿化率，创造更加舒适的庭院环境，尤其是给其他种植作为景观背景，作为庭院“自然景观”的统一者，在一定程度上可打破建筑物环境的匠气与冷漠。如庭院四周以野蔷薇为垂直绿化素材，可美化砖墙，同时大幅增加绿化面积，丰富景观层次、提升景观效果，而且野蔷薇成了庭院的大背景，有了统一的基调更便于其他景观要素的布局和安排。

(2)均衡原则

均衡是庭院空间设计的基本原则，均衡在庭院中往往通过合理调整重心来获得。庭院往往四周均为房屋建筑或者围墙，建筑形成了总体构图的稳定主体，植物的配置要结合道路、广场和景观小品(图 6-19)，把庭院的重心调整到庭院的中部位置，便于均衡总体构图。庭院空间一般为“锅底式”布局，视线上空出中部，其重心往往就在空的部分。如庭院为规则式构图，其构图的几何中心就应该是庭院的重心所在；如果按中国传统园林布局来打造，其中心往往在空间的自然重心稍微偏于一方，但总体重心都应该在庭院居中位置，这样才有利于平衡总体构图。

图 6-19 庭院植物配置中搭配的景观小品

(3)与各要素协调原则

优秀的庭院园艺设计案例中，无论庭院空间大小，往往具有园林的基本要素，即地形地貌、水体、园林建筑、植物等。具体表现为一般会有置石或者假山，有些庭院也会设计小型水体，有亭廊或花架等。庭院植物的选择一般要考虑与总体庭院的风格相协调，在色彩上、植物文化上也考虑与其他要素协调一致，让植物成为庭院的有机部分，与其他要素共同打造富有特色的庭院空间。

(4)精细配置原则

庭院空间尺度小，选择植物应以中小型植物为主，而且植物种类及其数量有所限制。这些特点都对庭院植物配置设计提出一个基本的要求——精细配置。要做到精细配置需做以下 4 个层面的内容：

①植物选择 一定要熟悉每种植物的形态、大小、色彩、质感、生长习性、栽培要点，全面掌握植物材料特性，才可能配置出理想的植物景观。

②明确基调植物 确定骨干植物，确保基调植物的数量及其所占面积，而且做到相互呼应，打造庭院的基底。骨干植物往往是少而精，更需仔细考虑骨干植物的栽植位置，以明确庭院植物的基本框架，保证后续设计不会做出“四不像”。

③明确植物数量 不能因数量少或者多时就随意增减植物，随意选择的一株灌木可能会破坏总体景观效果，尤其是基调植物一定要在面积或数量上占优势，再结合栽植位置的选择，突出特色。

④精心安排每株植物 结合尺寸、色彩调整层次，栽植位置不可“随意”和“大概”，

需精确。

(5)突出特色原则

每个庭院立地条件有差异，主人爱好不同，庭院空间完全是主人情感、爱好的外延，所以庭院设计必须做出特色，既要美观、精致，又要充分体现庭院主人的爱好。尤其是植物景观往往有一部分是动态的，如草本植物可以每年更换，这就给庭院主人提供了二次营造植物景观的可能性，也更能体现庭院主人的爱好，随着庭院主人的“参与设计”，庭院的特色自然就越来越突出。从设计的角度而言，木本植物最好“做好长远考虑”，甚至可以一次成景，奠定好庭院植物配置的骨架。

6.4.2 庭院植物配置设计

植物对于庭院营造氛围有着十分重要的作用，植物配置设计时要结合庭院不同区域的特点进行组合搭配，可分为庭院出入口植物配置设计、集中种植区植物配置设计、藤架植物配置设计、立面植物景观配置设计、盆栽摆放设计五个方面。

6.4.2.1 庭院出入口植物配置设计

庭院出入口包括两种情况，一是前院出入口，人们从外部进入庭院看到的第一印象；二是后院出入口，即从室内到室外的转换空间。

(1)前院出入口

前院出入口从空间转换上来看一般有两种形式：一是有明显的出入口区域，需要做相对独立出入口景观设计；二是没有明确的出入口空间，直接与庭院部分密切联系，往往没有刻意为出入口服务的植物景观，需要注意的是处理好在出入口视点位置所看到的最佳景观，做好视线引导。

出入口植物景观配置重点针对有独立出入口区域的庭院。中式庭院一般有空间转换，会用照壁、景石或者植物等形成出入口对景，进而围合形成出入口区域“小空间”，这块区域往往会做简约的植物景观设计。如果立面空间以植物来划分，植物的选择就应该以高过视点的灌木或竹类为主，植物从地面分枝，形成绿墙，遮挡视线达到划分空间的目的。植物的选择一般以常绿植物为主，为了节省空间尽可能采用修剪后的规则式绿篱，如果选择竹类，需要形成相对独立的种植空间，防止竹类不断扩充繁衍。空间允许下，在遮挡的“绿墙”前可以种植或摆放一些时令花卉，或者结合庭院主题安排一些低矮植物做“绿墙”墙角的搭配。如果空间的划分是通过照壁(景墙)或山石形成，照壁和山石本身就是主要的对景，可以结合照壁、山石做点缀性的绿化(图6-20)。一是用植物作背景，在照壁或山石的后方种植尺度大于照壁和山石的植物，如小乔木的海棠、桃花、桂花等，大中灌木的紫荆、紫薇等，也可以用早园竹、紫竹(*Phyllostachys nigra*)等。二是用植物作前景，如山石前种植南天竹、杜鹃花或其他时令花卉，种植方法结合山石风格，一般以自然式为主；照壁前一般做带状植物装饰，如种植一排芍药和麦冬形成简单的两个层次。前景的植物一定不能遮挡照壁和山石的主体部分，只是做墙角或山石基部的遮挡和美化。

对于无明显出入口空间设计的庭院，植物景观需结合出入口景观感受进行配置，如入口处种植对称的灌木或乔木，或者在道路两侧点缀与众不同的花卉种类等来强调出入口，合理引导人们的行进路线和视线。

(2)后院出入口

一般是指建筑和庭院的过渡空间，一般与休闲小广场结合。从空间上而言，这个空间一般是建筑与庭院的区分与隔离区域，但实际很少做绝对的遮挡隔离，空间的划分往往通过铺装和植物来完成。植物则以低矮植物在平面上来划分空间，种植采用“随曲合方”的原则，同广场轮廓线走向，如果广场是直线形，种植区域接广场边缘也是直线型，如果面积稍大，远离广场部分可以过渡到曲线。立面上一般不采用灌木，可以选择乔木或花架的柱子来完成，以树干和柱子形成边界的“虚面”划分空间，当然花架柱网线或者种植两株以上乔木种植点连线应平行于广场边界线。同时，花架植物或乔木也可以形成出入口空间的顶面，进一步强化出入口空间。

图 6-20 照壁和山石造景

6.4.2.2 集中种植区植物配置设计

集中种植区是庭院主要种植区域的地块。种植区域往往由道路划分而成，集中种植区分为两种类型，一是中央型集中种植区，即绿地位于庭院中部，典型的四周均为道路，为四面观赏的种植区；二是四周型集中种植区，即依附于建筑墙体或围墙的庭院四周的集中种植区，该区一般为单面观赏的种植区。

(1)中央型集中种植区

该种植区往往位于大型庭院的中间位置，一般由庭院道路、小广场、景墙等划分，往往四面或至少两面均是道路或广场。该区植物的选择一般以低矮植物为主，高度一般在 0.9m 以下。由于位于庭院的中间位置，受四周道路线形影响较大，植物配置形式应尽量与其种植轮廓线相协调。如果其四周道路为直线，植物尽可能采用行列式种植，为了突出变化或丰富景观可以在植物大小、色彩、质感上做调整，通过色彩等变化构成“图案”，增加庭院的装饰效果。由于总体植物选择高度较矮，在纵向变化的余地较小，在植物配置时一般更强调平面构图，在不影响绿地功能的基础上可以种植少量乔木，乔木配置可考虑与其他区域协调，不破坏庭院的平衡，打造整体性景观。

(2)四周型集中种植区

该种植区是依附于建筑墙体或围墙的种植区，一般至少一面以墙体为背景，其观赏点一般在墙体的对面，多属于单面观赏的区域。从空间上而言，可以考虑用不同大小的植物配置成前低后高的植物层次。空间上层次的多少则取决视点到墙体之间的水平尺度和植物的大小。如果水平尺度大，景观层次设计可更加丰富；如果选择小型植物，相对而言也可进一步丰富景观层次。平面构图应与视野中墙体、道路等硬质景观协调一致。

6.4.2.3 藤架植物配置设计

庭院设计常选择藤架，一是增加了顶面，可丰富庭院空间；二是可给小型铺装区遮阳，便于室外活动。藤架植物的选择根据庭院总体定位而定，如果庭院总体定位以果树为主，藤架植物可以是葡萄、百香果(*Passiflora edulis*)等；如果以瓜果类蔬菜为主，可以选择丝瓜、南瓜等；如果以观赏为主，可以选择金银花、锦屏藤(*Cissus verticillata*)等。如果是集中铺装区藤架，且相对面积较大，则考虑攀爬能力较强而且藤蔓较长的植物，如观赏南瓜、葡萄等；小型棚架可以选用具有一定攀爬能力的植物，如藤本月季、茑萝等。

6.4.2.4 立面植物配置设计

立面植物景观是指垂直高度在视点高度上下、具有立面景观效果的植物组合对象。立面植物配置设计模式主要包括两类，一是结合围墙、护栏、建筑墙体等做的墙面绿化；二是植物营造的高度大于0.9m的带状种植，这种带状种植可以选用观赏植物、果树、蔬菜栽植及修剪而成，其功能为隔离、分区、围护和装饰作用。

墙面绿化是庭院绿化的重要形式之一，通过墙面绿化不仅可以遮挡不良的立面要素，更重要的是丰富了庭院绿化空间，打破了庭院建筑物或构筑物生硬的边界，而且相对节省空间，增加了庭院的时空空间。对于非观赏类墙面或者墙面有条件进行植物装饰的庭院均可进行墙面绿化设计。墙面绿化根据植物栽培方式的不同可以分为两类，一是地栽植物美化设计；二是辅助栽培植物美化设计。

(1)地栽植物美化设计

对围墙前有种植区部分且围墙不作为景观墙，只是砖墙或者白粉墙等，可以利用墙前绿地种植进行遮挡或艺术处理。

①遮挡造景　主要针对砖墙或不想露出墙体的部分，可以用与墙高度基本一致或高出墙体的植物进行遮挡。一般选用尺度合适的灌木、竹类等，也可以采用攀缘植物覆盖处理，如地锦、藤本月季等。

②植物与墙体结合的艺术处理　如果墙体简洁明快，有一定观赏性，也可以不做全部遮挡，用一定量的植物和墙体共同组景处理。这种方法就是古典园林中典型的“以墙为纸，以石为绘”的造景手法，图6-21所示为网师园五峰书屋房屋后庭院绿化，就是以白粉墙为背景，以湖石植物为主景，植物、湖石与白粉墙完美结合组景的典范。

图6-21　网师园以墙为纸，以石为绘的造景手法

(2)辅助栽培植物美化设计

这是针对围墙前无种植区但有一定水平空间的墙体的植物景观设计。这种方法一般将植物栽植于一些辅助设施(如花盆、

种植袋)内，然后把它们摆放或固定在墙体上来形成立体绿化。

①墙挂式栽培装饰　墙挂式栽培装饰常见形式有两类，一类是固定式，另一类是临时式。固定式以立体绿化植物悬挂式花容器为主，临时式以美植袋为主。立体绿化植物悬挂式花容器为半固定式墙面垂直绿化，需要墙面施工安装，耐用性和植物适应性好，集成灌溉系统，方便管理。美植袋即在铺贴式墙面绿化系统基础上发展起来的一种工艺系统。这一工艺是首先在做好防水处理的墙面上直接铺设软性植物生长载体(如毛毡、椰丝纤维、无纺布等)，然后在这些载体上缝制装填有植物生长基质的布袋，最后在布袋内种植植物实现墙面绿化。墙挂式栽培容器植物选择种类较多，一般多以花卉和蔬菜为主，如阳面墙体可以选择矮牵牛、三色堇、锦绣苋、景天等；背阴墙体可选择吊兰、鹅掌柴、豆瓣绿、红叶苋(*Iresine herbstii*)、叶用甜菜、紫背天葵等。具体的构图可灵活布局，结合容器结构按照主人的喜好或者庭院风格来随时调整。

②栽培架及立体式花槽摆放式　即结合不同的材料，如木材、金属材料制作而成的架子，在其中装置盆花或种植槽实现植物垂面绿化。管道式栽培架即采用营养液或基质管道栽培植物，观赏效果好，但需要掌握无土栽培技术。立体式花槽栽培指采用专门种植槽，或利用家中各类瓶罐容器创意造型，使用土壤或者基质栽培，管理简单，与无土栽培植物相比，可选择性更广。

③盆花地面摆放式　利用盆栽的植物结合墙体为主进行摆放，作为临时绿化的一种形式应用。位置上可以结合建筑散水摆放。植物种类上既可以选择时令花卉来装饰庭院，也可以在温暖季节将室内观赏植物移到户外造景。

6.4.2.5 盆栽摆放设计

盆栽植物摆放是庭院绿化常用的形式之一，其最大的优势是布局灵活，可以根据需要随时调整，也可以在适合的季节摆放当地不能露天养护的植物，还可以结合时令调整种类。这种绿化形式是对庭院固定绿化的补充。

盆栽摆放配置组景可以从植物选择、栽培容器选择、摆放位置几个方面来考虑。盆栽便于移动位置，以中小型为主，适合庭院空间，使用灵活。家庭栽植容器选择与庭院或居家总体风格相协调，以可多次使用的容器为主，如紫砂、陶瓷等材质的花盆。盆栽摆放植物在庭院的总体空间为“点”的概念来应用，所以布局非常灵活，几乎所有的地方都可以放置，如建筑散水、小型广场角隅、道路两侧等位置均可。摆放方式可以是单盆放置，也可以成排列植，还可以组合成景。

6.5 庭院园艺设计案例

家庭庭院因立地条件、庭院主人的喜好不同，植物选择及功能会有差异，一般根据庭院主选植物的差异可以把庭院分为典型的三种类型，即以观赏植物为主来配置设计的家庭庭院(简称观赏植物主题家庭庭院)，以可食植物为主配置设计的家庭庭院(简称可食植物主题家庭庭院)，观赏植物和可食植物兼顾的综合性的家庭庭院(简称综合型主题家庭庭院)。

6.5.1 观赏植物主题家庭庭院

观赏植物主题家庭庭院的功能以美化庭院、营造舒适的户外活动空间为主。下文以陕西关中地区南向前院空间为例说明观赏植物主题家庭庭院设计。

6.5.1.1 总体设计

该庭院建筑为典型的中式风格，两层，粉墙黛瓦两面坡屋面，位于庭院北侧。建筑出入口位于建筑及庭院南北轴线上，沿轴线就是庭院主要的交通通道。建筑将庭院划分为南北两部分，南侧尺度大且为外部进入的空间，为前院，也是主庭院；北侧庭院尺度较小，仅为满足建筑功能需求而设，不作为分析对象。前院四周围墙以灰砖墙为主，庭院出入口位于院落东侧。庭院东西长 20.5m，南北宽 13.9m，总面积 258m^2。

庭院出入口是进入庭院的主要部分，位于南墙东侧，二者在空间上必然存在转折和进一步衔接的问题，所以总体布局采用了转折空间的布局模式，即庭院出入口以照壁为对景，和东侧围墙、南侧大门围合形成明显的出入口空间，然后向西转折进入庭院主空间。出入口建筑为中式，灰砖墙灰瓦两面坡顶。东侧为围墙，围墙前有 2m 宽的种植区域，西侧为开放式，与庭院主空间联系。庭院主空间由轴线方向的庭院主通道和东西两侧景观空间组合而成。主通道东西向尺度为 6.2m，南北长为 10m，是主要的交通通道和活动空间，主通道轴线末端为一半圆形矮景墙收尾。通道西侧为植物藤架休闲区，是家庭聚餐、休闲的空间；藤架南设置一副秋千，为秋千广场区，是儿童活动的主要空间。通道东侧划分为 6 块种植区域，是集中种植区之一，另外一块主要的种植区位于庭院南端。总体布局如图 6-22 所示。

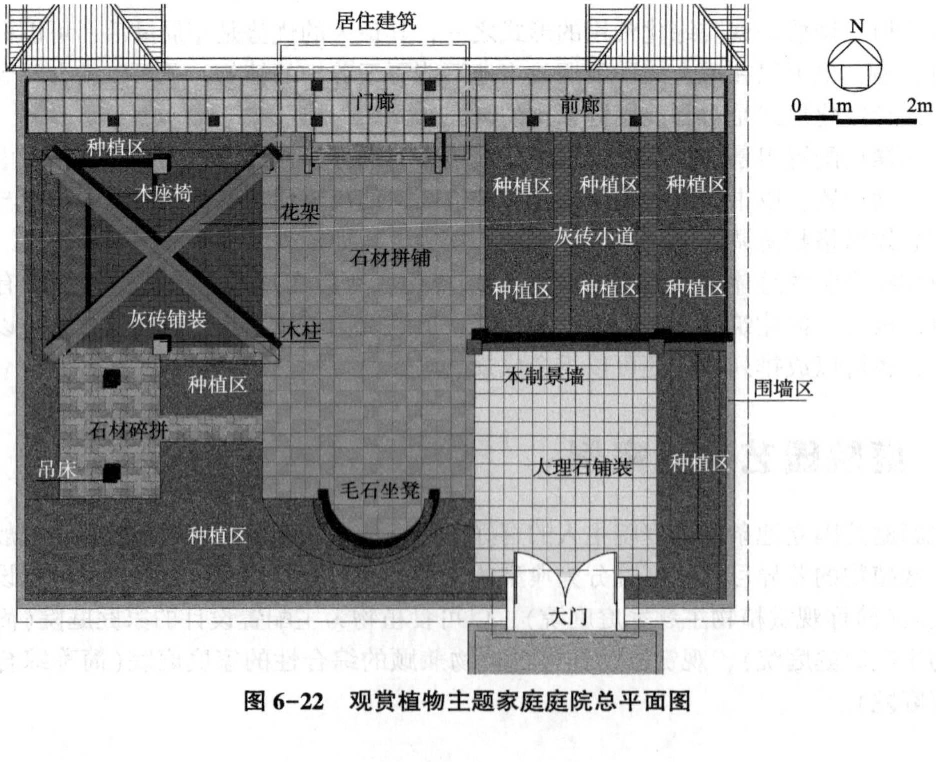

图 6-22 观赏植物主题家庭庭院总平面图

6.5.1.2 植物配置设计

该庭院以观赏植物为主题，主要表现传统的中国植物文化，突出“岁寒三友”松竹梅和“花中四君子”梅兰竹菊文化。植物配置选择了乔松(*Pinus wallichiana*)、梅花、黄槽竹(*Phyllostachys aureosulcata*)、兰花、菊花等，形成文化氛围浓厚的庭院景观，具体植物配置设计如图 6-23 所示。

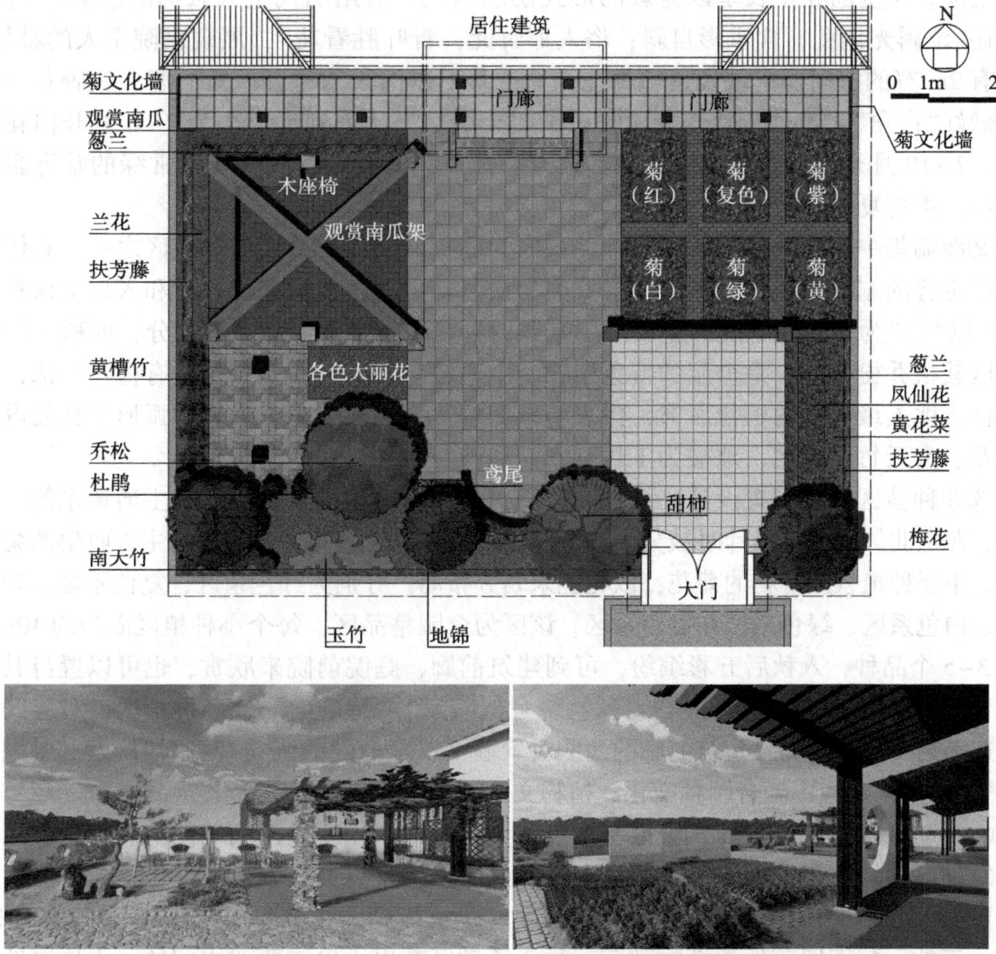

图 6-23 观赏植物主题家庭庭院植物配置设计图

(1)植物选择

因庭院主人从事与园林相关的行业，比较喜好观赏植物，对中国传统文化情有独钟，其建筑风格选用典型的中式风格，庭院结构则是采用当地前庭后院的做法，建筑位于庭院北侧，把大量的园艺空间安排在前院。根据庭院主人的要求，突出了“岁寒三友”和“花中四君子”的文化，植物选择基本就以松、竹、梅、兰、菊为主。因庭院空间较小，而且必须要满足建筑采光和一定的活动空间要求，所以乔木选择则是少而精，选择了 3 株梅花、1 株乔松、1 株甜柿，主要种植在庭院南端集中种植区。

灌木选择了杜鹃花、南天竹两种，藤木选择了常绿的扶芳藤和地锦绿化墙面。草本花卉选择了不同品种的菊花、萱草、凤仙花、兰花、大丽花、玉竹(*Polygonatum odoratum*)、鸢尾等。藤架植物选择了观赏南瓜。

(2)植物配置设计

植物配置设计紧紧围绕庭院文化和空间需求进行。

①出入口空间植物配置设计　出入口对景为照壁，其上内容为岁寒三友图，点明了庭院主题。照壁前在生长季以盆栽的形式摆放国兰，借用明代文人张羽的《咏兰叶》中的描述“泣露光偏乱，含风影自斜；俗人那解此，看叶胜看花”，展现庭院主人的雅好。东侧有2m宽的空间，南端角落植梅花1株，其下以南天竹布置墙角，配一块卧石，完美地做好“占角”；其他带状部分植物做了四个层次，从近到远依次为7~8月开白花的葱兰，7~10月开红花为主的凤仙花，5~6月开黄花的萱草，其背景为常绿的常春藤及灰砖墙，主打夏季景观。

②南端集中种植区植物配置设计　该区为庭院绿化面积最大的种植区之一，总体为顺南墙走势的东西向狭长带。该区主要突出松竹梅主题，植梅花2株，和入口1株总共3株，以“三”为多，是庭院的主要上层基调树种。绿地中间向北突出部分，即秋千的出入口区栽植乔松1株，是全园的特色植物。主通道南端，半圆形景墙后有梅花1株，再植1株当地人最喜欢的植物甜柿，代表事事如意。下层在边角、边界和弧形坐凳处设计杜鹃花、南天竹、鸢尾，地被为玉竹，它们和梅花共同打造烂漫春景。

③菊种植区植物配置设计　该区是庭院另外一个集中种植区，位于主通道东侧、建筑前、照壁北侧。庭院设计时被分为6个区域，设计种植菊花。根据庭院主人收集的菊花品种，主要种植秋天开花的菊花，以花色来划分布局，分别为红色系区、复色系区、紫色系区、白色系区、绿色系区和黄色系区。该区为全园精品区，每个小种植区面积约$10m^2$，种植3~5个品种，入秋后五彩缤纷，可到建筑前廊、庭院前院来欣赏，也可以置身其中来品菊之美、菊之韵，体会元稹的“秋丛绕舍似陶家”之诗韵。配合菊种植区，对应的东墙改造为菊文化墙，而且建筑前廊的西侧对景墙则以李商隐的诗句“暗暗淡淡紫，融融冶冶黄”的书法来呼应，融合园林文化、植物文化、诗词文化、书法文化于一体。

④活动区植物配置设计　该区基本没有集中绿地，主要是西围墙前南北向基础绿化和建筑前廊前绿化带。西侧秋千与围墙之间空间较大，种植黄槽竹，也是主题植物之一。藤架西侧主要种植兰花，背景为扶芳藤。建筑前廊前主要种植藤架植物观赏南瓜，地被为玉竹，与南墙前地被植物呼应。秋千活动区东出入口与藤架之间的一小块绿地的植物配置则以不同的大丽花品种为主。

⑤立体绿化植物配置设计　院子立体绿化包括藤架和三面灰砖围墙。结合需要进行了不同的处理。出入口处和活动区藤架处采用局部覆盖，植物为攀爬能力不强的扶芳藤，主要遮挡围墙基础，与灰砖墙形成两个立面层次。南墙则以地锦全面覆盖，打造绿色背景。秋千区的围墙以黄槽竹全部遮挡。

6.5.2　可食植物主题家庭庭院

可食植物主题家庭庭院日常管护频度较高，可满足家庭对部分蔬菜和水果的食用需求。该主题庭院以陕西关中典型的前院、后院布局的结构为例，前院以种植蔬菜为主，后院以种植果树为主。

6.5.2.1 总体设计

该庭院总体南北长、东西窄，住宅建筑位于中部，基本在南北向平均分配了总体空间，形成空间大小基本接近的北部前院和南侧后院。前后院东西宽度均为11m，前院南北长为11.8m，后院南北长为11.4m，前院面积约为129.8m^2，后院面积约为125.4m^2。建筑风格为平顶房，一层，屋顶有女儿墙，立面为灰色瓷砖；四周围墙为灰色水泥墙面。前院的庭院出入口位于南北中轴线上，风格为中式。

庭院总体设计简洁明快，前院沿中轴线为宽4m的入户道路。道路把庭院分为东西两个部分，西侧南段为植物藤架部分，北段为蔬菜种植区；东侧南段为活动铺装区，北段为蔬菜种植区。前院近庭院出入口后端设置两条东西走向的小道，名为艺蔬径，增加变化和方便种植操作。后院结合出入口设计为“T”形铺装活动区，活动区的西侧和南侧为主种植区，东侧和北侧各留1m宽的基础绿化带。具体设计如图6-24所示。

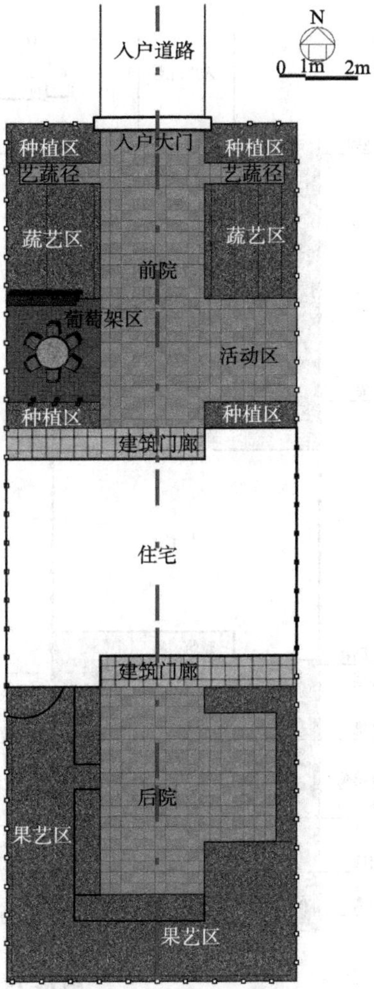

图6-24 可食植物主题家庭庭院总平面图

6.5.2.2 植物配置设计

根据主人需求，总体庭院以可食植物为主进行造景，前院主要种植蔬菜，后院主要种植果树，形成前菜园后果园的庭院氛围(图6-25)。

(1)蔬菜种植设计

蔬菜以草本植物为主，每年的种植种类可以更改替换。该庭院植物配置设计固定了蔬菜栽植的区域并且制订了一次蔬菜栽培方案。前院紧邻建筑墙体北侧的两小块绿地光照严重不足，种植耐阴蔬菜，西侧为薄荷，东侧为小白菜。其他区域距建筑5m开外，光照比较充足，种植喜光类蔬菜。在艺蔬径南侧集中区域采用南北行种植，靠近中间道路侧选择低矮蔬菜，围墙侧选择较高的或者需要搭架的植物，总体形成近低远高、中间低、两侧高的层次及空间结构。西侧从东到西依次为：辣椒、茄子、番茄、萱草；东侧由西向东依次为红白萝卜、黄瓜、豇豆、萱草。艺蔬径北侧光照最好，位于围墙下，东西两侧分别种植白菜和甘蓝。

南院以果树为主，但在靠近铺装活动区种植一定的蔬菜。活动区北侧及西侧光照较充足，选择大蒜和萱草；西侧和南侧1m宽的种植带分别种植韭菜、大葱和菠菜。

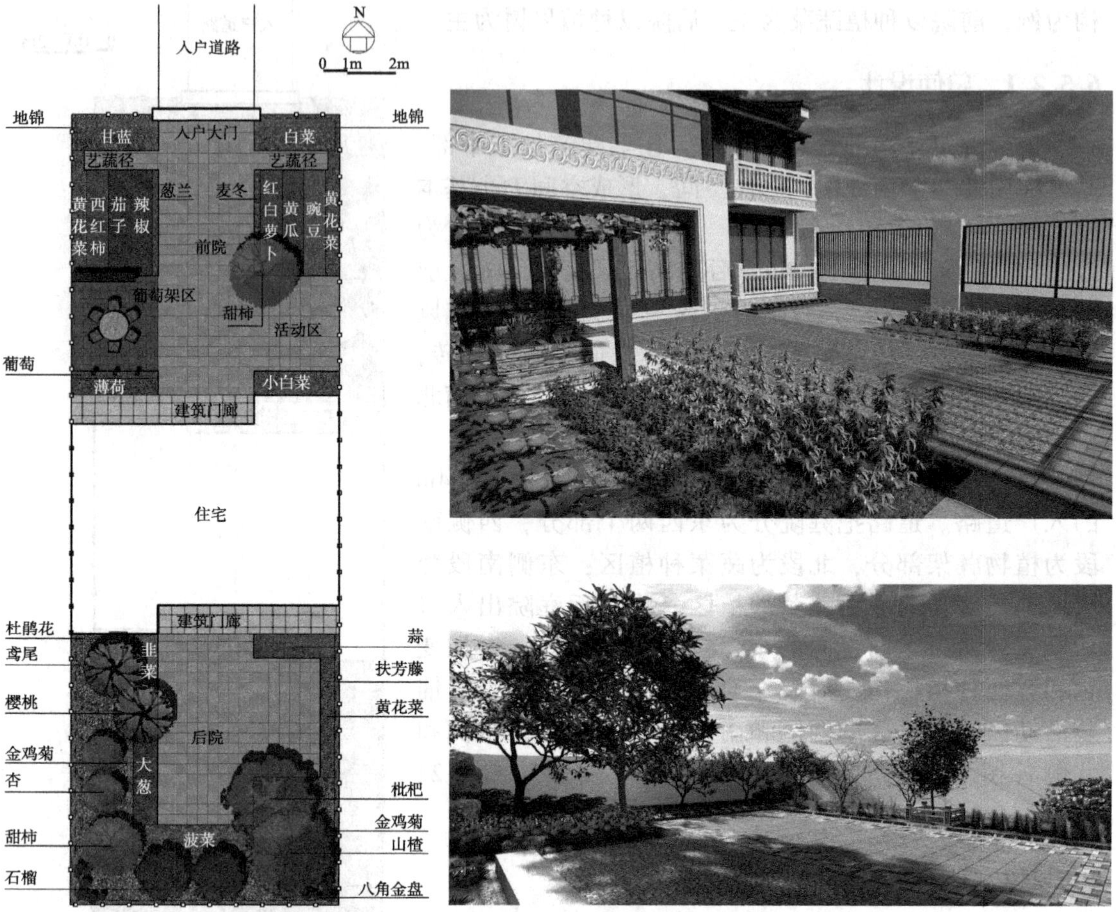

图 6-25 可食植物主题家庭庭院植物配置设计

(2) 果树种植设计

根据主人的爱好和要求，按庭院三季有果的特点来选择果树。果树主要布置在南院。南院铺装活动区东西不对称，西侧绿地大，东侧绿地小，所以在东南侧种植 1 株常绿的枇杷和体型较大的山楂，东侧集中区从北向南依次种植 2 株樱桃、2 株杏树和 1 株甜柿，东西均衡。南侧对轴线方向种植 2 株石榴。北院西侧结合棚架种植葡萄，为了平衡院落构图在东侧蔬菜种植区的西南角种植了 1 株甜柿，该甜柿也是前院的主景树。从果实成熟时期来看，枇杷和樱桃 5~6 月成熟，杏 7~8 月成熟，而 9~10 月则可以品尝石榴和甜柿。

可食植物庭院主要包括蔬菜和果树，也有少量的香草种植，其主要目的为食用，但果树、蔬菜同样具有观赏价值，也达到了绿化、美好庭院的目的。葡萄架可以形成荫蔽自然的藤架空间，秋天可以享受果实累累的快乐。蔬菜高度错落规则种植，形成色彩丰富、高低搭配的景观空间。果树基本也都有赏花赏果的功能。前院北墙用地锦覆盖作为前院绿色背景，葡萄架段墙体设计为植物图案彩绘墙，凸显可食植物文化。后院果树下以观赏性良好的金鸡菊(*Coreopsis basalis*)为地被，墙体绿化以扶芳藤为主。建筑墙前种植杜鹃花和鸢尾；南墙两个墙角用八角金盘来“把角”，丰富庭院景观。

可食植物因为要求植物的某个部分可供食用，因而对养护提出了较高的要求，草本植物要求每年多次进行播种或定植，果树要求有修剪和相应管理。

6.5.3 综合型家庭庭院

综合型家庭庭院是指植物选择既考虑观赏植物又考虑可食植物，功能以观赏和食用兼顾的家庭庭院景观空间。该庭院以陕西典型的大后庭院(即后花园式庭院)为例，庭院绿化以观赏植物和可食植物混合应用，打造可赏、可食、可体验的综合型庭院。

6.5.3.1 总体设计

该庭院为后院，位于住宅建筑的北侧，建筑一层，为中式两面坡屋顶结构。建筑出口位于中间偏向，西侧有窗户，东侧无窗户而建有高度为 3m 的建筑作储物间。总体庭院南北长 24m，东西向 14m，总面积约 336m^2。

庭院总体设计如图 6-26 所示。庭院总体设计分为 3 个部分。

①第一部分　为贞姿高节区及储物间。储物间位于建筑出入口东侧，建筑规格为 5.4m×4.0m，是放置工具及家庭园艺操场的室内空间。贞姿高节区为住宅建筑与庭院的衔接区，南北尺度同储物间，为 4m，总体设计为铺装活动区，中间用宽 0.7m 的种植带把铺装区划分为两部分，西侧是预留的户外操作空间，东侧为建筑出入口广场。

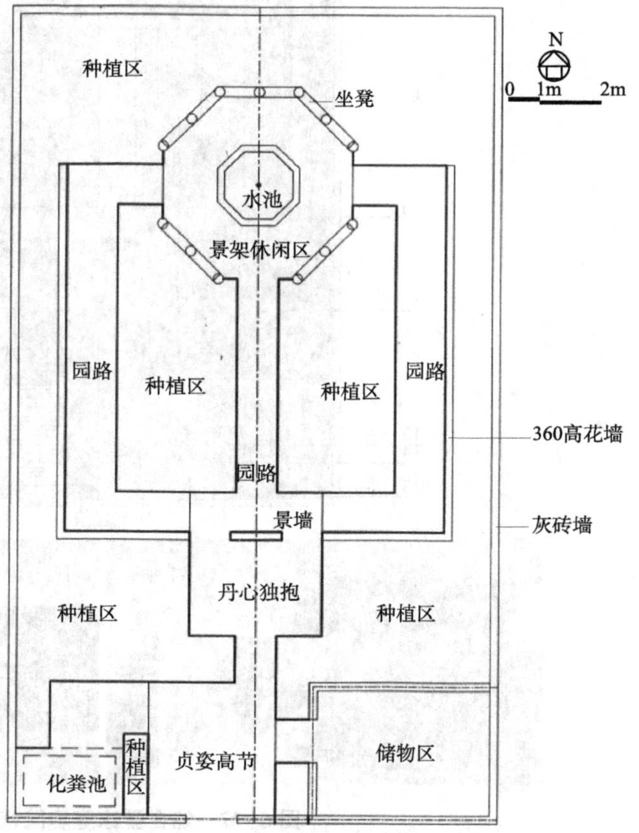

图 6-26　综合型家庭庭院总平面图

②第二部分　是丹心独抱区，位于庭院环路南部分。该部分沿中轴线设计交通通道，以丹心独抱广场为核心布局。丹心独抱广场面积约 12m^2，由北端景墙与两侧绿地围合，是庭院主要的休闲空间之一。广场左右两侧种植区则种植主人最爱的植物牡丹，凸显主题。

③第三部分　为果蔬飘香区，位于景墙以北，采用对称环路设计，北端为八边形廊架，廊架围合的广场中间是水池，廊架 3 个边与道路相通，5 个边为休闲座椅，是家人游园小憩和交流的场所。道路

把绿地分成 3 个部分，即东西侧和北侧的带状围合部分，中央的两块集中绿地。三侧带状绿地以乔灌结合为主，中间绿地以草本蔬菜种植为主，在空间上设计为中间低、四周高的景观结构。

6.5.3.2 植物配置设计

综合型家庭庭院尺度较大，总体布局形式丰富，植物选择余地也大，所以植物景观更为丰富。具体植物配置设计如图 6-27 所示。

(1) 植物选择

因为功能要求有果树、蔬菜种植，强调观赏功能，植物选择时上层乔木基本都以果树为主，下层灌木和地被以观赏植物为主，蔬菜涉及每年都要栽种管理则单独设置于集中区域，以方便操作，根据每年的需求进行种类和品种调配。表 6-2 则为植物配置表，

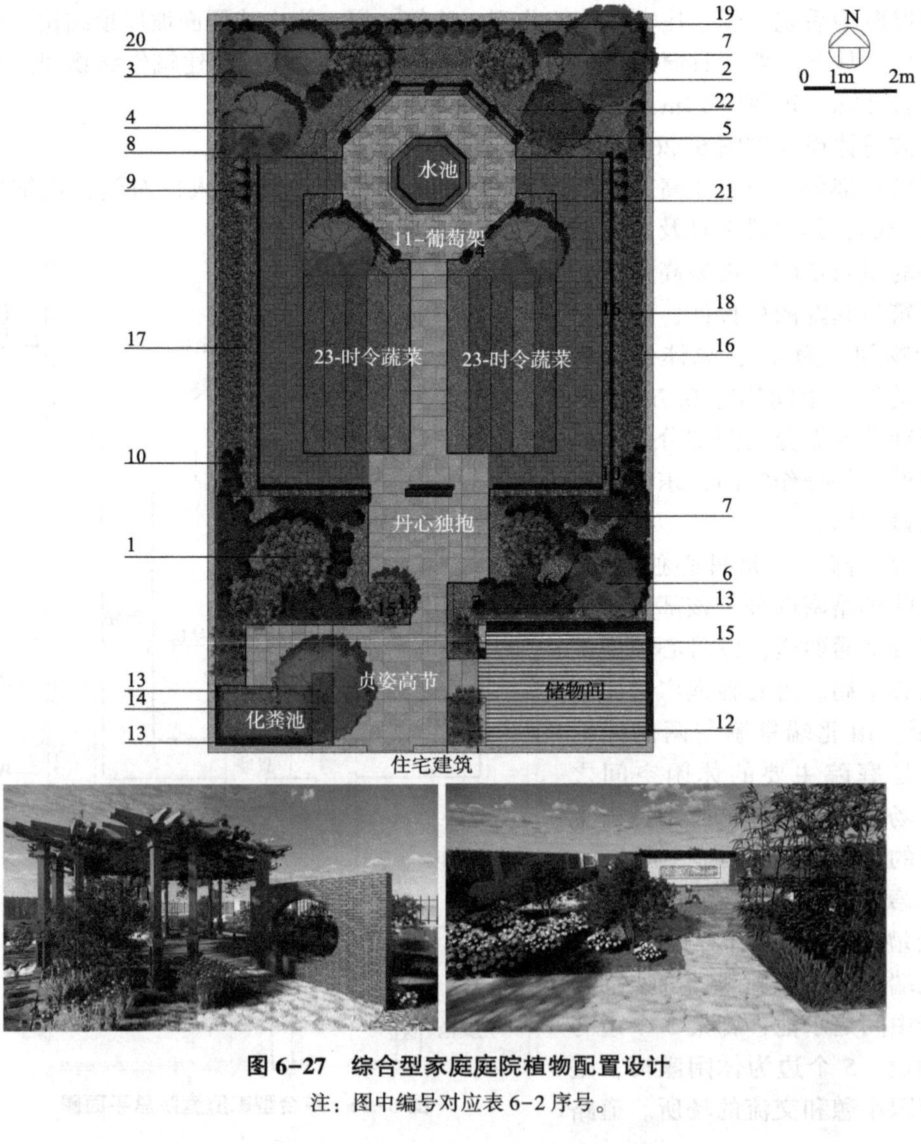

图 6-27 综合型家庭庭院植物配置设计

注：图中编号对应表 6-2 序号。

表中植物序号与设计图中编号一致。总体选择了22种观赏植物和果树，蔬菜若干。

表6-2 综合型庭院植物配置植物目录表

植物编号	植物名称	观赏或食用特性
1	桂 花	常绿阔叶；秋花；花可食用
2	山 楂	耐阴；夏花秋果可赏；果可食
3	杏 树	春花夏果；果可食
4	甜 柿	事事如意；果实可赏可食用
5	石 榴	富贵多子；夏花秋果；果可食
6	梨 树	春花秋果；果可食
7	牡 丹	国色天香；夏花
8	南天竹	常绿灌木；夏花秋果
9	杜鹃花	常绿灌木；春花
10	月 季	花期长
11	葡 萄	藤架植物；果可食
12	早园竹	常绿
13	玉 簪	多年生花卉；夏白花；耐阴
14	紫 萼	多年生花卉；夏紫花；耐阴
15	麦 冬	常绿地被；耐阴
16	扶芳藤	常绿藤本
17	葱 兰	常绿地被；夏季白花
18	蜀 葵	当年常用花卉；花色丰富，花期6~8月
19	藤本月季	立体绿化植物；花期长，花色丰富
20	菊 花	中国名花；选用黄花秋菊
21	鸢 尾	春花花卉；选用黄花品种
22	鹅绒委陵菜	耐阴地被；黄花，花期5~7月
23	时令蔬菜	以一年生蔬菜为主

可食植物选择包括桂花、山楂、杏树、甜柿、石榴、梨树、葡萄、菊花和各种蔬菜。选择的植物多数具有观赏价值，当然蔬菜类可能更强调食用功能而已。

(2)植物配置设计

植物配置设计按照庭院总体空间布局和分区进行安排。根据总体规划设计植物配置分为贞姿高节区、丹心独抱区和果蔬飘香区三个区域。

①贞姿高节区　其名来自唐代孙岘的《送钟元外赋竹》："万物中潇洒，修篁独逸群。贞姿曾冒雪，高节欲凌云。细韵风初发，浓烟日正熏。因题偏惜别，不可暂无君。"所以植物选择以竹为主。该区三面有植物景观，中间有一种植带。西侧和东侧建筑前均以早园竹为遮挡，绿地边缘用麦冬镶边。中间绿化带以耐阴的玉簪和紫萼(*Hosta ventricosa*)组合作地被，中间栽植1株山楂作标志植物。北侧则以牡丹区作为边界，上层是常绿的桂花，基本与果蔬飘香区完全隔离。

②丹心独抱区　其名来自明代俞大猷的《咏牡丹》：“闲花眼底千千种，此种人间擅最奇。国色天香人咏尽，丹心独抱更谁知。”表达国色天香的牡丹于庭院中独自盛开，与主人做独自的交流。该区以丹心独抱广场为核心，东西两侧为牡丹种植区，西侧上木为 3 株桂花，东侧上木为 1 株桂花和 1 株梨树，上木为牡丹创造生境，也丰富了景观层次，增加了秋色、秋实与秋韵，4 株桂花与北侧桂花呼应，统一全园，是一年四季的基调。

③果蔬飘香区　是庭院的主体部分。东西两侧为带状绿地，背景为扶芳藤，主体景观为花色丰富的蜀葵(*Alcea rosea*)，最前面为葱兰镶边。南北两端东西路对景分别为花期超长的月季和春季开花的杜鹃花。北侧绿地以果树为上木，分别为山楂、桂花、石榴、甜柿和杏树。墙体角落用南天竹做遮挡处理，北墙墙面绿化为藤本月季，形成庭院大背景，轴线北端植物配置依次为藤本月季、南天竹、菊花，其他地方地被为鹅绒委陵菜，同时点缀 5 株牡丹与南侧牡丹呼应。南北向道路北侧对景用鸢尾形成前景。藤架种植葡萄，既可以观赏又可以食用，打造充满田园风味的休憩区。中间两块绿地北段以鸢尾作植被，对称种植 2 株甜柿形成该区主景，寓意事事如意。其他地段则种植蔬菜，总体高度以小于 0.9m 为准，采用南北行种植，结合色彩、高度变化组成图案，产生艺术美。

思考题

1. 试述庭院园艺的风格和功能。
2. 庭院园艺设计时应先分析哪些建设条件？
3. 试述庭院植物配置设计原则。
4. 试述庭院植物选择的依据。
5. 如何进行家庭庭院园艺设计？

推荐阅读书目

1. 住宅景观设计. 诺曼·K·布思，詹姆斯·E·希斯. 北京科学技术出版社，2013.
2. 庭院景观与绿化设计. 陈淑君，黄敏强. 机械工业出版社，2015.
3. 花园设计师. 珍妮特·马肯诺维奇. 湖北科学技术出版社，2015.
4. 家庭园林的设计与布置. 彼得·杨克. 北京美术摄影出版社，2014.
5. 小庭院——家居小空间园艺设计方案. 约翰·布鲁克斯. 华中科技大学出版社，2020.
6. 最详尽的庭院种植与景观设计. 安藤洋子. 福建科学技术出版社，2015.
7. 50 Ways to Outsmart a Squirrel and Other Garden Pests. Simon Akeroyd. Mitchell Beazley, 2021.
8. 小花园种植. 菲尔·克莱顿. 湖北科学技术出版社，2010.

7 家庭园艺植物栽培及养护

[**本章提要**] 花卉、蔬菜、小型果树等家庭园艺植物科学、合理的栽植是园艺植物成活的保证，而园艺植物最佳的表现很大程度上取决于栽植后的养护管理。本章介绍了花卉、蔬菜、小型果树的栽植技术及园艺植物在温度、光照、水分、肥料、病虫害等方面的基本养护管理措施。

为了使花卉、蔬菜、小型果树等家庭园艺植物生长健壮、姿态优美，除满足其生长需要的环境条件以外，在家庭中栽植园艺植物，需采取一系列栽培措施进行生长调控，以获得优质园艺产品和怡人的园艺景观。

7.1 家庭园艺植物繁殖及栽植

7.1.1 繁殖

园艺植物繁殖是指通过各种方式产生新个体，繁衍其种族和扩大其群体的过程与方法。家庭园艺植物常用的繁殖方式有：有性繁殖与无性繁殖两类。有性繁殖又称种子繁殖或实生繁殖，即利用种子培育新植物的繁殖方式。无性繁殖又称营养繁殖，即利用植物营养体的再生能力，将根、茎、叶等营养器官培育成独立的新个体的繁殖方式，包括扦插繁殖、分生繁殖、嫁接繁殖等。

(1)种子繁殖

大部分蔬菜、一二年生花卉、地被植物、果树及某些木本花卉的砧木多采用种子繁殖。种子繁殖具有种子来源广、播种简单、便于大量繁殖等特点。实生苗根系发达，生长旺盛，适应性强，有免疫病毒病的能力。但种子繁殖也有一些缺点，如多数果树、木本花卉及某些多年生草本植物采用种子繁殖后开花结实较晚；后代易出现变异，从而失去原有的优良性状；不能用于繁殖自花不孕植物及无籽植物，如葡萄、柑橘、香蕉

(*Musa acuminata*)及许多重瓣花卉植物。种子繁殖的要点如下：

①播前准备　大量播种可直接在庭院露地或温室内整地作畦直播，少量播种则在一些容器(如花盆、塑料箱、泡沫盒等)内播种，但需注意使用任何容器都要预留排水孔。

②播种　常见的播种方法有撒播、条播和点播(穴播)三种。撒播法适用于小粒种子，如海棠、半枝莲、韭菜、菠菜、小葱等。撒播要均匀，不可过密，此法出苗量大，但出苗不均匀，幼苗生长细弱。条播法适用于大多数植物种子，如元宝枫(*Acer truncatum*)、紫薇、豌豆、白菜等。条播管理方便，通风透光好，有利于幼苗生长。点播法适用于大粒种子，如桃、荔枝、金莲花(*Trollius chinensis*)、丝瓜和豆类园艺植物等，此法能节省种子，出苗均匀，幼苗植株健壮，但出苗量偏少，播前要保证种子质量。

播种深度依种子大小、气候条件和土壤性质而定，一般播种深度为种子最大直径的2~5倍，如海棠播种深度2~3cm，甘蓝、石竹0.5cm左右。总之，在不妨碍种子发芽的前提下，播种以较浅为宜。土壤干燥时，播种可适当深些。秋、冬季播种要比春季播种稍深，砂土比黏土要深。

③播后管理　保持土壤的湿润状态。种子发芽出土后，应及时揭去覆盖物，使其逐步见光。

(2)扦插繁殖

扦插繁殖是植物无性繁殖的一种方式，是指切取植物的枝条、叶或根等营养器官的一部分，插入基质中，使其生根或发芽成为新植株的繁殖方法。依其利用的营养器官的不同，扦插繁殖可分为叶插、枝插和根插三种方式。叶插用于能自叶上发生不定芽和不定根的园艺植物，以观赏植物居多，如景天科、虎尾兰属、秋海棠、大岩桐、非洲紫罗兰(*Saintpaulia ionantha*)等。枝插常用于能自枝上发生不定根的园艺植物，又分为利用已木质化的成熟枝条进行扦插的硬枝扦插和利用半木质化枝条进行扦插的嫩枝扦插。硬枝扦插多用于不易生根的园艺植物，如葡萄、石榴、无花果等。嫩枝扦插常用于易生根的园艺植物，如柑橘、杜鹃花、一品红、橡皮树等。根插多用于根上能产生不定芽的园艺植物，部分果树、观赏树木和宿根花卉可采用此法繁殖，如枣树、泡桐(*Paulownia* spp.)、香椿(*Toona sinensis*)、海棠和丁香等。

适宜的温度、湿度、光照等环境条件，有利于园艺植物扦插苗生根。

(3)分生繁殖

分生繁殖是植物无性繁殖的一种方式，是多年生花卉的主要繁殖方法。依植株营养体的变异类型和来源不同可分为分株繁殖和分球繁殖。

①分株繁殖　是指将母株掘起分成数丛，每丛都带有根、茎、叶、芽，另行栽植，培育成独立生活的新植株的方法。

②分球繁殖　是指利用具有贮藏作用的地下变态器官(或特化器官)进行繁殖的一种方法。地下变态器官种类较多，依变异来源和形状不同，可分为鳞茎、球茎、块茎、块根和根茎等。郁金香、水仙和球根鸢尾常用小鳞茎繁殖。唐菖蒲(*Gladiolus gandavensis*)可采用球茎繁殖。块茎的繁殖可用整个块茎进行，也可带芽切割，花叶芋、菊芋(*Helianthus tuberosus*)、马铃薯等用此法繁殖。

(4) 嫁接繁殖

嫁接繁殖是植物无性繁殖的一种方式，是指将一株植物的枝或芽等器官接到另外一株植物上，使之愈合形成一个新的植株的方法。大多数果树、木本观赏植物及不能扦插或播种繁殖的花卉和部分蔬菜可采用嫁接方法进行繁殖。嫁接按其所取材料的不同可分为芽接、枝接和根接三大类。

芽接是利用一个单芽作为接穗，因削取芽片的方法和砧木处理的不同，有"T"形芽接、方块芽接、套芽接和嵌芽接等方法，以"T"形芽接居多。"T"形芽接，是在砧木上用刀划出一个"T"形的缺口，刀尖轻轻剥开外皮，在接穗上的芽点上方横切一刀，刀口约为接穗枝条周长的1/2，然后用刀从芽点下方斜向下切入，最后与横向的刀口汇合，即可剥下芽点。剥下的芽眼和部分外皮形成一个三角形，将三角形的尖端向下，芽点朝上，插入砧木上的"T"形缺口，压紧，芽点上方稍微留白，露出砧木上的一点木质部，最后用嫁接带绑紧(芽眼要露出，其余部分缠紧)，桃树、杏树、李树(*Prunus salicina*)、核桃用"T"形芽接法居多。枝接是利用一段枝条作为接穗，按操作方法不同，又有切接、劈接、腹接、插皮接和舌接等不同的嫁接方式。根接是利用根段作为砧木，嫁接方法与枝接相似。另外，在成年树的大枝上进行的嫁接称为高接。

7.1.2 栽植

家庭园艺植物的栽植有狭义和广义之分，狭义的栽植是指植物的定植，即把植物长期一次性固定栽入土壤或容器中。广义的栽植包括定植前后的起苗和栽后管理等。栽植的植物在起苗过程中根系或多或少受到损伤，水分平衡受到破坏。因此，在栽植过程中，应避免植物根系受到严重损伤，为促发新根尽快长出，减少枝叶水分蒸腾量，保证充足的水分供应，使植物迅速恢复水分平衡是保证栽植成活的关键。

7.2 家庭园艺植物栽植的环境特点

家庭园艺可利用空间分为室内区域和室外区域。室内区域包括客厅、卧室、厨房及卫生间等；室外区域包括屋顶、庭院、室外阳台等。室外区域遵循植物与环境相互作用的规律，不同的植物对环境要求不一，需要了解室外区域的生态环境特点，掌握温度、光照、水分、土壤、大气等生态因子的状况和及其变化规律，为家庭园艺植物创造更好的生态环境条件。与室外区域相比，室内区域生态环境因素主要有光照和温度。

7.2.1 空间狭小性

(1) 室内空间对植物的影响

由于房间的大小、结构各不相同，绿化设计方式有差异，必须根据室内环境特点及绿化设计基本原则来进行，方能达到美化环境目的。

室内的客厅、卧室、卫生间、厨房、窗口、书房、玄关等，在选择植物时，植物的形态、规格要与室内的空间大小、位置相配套，并采用适宜的栽植方法进行配置。空间位置相对大的客厅可选用大型观赏植物，以利于植物与空间的协调，小型居室或茶几案头摆放体量较小的植物，做到优雅得体，与环境相协调。卧室、起居室、厨房应有自然通风条件。在如此狭小的区域，温度、湿度等环境因素变化较小，而光照分布差异较大，因此在进行家庭园艺植物的选择时应选择对光照要求较低的植物类群。

(2)阳台空间对植物的影响

阳台是室内与室外之间的一个过渡空间，对于楼房单元住宅来说，是仅有的外部空间。阳台有生活和服务两大功能，具体包括休闲赏景、晾晒衣物、养花种草、储藏、洗衣、做饭等功能，阳台植物种植数量要适宜。

(3)屋顶空间对植物的影响

屋顶绿化受建筑物平面和立面限制，所占面积均偏小，平面多为方形、长方形。立面变化更小，几乎均为等高平面。屋顶绿化覆盖率一般不低于屋顶面积的60%，除了必需的园路外，可充分利用屋顶女儿墙、花架、假山、花墙及建筑小品的墙柱进行垂直绿化。

(4)庭院空间对植物的影响

我国传统民居庭院是古代中国建筑设计中的重要组成要素，长江以北建筑多为规则布局，坐北朝南，中轴对称，平面规整，次序严明。长江以南庭院建筑的朝向不受严格的拘束，庭院建筑的平面相对自由、灵活多变，并设有出挑深远的屋檐，满足散热、通风、节能的需求，同时庭院的面积显得较为狭小。中国庭院建筑从面积和高度来看，由北到南表现为面积逐渐缩小、高度逐渐增大的情况。北方庭院的形状方正规整、等级分明，而南方庭院的形制高耸狭窄、庭院进深较长，整体更倾向于园林化的庭院建筑。从建筑的空间布局上，我国北方地区空间布局严谨、紧密，而南方则在布局上更为灵活、自由。形成了中国庭院式建筑的多样化。依据地理位置、朝向、风格的不同，别墅庭院的面积在南北方也有差异，庭院是人们的室外活动空间，是室内起居生活空间的延续。北方城市居住区私家庭院主要包括低层附带小庭院、私家别墅庭院、多高层住户屋顶花园以及阳台、露台。

7.2.2 光照不均一性

(1)屋顶

屋顶地处位置较高，被其他建筑物遮挡现象较少，因此接受日照的时间较长并且日辐射量较多，能够为植物的光合作用创造良好的环境。夏季，屋顶上的温度白天比地面高3~5℃，夜间则比地面低2~3℃，这种较大的昼夜温差有利于植物的生长。

(2)阳台

一般阳台面积有限，阳台的结构、朝向不同，便具有不同的光照环境。阳台的地面和墙壁多为砖石和水泥结构，尤其是夏季，具有吸热和散热快、水分蒸发量大、空气相对湿度偏低的特点。

①不同结构　凹进阳台，只有一面外露，通风条件有限，采光面积也较小，选择耐阴(喜阴)植物比较合适，或者向阳台外立面悬垂种植。挑出阳台自身重量及承载全部靠挑出墙面的悬梁来承重，承重能力有限，这种阳台是凸出建筑体的，三面通风，光照条件比较优越，植物的选择范围较大，可以结合阳台的朝向选择植物。

②不同朝向 南向阳台，光照充足，日照时间长，通风良好，昼夜温差大，白天温度高，夜间温度低，蒸发量大，空气干燥，可选择一些喜光的观花、观果、观叶植物。北向阳台，全天大部分时间只有散射光，气温较低，可种植耐阴或耐半阴且耐寒的植物。东向阳台，上午有阳光直射，午后只能见散射光，适宜栽植短日照和稍耐阴的植物。西向阳台，上午见散射光，而午后有阳光直射且光照强度大，光照时间较长，多选择蔓性植物。

(3)庭院

庭院朝向不同，光照不均一。庭院多为南向或北向，也有部分为东向或西向庭院，朝向不同，一天内的光照长短和强弱也有所不同，具体情况与阳台类似。

(4)室内

室内光照条件较室外弱，多为散射光或人工照明光，缺乏太阳直射光。室内的光照强度一般为室外全光照的20%~70%，室内环境的自然光分布与当地的地理位置、建筑物高度和方向、采光面积、季节等诸多因素有关。例如，东西向居室光照时间短，可选择较耐阴的植物，如山茶、杜鹃花、扶桑、含笑、文竹等。向南的居室具有日照时间长、光照较充足的特点，适宜月季、石榴、茉莉、米兰等喜光类花卉生长。北向居室光照不够充足，温度较低，应选择茶花、杜鹃花、扶桑、南天竹、龟背竹、万年青等。

7.2.3 温度差异性

不同的栽植环境之间温度不一，居室温度的差异与光照和通风有关，室内温差变化比室外小，湿度比室外低，室内的二氧化碳浓度比室外略高，通风透气性不良。靠近阳台和窗户的空间，阳光相对充足，温度比其他室内部分高。由于居室的位置、方向不同，温度高低会有差异，这对植物的选择有要求。窗台处日照较丰富，且有墙面反射和对植物的灼烤，应尽量选择喜光耐旱的植物。冬季悬挂在室外窗台上的植物要移到室内，以免因室外温度低，而造成伤害。屋顶地处较高的位置，光照强度大。夏季，屋顶上的气温高、通风透气性良好。白天温度比地面高3~5℃，夜间则低2~3℃，昼夜温差较大有利于植物积累有机物。阳台由于通风条件良好，空气比地面干燥，阳台地面和墙壁一般由水泥建造，夏秋季节阳光照射时由于水泥地面和墙面的反射，温度升高，冬季则风大，寒冷。庭院由于周围建筑物的影响，庭院内气温相对较高，比周围空旷地气温高2~3℃；房屋的北侧，由于环境阴冷潮湿，要选择喜阴湿、耐寒的植物。北方庭院在有防寒设施的条件下可以选择一些半耐寒植物，如柑橘、金盏花、芹菜、莴苣等。

7.3 家庭园艺植物养护的主要措施

由于家庭空间的封闭性以及各种装修材料的使用，导致家庭室内污染日趋严重。运用园艺植物吸附有害气体、增加湿度、产生负离子等生态效应，是改善家庭环境的重要途径之一。家庭园艺植物的选择首先必须考虑园艺植物的生态习性，不同园艺植物对环境条件的要求不一，根据家庭园艺场所的环境条件和特点，结合园艺植物的生态习性类型，可选择不同家庭环境适宜生长的园艺植物。

7.3.1 温度

不同栽植场所的温度有所差异，应根据不同环境条件选择适合的植物，做到“适地适树”。温度是家庭园艺植物养护中非常重要的环境因子，由于原产地不同，园艺植物的生长对温度的要求有很大差异。一般来说，原产于热带及亚热带地区的园艺植物是不耐寒植物，这类植物喜高温、耐热，忌寒冷，对温度三基点要求较高。原产于寒带的园艺植物较耐寒，对温度三基点要求较低。原产于温带地区的园艺植物耐寒性介于上述两类之间。在园艺植物栽植过程中，应尽可能提供与原产地相近的生态条件，家庭养护措施如下：

①选择较耐寒的园艺植物种类　一叶兰、肾蕨、文竹、‘绿巨人’(*Spathiphyllum* ‘Cultorum’)、常春藤、长寿花、天竺葵、酒瓶兰(*Beaucarnea recurvata*)、马拉巴栗、橡皮树、小叶榕、苏铁、山茶、金琥、蟹爪兰、石榴、无花果等。

②入冬前要提高植株的抗寒能力　在冬季来临之前，原产于温带或寒带的植物要经受低温锻炼，及时撤去遮阳物，增施磷钾肥，控制浇水量和浇水次数。

③入冬后要采取防寒保暖措施　可以自制简易保温箱，在花盆外套塑料袋，需留出通风口，打开邻室的门窗间接通风；夜间将植物搬离窗台，避免因窗台上温度过低而使植物受到冷害。

④入春后不要过早地将盆栽移至室外　入春后，天气多变，盆栽不宜过早移至室外，易受冷空气侵袭造成损失，一般以清明至立夏时为宜。

⑤要采取措施减少高温对植物的危害　可以根据环境条件采取遮阳、喷水、通风、控制水分蒸发等措施，以减少高温危害。

7.3.2 光照

在家庭园艺植物生长环境中，光照也是影响植物生长的重要环境因子。光照强度对叶绿素的合成、光合作用影响较大。

不同的家庭园艺植物对光照的需求不同，如观花观果类花卉月季、石榴、茉莉和扶桑等属于喜光花卉；天南星科、兰科和蕨类等观叶植物，如龙血树、万年青、铁线蕨、一叶兰等为喜阴花卉；介于两者之间的植物属于中性花卉，如牡丹、菊花、文竹、吊兰、龟背竹和虎尾兰等。因此，应根据室内光照条件来选择和摆放植物。室内靠南窗台及其附近光线较充足，可选择摆放喜光照、耐高温的仙人掌类、多肉植物、天竺葵、扶桑、变叶木、马拉巴栗、彩叶草、橡皮树、鹅掌柴、南洋杉(*Araucaria cunninghamii*)、波纹凤梨等植物。东、西向的窗口或客厅明亮处，日照时间比较短、温度稍低，可选择摆放比较耐阴的植物，如海芋、袖珍椰子、文竹、散尾葵、君子兰、万年青、竹芋、朱蕉、棕竹、吊竹梅、花烛、花叶芋、富贵竹、喜林芋属、肾蕨等。在客厅光照不足的地方和北向窗口及附近可选择摆放耐阴的植物，如广东万年青、绿萝、波士顿蕨、铁线蕨、一叶兰、龟背竹等。耐阴植物长期摆放于室内光线不足处，易发生叶色发黄、失去光泽等现象，应定期轮换摆放位置，以利于植物的正常生长。

在阳台种植园艺植物时，喜光的植物应摆放在阳台光线较好处，耐阴的植物可以摆放在光线不足处。东西朝向的阳台，夏季阳光直射，应用窗帘适当遮光，或将盆花摆放在有墙壁反光处。耐阴的植物在阳台栽培时应注意经常转盆，避免因受光不均匀而使枝叶向一个方向生长；需要保暖的家庭园艺植物冬季可从阳台搬至室内，一般在晴天中午将其搬到阳台背风向阳处接受数小时光照，傍晚再搬入室内。

屋顶大部分空间为全天阳光直射，光照强度大，应尽量选择喜光植物，但在花架下面或靠墙边处，日照时间较短，可适当选用一些半阴性的植物种类。

庭院光照分布不均匀，如果庭院前方空旷开阔、光照通风条件良好，可栽植一些比较喜光且对生长环境要求较高的植物。如果庭院比较阴湿，则应选择一些与阴湿条件相适应的植物。

7.3.3 水分

不同地域、植物种类、栽植年限、土壤种类影响植物的浇灌时间。根据天气情况、土壤的旱情、植物的表现来选择适当的浇水时期，“看天、看土、看植物”进行浇水。

(1)浇水时期

不同家庭园艺植物的浇水时期存在差异，具体如下：

①果树浇灌时期　需根据果树种类、品种、树龄、气候环境等，灵活把握果树最佳灌水时期。果树萌芽开花期，供水充足可以防止春寒、晚霜的危害，可促进新梢生长，有利于开花结果，为丰产打下基础；花后幼果膨大期是果树需水的临界期，供水不足会导致新梢生长与果实生长之间的水分竞争，严重时生长势减弱，落果严重；果实生长期是多数落叶果树果实膨大和花芽分化的重要时期，此时气温高，蒸发量大，需水较多，因而保证水分供应十分重要。在寒冷地区土壤上冻前，浇透冻水，可增强树体冬季的抗寒能力。

②蔬菜浇灌时期　蔬菜在生长过程中需水量极大，及时灌溉有助于蔬菜生长健壮。蔬菜在生长的各个时期对水分的要求也有一定的规律。种子发芽期，要求一定的土壤湿度，满足种子吸水膨胀以后才可以完成内含物的转化利用；幼苗期，因土壤蒸发量较大，易引起土壤干旱，需水量较大；养分积累期是植物积累养分的时期，此时是植物生长最为旺盛，也是需水量最大的时期，应勤浇水、多浇水；开花期，对水分较为敏感，水分亏缺易引起落花落果，水分过多又会引起植株徒长，所以瓜果类蔬菜在开花初期应适当节制浇水，待第一茬果实坐果后再大量浇水。

③花卉浇灌时期　花卉本着“见干见湿”的原则，即浇时要浇足。盆栽花卉多在表土发白时浇水，每次浇至盆底渗出水为止。花卉种类各异，品种繁多，不同品种对水分的要求有很大的差异，浇水还要根据种类、品种、生长发育特性不同而适时、适量浇水。

(2)浇水量

遵循适宜的浇水量一般要在一次浇灌中水分达到根系分布的主要区域，露地栽培的果树和花木类的湿润层深度一般为60~80cm，草坪一般为15~30cm。春季灌溉要一次性浇透，有利于土温升高。夏季灌水量宜少，但要增加浇灌的次数，利于降低土温。入冬前灌冻水要大量，使水分渗透到1m或1m以下的土层，有利于防寒越冬。不同植物种类，灌水量也有所不同。一般草本植物茎叶柔嫩，需水量较多；木本植物茎干坚硬需水量较少。冠径大的阔叶、多叶类植物宜多浇；冠径小的窄叶、小叶类植物宜少浇。盆栽类植物根据其对水分要求、生长状态和时间不同，合理掌握浇水量，如一般喜水植物多浇水；植物处于生长旺盛期可增大浇水量；夏季蒸发量大，可多浇水。除了水生和湿生植物外，大部分盆栽植物掌握“宁干勿湿，不干不浇，浇则浇透”的原则即可。

7.3.4 土壤

土壤是园艺植物根系生长、吸取养分和水分的基础，所以土壤的理化性质及肥力状况对花卉、蔬菜、小型果树等家庭园艺植物的生长具有重要意义。

(1)不同园艺植物种类对土壤酸碱度的要求

根据园艺植物对土壤酸碱度的适应性将其分为强酸性植物、酸性植物、中性植物及碱性植物等。强酸性植物土壤的适宜 pH 为 4.0~6.0，如杜鹃花、山茶、栀子、兰花、彩叶草、菠萝、蕨类植物。酸性植物土壤的适宜 pH 为 6.0~6.5，如洋葱(*Allium cepa*)、韭菜、百合、秋海棠、朱顶红、蒲包花(*Calceolaria × crenatiflora*)、茉莉、石楠、棕榈、柑橘等。中性植物土壤的适宜 pH 为 6.5~7.5，如芹菜、菜豆(*Phaseolus vulgaris*)、黄瓜、茄子、马铃薯、郁金香、柿子、樱桃等。碱性植物土壤的适宜 pH 为 7.5~8.0，如石竹、天竺葵、仙人掌、玫瑰、白蜡(*Fraxinus chinensis*)、紫穗槐(*Amorpha fruticosa*)、葡萄等。

(2)调节土壤酸碱度

施用生石灰、煤渣灰等可改良酸性土壤；施用石膏、草炭、硫酸亚铁等可改良碱性土壤；而种植绿肥、增施有机肥等对改良酸性土壤和碱性土壤均有效。

(3)栽培基质

栽培基质(图 7-1)的物理性质良好，具有疏松透气、保水排水的性能，可保证充足的水分供植物生长发育利用；化学性质优良，即要求有足够的养分，持肥、保肥能力强，以供植物不断吸收利用。栽培基质的选择对园艺植物的生长影响较大，园艺植物栽植常用的基质如下：

图 7-1 家庭栽培基质

①腐叶土 又称腐殖土，是植物枝叶在土壤中经过微生物分解发酵后形成的营养土。也是常见的花木栽培用土。腐叶土自然分布广，采集方便，堆制简单。

②泥炭土 是指在某些河湖沉积低平原及山间谷地中，由于长期积水，水生植被茂密，在缺氧情况下，大量分解不充分的植物残体积累并形成泥炭层的土壤。

③河沙 是河床冲积后留下的，几乎不含有机养分，但透气排水性能好，且清洁卫生，河沙可以与其他较黏重的土壤调配使用，以改善土壤的排水透气性，也可作为播种、扦插繁殖的基质。

④水苔 是一种天然的苔藓，别名泥炭藓，为泥炭藓科植物。苔藓植物是一种小型的绿色植物，结构简单，仅包含茎和叶两部分，有时只有扁平的叶状体，没有真正的根和维管束。我国大部分地区的山地均有分布。苔藓植物喜欢阴暗潮湿的环境，一般生长在裸露的石壁上或潮湿的森林和沼泽地。广泛用于各种兰花的栽培，但水苔易腐烂，使用寿命短，一般1~2年即需更换。

⑤树皮块 主要以杉树皮、松树皮和其他厚而硬的树皮为主。它与棕榈纤维均有良好的物理性质，能够代替蕨根、苔藓、泥炭作为附生性花卉栽培基质，使用时将其破碎成块粒状，小颗粒树皮与泥炭混合，用于一般盆花栽培，大规格树皮用于栽植附生性花卉。它们在使用前需浸泡2~3天，浸水的主要目的是脱脂，防止树脂在细菌的作用下发酵危及花卉根部，由于浸透水的树皮有较强的吸水能力，颗粒间空隙比较大，且比其他基质耐用，可持续使用3~4年，非常适合洋兰的生长，但此类基质的缺点易滋生杂菌和蚂蚁。

⑥椰糠、锯末、稻壳类 椰糠是椰子果实外皮加工过程中产生的粉末状物，锯末和稻壳是在加工中留下的残留物，此类基质物理性质良好，表现为质地轻、排水性能好，可与泥炭、园土等混合后作为盆栽花卉的基质，但由于其易滋生杂菌，一般两年左右需更换一次。

家庭室内、阳台和屋顶园艺植物栽培时，可以使用轻质栽培基质代替土壤。庭院园艺根据植物栽培要求不同可选择天然土壤或栽培基质。

7.3.5 植物营养与施肥

(1)植物必需的营养元素

园艺植物正常生长发育所必需的营养元素有16种。其中，对碳、氢、氧、氮、磷、钾、钙、镁、硫元素的需求量大，称为大量元素；而对铁、硼、锰、锌、铜、钼、氯元素的需求量小，称为微量元素。植物对每种营养元素的需求量虽然不同，但它们却同等重要，不可互相替代。

家庭园艺植物多为盆栽，养分有限，因此，需要定期施肥以为园艺植物补充养分。

(2)肥料种类

家庭园艺植物常用的肥料分为有机肥料和无机肥料两种。

①有机肥料 分为动物性废弃物有机肥和植物源有机肥两种。动物性废弃物有机肥包括人粪尿，禽畜类的羽毛蹄角和骨粉，鱼、肉、蛋类的废弃物等。植物源有机肥包括豆饼及其他饼肥、芝麻酱渣、杂草、树叶、绿肥、中草药渣、酒糟等。这两类有机肥均为迟效性肥料，养分较全，肥效较长，使用前必须经过发酵腐熟后方能施用。

②无机肥料 是用化学合成方法制成或由天然矿石加工制成的富含矿物质营养元素的

肥料。如氮肥(包括尿素、硫酸铵、氯化铵、硝酸铵等)、磷肥(包括过磷酸钙、磷矿粉等)、钾肥(包括氯化钾、硫酸钾等)。化肥的养分相对单一，肥效快。除磷肥外，一般化肥都作追肥用。控释肥是近年发展起来的一种新型肥料，指通过各种措施预先设定肥料在植物生长季节的释放模式(释放期和释放量)，使养分释放规律与植物吸收同步，从而达到提高肥效目的的一类肥料。目前控释肥料已在全球广泛应用于园艺生产，其有效成分均匀释放，肥效期较长，并可以通过包衣厚度来控制肥料的施放量和有效施放期。

(3)施肥方法

不同植物对营养元素种类的需求有差异，施肥时应加以考虑。同种园艺植物在不同物候期对营养元素种类的需求也有差异。一般生长前期以施用氮肥为主，生长后期应多施钾、钙、磷肥。砂土基肥要深施，追肥宜少量多次、局部浅施。碱性土壤改良前不宜施用铁肥，以叶面喷施方式补充铁元素。一般速效肥在需要前适时追肥，缓释肥则要早施，且多作基肥。

①室内　园艺植物一般以容器栽培居多，在栽植前要施用有机基肥或缓释肥料，在栽植后适当追肥，追肥可以采用固态化肥或液态化肥。盆栽花卉一定要严格掌握施用量，要“少量多次”或“薄肥勤施”。

②阳台　园艺植物栽植于容器或种植槽中，营养面积受到限制，因此要使其生长健壮，必须经常补充必要的营养成分。除在配制培养土时在其中加入充分腐热的有机肥料外，还应在生长旺盛时期适当追施复合肥。

③屋顶　园艺植物要防止生长过旺而加大建筑荷载和维护成本，可采取控制水肥的方法或生长抑制技术。植物生长不良时，可在植物生长期内按照30~50g/m^{2}的比例，每年施1~2次长效性氮磷钾复合肥。

④庭院　园艺植物以地栽为主，为了改良土壤，施肥应以有机肥为主，但考虑到庭院环境卫生，不宜施有异臭味的粪便肥。庭院中的树叶和其他可腐熟的废弃物也可充当有机肥。施肥种类和用量根据园艺植物种类、生长期及栽植用途而定。如喜肥树种牡丹、梅花、梧桐、桂花、茉莉等宜多施肥料；耐瘠薄树种山杏(*Prunus sibirica*)、臭椿(*Ailanthus altissima*)、刺槐(*Robinia pseudoacacia*)、悬铃木等宜少施肥料；开花结果多的大树、树势衰弱树宜多施。

7.3.6 病虫害防治

7.3.6.1 病害

园艺植物的病害可分为非侵染性病害和侵染性病害。

①非侵染性病害　又称生理病害，是由非生物因素(即温度、湿度、土壤、肥料等环境因素)不适而造成的植物生理障碍，产生病变，表现为叶片变色、发黄，叶尖或叶缘枯焦，落叶、落花和落果等。只要改善环境条件，症状就会缓解，一般无须药物处理。

②侵染性病害　是由病原微生物侵染所引起的病害，根据侵染源不同，可分为真菌性病害、细菌性病害、病毒性病害、线虫性病害、寄生性种子植物病害等多种类型，具有传染性。侵染性病害在发病部位会出现病征，如真菌的菌丝体、菌核、孢子器、锈状

物、黑粉、白粉、霉状物，细菌的苗脓，线虫的虫体，寄生植物的个体等。常见的病害症状共有5种类型，即变色、坏死、萎蔫、腐烂和畸形，多采用药物防治，如真菌性病害可用多菌灵、甲基托布津等。

7.3.6.2 虫害

害虫种类繁多，根据害虫为害植物部位和方式的不同，可将其分为以下几类。

(1)食叶害虫

这类害虫为咀嚼式口器，危害时造成叶片破损，严重时叶片被全部吃光。常见的害虫有大造桥虫、金龟子、黄刺蛾等。防治方法：一是刮除杀死虫茧；二是人工摘除有刚孵化幼虫的叶片，并烧杀。

(2)刺吸害虫

此类害虫为刺吸式口器，可刺入植物叶片、枝梢嫩尖等组织，吸食植物营养，导致叶片干枯、脱落等，叶片表现为失绿变白或呈褐色。常见害虫有蚜虫类、叶螨类和介壳虫类等。此类害虫可分泌蜡质、蜜露，易导致煤污病。防治方法如下：

①蚜虫　可用黄色塑料板涂重油诱粘，也可喷施40%硫酸烟精800~1200倍液。

②螨虫　可用克螨特2000倍液喷杀。

(3)钻蛀害虫

此类害虫钻蛀在植物枝条、茎干里蛀食为害，可将茎、枝蛀空，导致植物死亡。常见害虫有天牛、螟蛾、木毒蛾、茎蜂等。防治方法：不同种类的蛀干害虫防治方法有所不同，但也有共同之处，可用铁丝、竹签等插入虫孔，刺死幼虫。

(4)土壤害虫

此类害虫生活在土壤的浅层和表层，易造成被害植物萎蔫或死亡。常见害虫有地老虎、金针虫、蝼蛄等。防治方法如下：

①蝼蛄、蛴螬、金针虫　可用毒谷毒杀，即用0.1%~0.2%的50%辛硫磷乳剂拌种。

②蝼蛄、地老虎　可用毒饵诱杀，即用90%敌百虫50g加5kg饵料拌匀制成毒饵，撒施于寄主根际附近。

由于家庭园艺与人居环境关系密切，应尽量少用或不用农药，以物理防治和生物防治方法为主，家庭园艺植物栽植用基质应事先消毒，以防止和减少病虫害发生。生长期间，一旦发现虫害应及时人工捕捉，对发病植株要立即清除以免蔓延。确需使用农药时，也应注意选择毒性较小，并以低浓度使用为主，且选择无风天气，关闭门窗再行喷药。家庭园艺植物的病虫害防治宜多采用安全、有机的方法，可家庭自制安心的天然农药，具体方法如下：

①韭菜水法　将韭菜叶子放在清水(1∶10左右即可)中浸泡24h，即为韭菜水，将其喷在患病园艺植物的叶片表面，可防治黑斑病和白粉病。

②牛奶法　将牛奶装入喷雾器，喷洒在植物叶片表面，可以堵塞蚜虫用于呼吸的气门，使其窒息而死。

③啤酒法　将啤酒倒入盘中放在花盆旁边，啤酒的气味会将害虫吸引到盘中，可集中消灭害虫。

④鸡蛋壳法　将鸡蛋壳碾碎后铺在土表，可驱除破坏植物根茎的切根虫。

⑤白糖食醋法　取少量白糖和食醋装进小瓶中，将小瓶挂在植物上，昆虫会自动钻进瓶子里，可将其集中消灭。

⑥烟丝法　将香烟中的烟丝剥离出来，在热水中浸泡过夜，用烟丝水浇灌和喷洒植物，可驱赶盆土中的蚂蚁。

7.4　家庭园艺栽培设施

7.4.1　栽培设施、设备

在现代家庭园艺栽培设施设备的选择上，建议采用以无土栽培系统为核心的家庭园艺，以实现食物、水、废弃物的循环，创制一种使物质间进行能量交换的新陈代谢系统。

(1)室内

室内房间空间有限，可以选用迷你种植箱(图7-2)，种植体量小的家庭园艺植物，如家庭自制豆芽菜(图7-3)，并根据需求进行搭配组装。箱体颜色可根据室内的装修风格进行选择。箱体抗紫外线，可用于阳台和天台的室外种植，耐高温暴晒，也可以组合成各种种植架。

图7-2　迷你种植箱

图7-3　家庭自制豆芽菜

智能种菜机(图7-4)采用无土栽培和水肥一体化技术，种植架高度可任意调节，采用LED植物生长灯进行控补光。高效低耗地生产洁净无公害蔬菜，不仅能提高蔬菜安全性和质量，美化环境，还能改善空气质量，并且配置高集成智能触摸式控制器。智能种菜机是一种科学技术与自然生态结合的产物，它通过现代先进技术模拟最适合蔬菜生长的原始自然环境，从而达到种植蔬菜的目的，是设施农业的一种新的存在形式，满足了部分现代城市居民自种自足的需求。

(2)阳台

阳台立体栽培可根据场地和需求的不同进行多层搭接，采用自渗灌，主要种植面为

图 7-4 智能种菜机

立面体种植形式，有单面型和双面型，每个种植面均由斜插组合式自渗灌种植模块单元拼接为立面体种植结构，在模块上方配置灌溉用管，在每列模块的上方至少配置一个出水头，并采用顶部垂流层级递进的方式为每列模块单元盒体供水，并由每个单元的种植部(盆体及盆体内的基质和植物)从底部吸收水分及营养物质，形成梯级自流式肥水一体化渗灌体系。种植部斜插于每个单元，取放非常方便，易种植、换茬和管理。多层搭接自渗灌立体种植系统不仅空间利用率高，而且采用最先进的肥水一体化自动循环渗灌系统，使用和管理方便，可满足城市居民在阳台、露台、屋顶和庭院等处种植蔬果花草的需要。

(3) 屋顶

屋顶可以用棚架、种植箱、小型气象站、雾化除尘等设施和装置，实现智能水肥管理系统，可精确施肥灌溉。利用小型气象站，及时采集气象数据，实现个性化、智能化管理(图 7-5)。

栅栏种植箱使用寿命在 10 年以上，适合屋顶和阳台大面积铺装，拼积木式拼接成各种形状，有效应用于不同楼宇环境，整体载重轻，施工便捷，植物与楼面隔空，根系不会对楼面造成破坏，美观实用。楼顶种植还有楼顶种植箱(图 7-6)，可以根据面积大小进行自由组合。

(4) 庭院

阳光房也称为玻璃房，阳光房是采用玻璃与铝合金框架搭建的农业设施，其光照充足、均匀，具有一定的保温性能，同时牢固、安全。各种材料造价及性能不一，可根据经济承受能力自行选择。

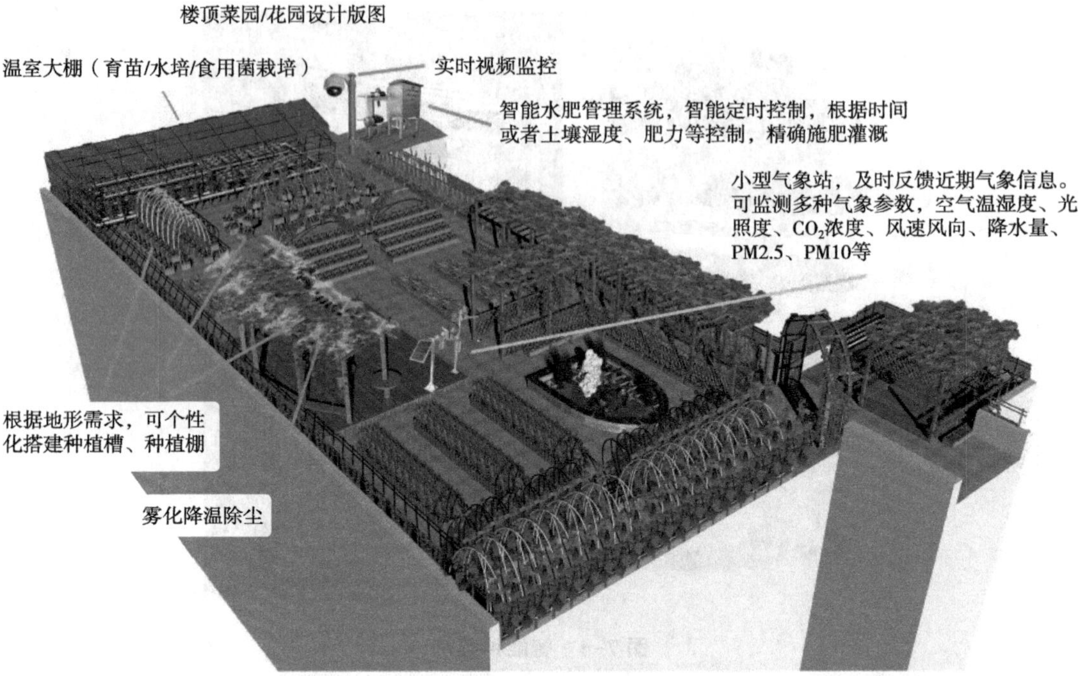

图 7-5　屋顶智慧园艺

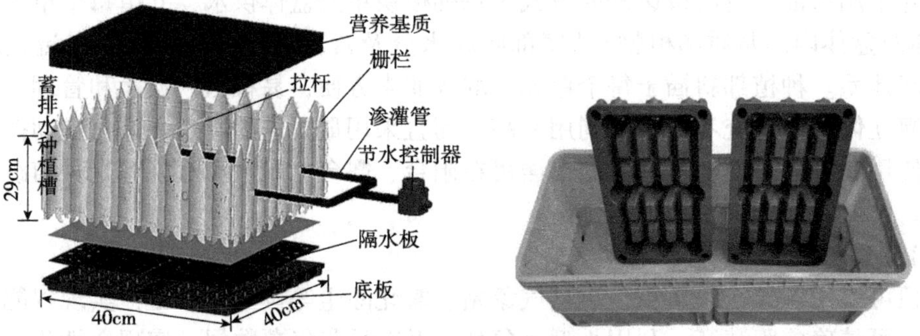

图 7-6　白色栅栏种植箱和普通种植箱

7.4.2 园艺工具

①整枝剪　又叫修枝剪，主要用于修枝之用，修剪病虫害枝条、细弱枝、徒长枝，以保持树体美观。

②采果剪　主要功能是摘果，自带夹子，剪断果柄时夹片且夹住果柄，果实不会掉落到地上，方便、快捷、安全。也可以剪树枝，但是受设计限制，只能剪直径 1cm 以下的树枝。高端的采果剪带有锯片，可直接用于修剪树木。

③高枝剪　主要功能是修剪树枝，适合剪直径 4cm 以下的高空树枝，中高端的带有锯片，主要用于果树、景观树、经济林木的修剪。没有设计夹子或者网兜，正常情况

不能摘果。

④高枝锯　又称割草机、机动镰，是指高位树枝修枝锯，是园林绿化中修剪树木常用的工具之一。它是单人操作难度大、危险性强的一种园林机械。主要应用于园林绿化、庭院维护、公路清理、森林防火、庄稼收获等。

⑤喷雾器　主要用于给植物喷雾加湿，让植物更加水灵，也可以用来喷洒农药和叶面肥。

⑥小耙子　主要用于盆栽植物的松土、拌土。

⑦几架　主要用于室内盆花、盆景的摆放。根据室内装修风格的不同，可选西式几架或传统式几架(如博古架等)。

除此之外，剪刀、铲子、铁丝等工具也在植株土壤管理、植株整形等方面有一定的用途。

思考题

1. 什么是栽植?
2. 试述家庭园艺植物栽植环境的特点。
3. 试述家庭园艺植物的栽培设施。
4. 如何根据温度环境条件进行家庭园艺植物的养护?

推荐阅读书目

1. 花卉学. 包满珠. 中国农业出版社，2016.
2. 园林花卉学(第4版). 刘燕. 中国林业出版社，2020.
3. 蔬菜栽培学总论. 喻景权，王秀峰. 中国农业出版社，2019.
4. 园林花卉应用设计(第4版). 董丽. 中国林业出版社，2020.

参考文献

包满珠，2016. 花卉学[M]. 北京：中国农业出版社.

曹立耘，李顺莲，2021. 光照对盆栽花卉生长的影响[J]. 山西老年(8)：42.

陈静，徐美贞，王丽茜，等，2017. 以社区共建模式发展城市家庭园艺刍议[J]. 中国园艺文摘(11)：67-68，212.

崔剑英，王玉书，2020. 我国家庭园艺产业背景及现状[J]. 黑龙江农业科学(7)：116-118.

董丽，2020. 园林花卉应用设计[M]. 4 版. 北京：中国林业出版社.

符小宁，李广清，2016. 城市阳台绿化的植物选择及养护[J]. 现代园艺(9)：95-97.

富士绘里子，李昕昕，2016. 阳台菜园[M]. 武汉：华中科技大学出版社.

龚招凤，2021. 民宿庭院景观营造设计探析[J]. 现代园艺，44(20)：64-66.

关法春，2015. 庭院园艺学[M]. 北京：中国农业大学出版社.

胡长龙，2007. 植物与室内空气净化[M]. 北京：机械工业出版社.

蒋薇，2018. 家庭园艺自动栽培系统研究[D]. 镇江：江苏大学.

孔云，姚允聪，王绍辉，等，2009. 家庭园艺装饰与养护[M]. 北京：化学工业出版社.

黎明，马焕成，2003. 木兰科植物无性繁殖研究概况[J]. 西南林学院学报，23(2)：92-96.

李春华，2017. 城市家庭园艺模式分析[J]. 现代园艺，101(12)：127.

李艳梅，韩韵，2019. 家庭园艺产品：开启智能时尚的美好生活[J]. 中国花卉园艺(9)：36-39.

李永庆，2014. 阳台园艺种植模式分析[J]. 农业与技术(12)：167.

李祖清，2002. 居室阳台绿色环境艺术[M]. 成都：四川科学技术出版社.

陆红梅，2016. 澳大利亚可食园艺[J]. 园林(6)：88-89.

马宁，鲍顺淑，2016. 家庭园艺发展现状[J]. 农业工程技术，36(4)：65-67.

马玉林，石进昌，1980. 住宅建筑设计原理[M]. 北京：中国建筑工业出版社.

马玉林，石进昌，冯小明，2021. 核桃嫩枝嫁接技术研究[J]. 北方果树(3)：20-21.

毛学农，2002. 试论屋顶花园的设计[J]. 重庆建筑大学学报，24(3)：10-13.

孟凡鲁，郑永萍，李保福，等，2020. 观赏蔬菜在园林绿化中的应用[J]. 中国花卉园艺(8)：46-47.

彭一刚，2005. 中国古典园林分析[M]. 北京：中国建筑工业出版社.

乔济深，2021. 果树嫁接的优势及操作技术[J]. 园艺与种苗，41(8)：36-37.

权俊萍，2019. 现代家庭园艺与城市园林绿化[J]. 现代园艺，42(23)：128-130.

任飞，2017. 家庭园艺产业的文化形式[J]. 园林文化(5)：70-71.

山田朋重，洪蓉，2001. 阳台花园：阳台园艺入门[M]. 北京：中国林业出版社.

苏佩萱，2018. 我国庭院园艺发展前景和期望[J]. 现代园艺(18)：25.

唐崇愿，庄志勇，2017. 庭院园艺新模式景观果园式庭院设计[J]. 现代农业科技(12)：166-167.

田中，陈霜，王宝宁，等，2019. 家庭园艺室内植物的选择及布置[J]. 现代农业科技(8)：138-139.

王昊，汪慧心，孙义梵，2021. 论中国古代庭院园林植物配置的文化内涵[J]. 园林与景观设计，18(16)：182-185.

王久兴，王建华，李沫，2012. 图说阳台种菜[M]. 北京：中国农业出版社.

王湘功，2020. 北方家庭园艺室外空间设计措施探析[J]. 农业与技术，40(14)：128-129.

王颖，2020. 中国南北方庭院差异分析[J]. 住宅与房地产(5)：43-80.

王月英，黄广学，2018. 北京阳台蔬菜产业现状及影响因素分析[J]. 北方园艺(20)：170-173.

阳圣莹，白胜，蒋浩宏，2016. 不同补光处理对设施草莓光合特性及果实品质的影响[J]. 山西农业科学，44(9)：1298-1303.

杨秀珍，2011. 花卉营养学[M]. 北京：中国林业出版社.

应樱，2021. 设施花卉夏季遮阳的不同需求与解决方案[J]. 中国花卉园艺(8)：64-65.

游荣盛，2011. 园林植物文化解读体系的研究[D]. 福州：福建农林大学.

喻景权，王秀峰，2019. 蔬菜栽培学总论[M]. 北京：中国农业出版社.

张荷芃，赵罂，王艳，等，2020. 阳台窗台绿化初步探讨[J]. 花卉(16)：117-118.

张景峰，张旭东，张启翔，等，2009. 居住区植物造景与风水学[J]. 安徽农业科学，37(14)：6742-6743，6756.

张术明，付晓茹，2002. 阳台环境与花卉选择[J]. 河北林业(4)：36.

张天柱，李志娟，鲍仁蕾，等，2013. 阳台菜园关键栽培技术[J]. 中国蔬菜(21)：47-49.

张雪松，刘彩霞，陈小文，等，2018. 家庭阳台园艺的发展现状及趋势[J]. 绿色科技(7)：111-114.

张远，2019. 浅析庭院绿化植物设计要点园林绿化[J]. 居舍(30)：1.

郑蕾，2009. 屋顶花园的发展与造景特点初探[J]. 山西建筑，35(17)：345-347.

周颖，2015. 我国城市家庭园艺模式研究[D]. 长沙：中南林业科技大学.

ADEVI A A，MÅRTENSSON F，2013. Stress rehabilitation through garden therapy：the garden as a place in the recovery from stress[J]. Urban Forestry & Urban Greening，12 (2)：230-237.

CATANZARO C，EKANEM E，2004. Home gardeners value stress reduction and interaction with nature [J]. Acta Horticulturae，639：269-275.

DOROZHKINA E，2017. Courtyards should be green today [J]. IOP Conference Series：Materials Science and Engineering，262(1)：12161.

ELENA D，STEPAN N，SUEMBIKE S，et al.，2020. Reorganization of public courtyards by using the principles of greening space[J]. IOP Conference Series：Materials Science and Engineering，89(1)：1202.

KIM S H，BANG K J，KIM S B，2002. A Study of the problem and improvement plan on a balcony simple flower box for an apartment wall greening[J]. Journal of The Korean Institute of Interior Landscape Architecture(2)：29-36.

KRZYMIÅSKA A，BOCIANOWSKI J，MDRACHOWSKA K，2020. The use of plants on balconies in the city[J]. Horticultural Science(3)：180-187.

KUEST G，2005. Roof garden in Germany[J]. Journal of Chinese Landscape Architecture，4(73)：3.

LAL R，2020. Home gardening and urban agriculture for advancing food and nutritional security in response to the COVID-19 pandemic[J]. Food Security(12)：871-876.

NARDOZZI C，2009. Vegetable Gardening for Dummies[M]. John Wiley Consumer.

NOH K，JEONG B R，2021. Optimizing temperature and photoperiod in a home cultivation system to program normal，delayed，and hastened growth and development modes for leafy oak-leaf and romaine lettuces [J]. Sustainability，13(19)：10879.

OH Y A，PARK S A，AHN B E，2018. Assessment of the psychopathological effects of a horticultural therapy program in patients with schizophrenia[J]. Complement Therapies in Medicine(36)：54-58.

PUSHPAKUMARA D, PUNYAWARDENA B, SILVA G, et al., 2012. A review of research on home gardens in Sri Lanka: the status, importance and future perspective[J]. Tropical Agriculturist (160): 55-125.

RADINGOANA M P, DUBE T, MAZVIMAVI D, 2020. Progress in greywater reuse for home gardening: Opportunities, perceptions and challenges[J]. Physics and Chemistry of the Earth(116): 102853.

RAPISARDA R, NOCERA F, COSTANZO V, et al., 2022. Hydroponic green roof systems as an alternative to traditional pond and green roofs: a literature review[J]. Energies, 15(6): 2190.

REN J, TANG M, ZHENG X, et al., 2022. The passive cooling effect of window gardens on buildings: A case study in the subtropical climate[J]. Journal of Building Engineering, 46: 103597.

THEODOROU A, PANNO A, CARRUS G, et al., 2021. Stay home, stay safe, stay green: The role of gardening activities on mental health during the Covid-19 home confinement[J]. Urban Forestry Urban Greening(61): 1-6.

VAN DEN BERG A E, CUSTERS M H G, 2011. Gardening promotes neuroendocrine and affective restoration from stress[J]. Journal of Health Psychology, 16 (1): 3-11.

WANG L, QIN J, CHEN B, et al., 2006. Influence of roof garden on architecture microclimates[J]. Chinese Agricultural Science Bulletin, 22(2): 236-237.

附　录

附录 1　家庭常见观赏植物

附表 1　木本观赏植物

中文名/拉丁学名	别　名	科　属	形态特征	主要习性	家庭应用
小乔木					
澳洲鸭脚木 *Schefflera macrostachya*	辐射叶鹅掌柴、伞树	五加科 南鹅掌柴属	常绿乔木；茎干平滑；叶掌状，绿色，有光泽	喜高温多湿及光照充足环境，生长适温 20~30℃，喜排水良好的砂质壤土	室内盆栽、净化空气
‘碧桃’ *Prunus persica* ‘Duplex’	观赏桃、花桃	蔷薇科 李属	落叶小乔木；花粉红、深红、白色等	喜温暖及光照充足环境，耐寒，耐旱，喜光，忌涝，生长适温 18~25℃	室内盆景、庭院栽植
菜豆树 *Radermachera sinica*	大朝阳、幸福树	紫葳科 菜豆树属	落叶乔木；叶卵状披针形，绿色	喜高温多湿及阳光足的环境，耐高温，畏寒冷，忌干燥，喜疏松肥沃、排水良好的壤土	厅堂盆栽、净化空气
刺　柏 *Juniperus formosana*	台湾柏、台桧	柏科 刺柏属	常绿乔木；叶条状刺形；小枝下垂，树形美观	喜光，耐寒，耐旱，喜干旱沙地或肥沃通透的土壤	室内盆景、庭院栽植
红豆杉 *Taxus wallichiana* var. *chinensis*	观音杉、红豆树	红豆杉科 红豆杉属	常绿乔木；叶条形，深绿色，有光泽；果实红色	喜凉爽湿润气候，喜阴，耐旱，耐寒，忌涝，生长适温 20~25℃，喜疏松砂质壤土	厅堂盆栽、居室盆景

（续）

中文名/拉丁学名	别　名	科　属	形态特征	主要习性	家庭应用
鸡爪槭 *Acer palmatum*	七角枫	槭树科 槭属	落叶小乔木；叶纸质，掌状裂叶，通常七裂，绿色，秋季变红色；花紫红色	喜温暖湿润环境，耐阴，忌烈日暴晒，较耐寒，较耐旱，忌涝，喜肥沃及富含腐殖质的土壤	室内盆景、庭院栽植
酒瓶兰 *Beaucarnea recurvata*	象腿树	百合科 酒瓶兰属	常绿小乔木，基部膨大；叶细长飘逸，亮绿色	喜光照充足环境，耐高温，耐旱，耐寒，生长适温15~28℃，喜疏松肥沃的砂质壤土	室内盆栽、净化空气
酒瓶椰子 *Hyophorbe lagenicaulis*	酒瓶棕	棕榈科 酒瓶椰属	常绿小乔木，基部膨大如酒瓶状，褐色有环状纹；羽状复叶，叶全裂	喜高温湿润及阳光充足环境，忌寒冷，冬季越冬温度10℃以上	客厅大型盆栽、庭院栽植
孔雀木 *Schefflera elegantissima*	手树	五加科 南鹅掌柴属	常绿小乔木；叶掌状披针形，边缘有锯齿，深绿色	喜温暖湿润及光照充足环境，不耐寒，忌强光直射，适宜疏松肥沃的砂质壤土	室内盆栽、净化空气
兰屿肉桂 *Cinnamomum kotoense*	平安树、台湾肉桂	樟科 樟属	常绿小乔木；叶卵形，厚革质，表面亮绿色	喜温暖湿润及阳光充足环境，不耐旱，忌涝，忌严寒	室内盆栽、净化空气
栗豆树 *Castanospermum australe*	绿元宝、招财进宝	豆科 栗豆树属	常绿阔叶乔木；叶椭圆形，革质，有光泽；种球自基部萌发，革质，有光泽，饱满圆润	喜温暖湿润环境，忌干旱，生长适温22~30℃	室内盆栽
龙血树 *Dracaena draco*	龙树	百合科 龙血树属	常绿小乔木；植株挺拔，树干粗短，表面浅褐色；叶细长剑形，蓝绿色；树液深红色	喜阳光充足及高温多湿环境，耐阴，不耐寒	室内盆栽、净化空气
罗汉松 *Podocarpus macrophyllus*	土杉、罗汉杉	罗汉松科 罗汉松属	常绿乔木，姿态古朴；树皮灰褐色；枝开展；叶螺旋状着生；观赏性高	喜温暖湿润气候，不耐寒，耐阴，生长适温15~28℃，喜排水良好的砂质壤土	室内盆景

（续）

中文名/拉丁学名	别 名	科 属	形态特征	主要习性	家庭应用
马拉巴栗 *Pachira glabra*	发财树、瓜栗	木棉科 瓜栗属	常绿乔木；茎基膨大而奇特；叶形优美，叶色翠绿	喜湿润环境，耐阴，耐旱，耐高温，稍耐寒，忌积水，生长适温15~30℃，喜肥沃疏松土壤	室内盆栽
南洋杉 *Araucaria cunninghamii*	肯氏南洋杉、猴子杉	南洋杉科 南洋杉属	常绿乔木；树干直立；幼树和侧枝叶针状，成株叶卵形、三角状	喜光照充足及温暖湿润环境，不耐寒，不耐旱，生长适温18~25℃，喜排水良好的砂壤土	室内盆景
瓶兰花 *Diospyros armata*	金弹子	柿科 柿属	半常绿小乔木；枝干黑色；叶椭圆形，浓绿色，有光泽；果实椭圆形；可观叶、观花及观果	喜温暖湿润环境，耐寒，耐干旱，喜深厚、排水良好及富含有机质的壤土或黏土	室内盆景
蒲 葵 *Livistona chinensis*	扇叶葵、葵树	棕榈科 蒲葵属	高大乔木；叶宽肾状扇形，掌状深裂，柔软下垂	喜温暖多湿及阳光充足环境，不耐旱，喜肥沃湿润及有机质丰富的土壤	室内盆栽、庭院栽植
琴叶榕 *Ficus pandurata*	琴叶橡皮树	桑科 榕属	常绿乔木；叶纸质，深绿色，有光泽	喜高温湿润环境，耐阴，不耐瘠薄，生长适温22~32℃，对土壤要求不严	室内盆栽
山 茶 *Camellia japonica*	茶花、野山茶	山茶科 山茶属	小乔木；叶椭圆形，四季常绿，有光泽；花红、白、粉等	喜温暖湿润气候，耐半阴，不耐寒，喜湿润肥沃及排水良好的中性和微酸性土壤	客厅盆栽、阳台盆栽
苏 铁 *Cycas revoluta*	凤尾蕉、避火蕉	苏铁科 苏铁属	植株常绿，全株伞形；羽状复叶，深绿有光泽	喜温暖干燥、光照充足及通风良好的环境，不耐寒，生长适温20~30℃，喜肥沃疏松的微酸性砂质壤土	室内盆栽、庭院栽植
五针松 *Pinus parviflora*	五须松、日本五须松	松科 松属	常绿乔木；幼树树皮平滑，淡灰色，大树树皮暗灰色；叶紧密，深绿	喜光照充足环境，耐阴，不耐炎热，忌湿，除碱性土壤外均能适应	室内盆景

（续）

中文名/拉丁学名	别　名	科　属	形态特征	主要习性	家庭应用
西府海棠 *Malus* × *micromalus*	小果海棠、子母海棠	蔷薇科 苹果属	小乔木；叶长椭圆形；花粉红；果型饱满	喜光，耐半阴，耐寒，耐旱，喜肥沃疏松、排水良好的砂质壤土	客厅盆景、庭院栽植
香龙血树 *Dracaena fragrans*	巴西木、巴西铁	百合科 龙血树属	常绿小乔木；叶宽条形，绿色，中央有一黄色宽条纹；同属相似形态还有也门铁	喜高温高湿环境，较喜光照，耐阴，不耐寒，不耐旱，忌积水，生长适温 20~25℃	室内盆栽、净化空气
橡皮树 *Ficus elastica*	印度榕、橡胶榕	桑科 榕属	常绿乔木；叶革质，表面暗绿色，背面淡黄绿色	喜温暖湿润和阳光充足的环境，不耐寒，耐阴，喜肥沃的腐叶土或砂质培养土	室内盆栽
小叶榕 *Ficus concinna*	万年青、雅榕	桑科 榕属	常绿乔木；树冠浓密，伞形或圆形；叶椭圆形或卵形，深绿	喜温暖高湿环境，耐高温，不耐寒，稍耐阴，忌烈日暴晒，生长适温 20~25℃，喜肥沃土壤	室内盆景、庭院栽植
鱼尾葵 *Caryota maxima*	青棕、假桃榔	棕榈科 鱼尾葵属	常绿乔木；叶革质，似鱼尾，叶形奇特；果球形	喜温暖湿润环境，喜光，耐阴，喜疏松肥沃的酸性土壤	庭院栽植、室内盆栽
圆　柏 *Juniperus chinensis*	珍珠柏、桧柏	柏科 刺柏属	常绿乔木；叶二型，即刺叶及鳞叶；树形优美	喜光照充足及温凉环境，较耐阴，忌积水，耐寒，耐热，对土壤要求不严	室内盆景、庭院栽植
竹　柏 *Nageia nagi*	铁甲树、椤树	罗汉松科 竹柏属	常绿乔木；树冠浓郁；叶革质，长卵形，枝叶青翠有光泽	喜湿润无积水环境，耐阴，不耐寒，生长适温 18~26℃	室内盆栽
紫　荆 *Cercis chinensis*	满条红、裸枝树	豆科 紫荆属	落叶小乔木；叶纸质，近圆形；花簇生，紫红色	喜光照充足及温暖的环境，耐寒，耐旱，对土壤要求不严	庭院栽培、室内盆景

（续）

中文名/拉丁学名	别 名	科 属	形态特征	主要习性	家庭应用
			灌木		
八角金盘 *Fatsia japonica*	手树	五加科 八角金盘属	常绿灌木；叶革质，掌状裂叶约8片，四季青翠	喜温暖湿润气候，较耐寒，喜光，较耐阴，忌强光直射，生长适温10~25℃	庭院栽植、厅堂盆栽
八仙花 *Hydrangea macrophylla*	绣球、紫阳花	虎耳草科 绣球属	落叶灌木；叶大，纸质，阔椭圆形，鲜绿色；花色鲜艳丰富	喜温暖湿润环境，不耐寒，不耐旱，忌涝，忌暴晒，生长适温15~25℃	室内盆栽、庭院栽植
百合竹 *Dracaena reflexa*	短叶竹蕉	百合科 龙血树属	多年生常绿灌木；叶松散，披针形，碧绿有光泽；花白色、较小	喜高温多湿环境，耐旱、耐湿，耐半阴，忌强光直射，生长适温20~28℃，对土壤要求不严	室内盆栽
粉苞酸脚杆 *Medinilla magnifica*	宝莲花、珍珠宝莲	野牡丹科 酸脚杆属	常绿小灌木；叶卵形，革质；花粉红色，花型独特；浆果球形	喜温暖湿润环境，不耐阴，不耐旱，稍耐阴，忌暴晒，喜疏松肥沃及排水良好的土壤	室内盆栽
北美冬青 *Ilex verticillata*	轮生冬青	冬青科 冬青属	落叶灌木；叶绿色，长卵形；果实鲜红	喜温暖湿润环境，不耐持续干旱，耐湿，抗寒，喜肥沃疏松及微酸性至中性土壤	室内盆栽、切花观赏
变叶木 *Codiaeum variegatum*	洒金榕、彩叶木	大戟科 变叶木属	常绿灌木；叶革质，叶上有白、紫、黄、红斑块纹路	喜阳光充足及温暖湿润环境，不耐阴，忌干旱，喜肥沃、黏重且保水性好的土壤	室内盆栽
茶 梅 *Camellia sasanqua*	茶梅花	山茶科 山茶属	小乔木；叶椭圆形，深绿色，革质；花玫瑰红	喜温暖湿润环境，喜光，稍耐阴，忌强光，较耐寒，不耐旱，忌涝，生长适温18~25℃，喜湿润、排水良好及富含腐殖质的微酸性土壤	中型室内盆栽

（续）

中文名/拉丁学名	别　名	科　属	形态特征	主要习性	家庭应用
垂花悬铃花 *Malvaviscus penduliflorus*	—	锦葵科 悬铃花属	常绿小灌木；叶片狭长，浓绿；花红色，形似风铃	喜高温多湿和阳光充足环境，耐热，耐旱，不耐寒，耐湿，稍耐阴，忌涝	室内盆栽、庭院栽植
垂茉莉 *Clerodendrum wallichii*	黑叶龙吐珠、节枝常山	马鞭草科 大青属	直立灌木；叶长圆形，近革质；花伞形下垂，花冠白色；浆果球形，亮紫黑色	喜光照充足环境，较耐干旱，耐半阴，生长适温 18～28℃，喜肥沃湿润及疏松的土壤	室内盆栽
倒挂金钟 *Fuchsia hybrida*	吊钟海棠、灯笼花	柳叶菜科 倒挂金钟属	常绿灌木；枝紫红色；花具长梗下垂，花筒状钟形，花色有紫红、粉白或白等	喜凉爽湿润环境，忌高温，忌强光，喜疏松肥沃、排水良好及富含腐殖质的微酸性土壤	室内盆栽
棣　棠 *Kerria japonica*	地棠花、地团花	蔷薇科 棣棠花属	落叶灌木；枝条终年绿色；叶卵形，边缘有锯齿；花金黄色	喜温暖湿润环境，耐寒，耐湿，稍耐阴，对土壤要求不严	庭院栽植
鹅掌柴 *Heptapleurum heptaphyllum*	鹅掌藤、鸭脚木	五加科 鹅掌柴属	常绿灌木；叶革质，深绿色，有光泽	喜温暖湿润环境，喜光，耐半阴，较耐旱，生长适温 20～30℃，喜肥沃酸性土壤	室内盆栽
萼距花 *Cuphea hookeriana*	紫花满天星、孔雀兰	千屈菜科 萼距花属	亚灌木，株型紧凑；叶薄革质，披针形，鲜绿色；花紫色或红色	喜高温，不耐寒，喜光，耐半阴，喜疏松肥沃及排水良好的砂质土壤	阳台盆栽、庭院栽植
粉花绣线菊 *Spiraea japonica*	日本绣线菊	蔷薇科 绣线菊属	落叶小灌木；伞状花序，花粉红色	喜光，耐寒，耐旱，耐瘠薄，对土壤要求不严	庭院栽培、阳台盆栽
扶　桑 *Hibiscus rosa-sinensis*	朱槿、木牡丹	锦葵科 木槿属	常绿灌木；花型大，花色有红、橙、粉等	喜光照充足、温暖湿润及通风的环境，不耐寒霜，不耐阴，对土壤要求不严	厅堂、阳台盆栽，庭院栽植
‘佛　手’ *Citrus medica* ‘Fingered’	‘佛手’柑、‘五指’柑、‘佛手香’橼	芸香科 柑橘属	常绿灌木；叶革质；果肉黄色，外形似佛手，有幽香	喜温暖湿润及光照充足环境，不耐寒，生长适温 20～28℃，喜肥沃疏松砂质壤土	客厅盆栽

（续）

中文名/拉丁学名	别　名	科　属	形态特征	主要习性	家庭应用
富贵竹 *Dracaena sanderiana*	万寿竹、富贵塔	百合科 龙血树属	常绿亚灌木，植株细长直立；叶长披针形，浓绿色	喜阴湿高温环境，耐涝，耐寒，生长适温18~24℃，喜排水良好的砂质壤土或半泥砂土壤	室内盆栽、切花
高山杜鹃 *Rhododendron lapponicum*	小叶杜鹃、毛毡杜鹃	杜鹃花科 杜鹃花属	常绿小灌木；叶革质无光泽；花冠漏斗形，红紫色；同属还有锦绣杜鹃、皋月杜鹃等	喜凉爽湿润及通风的半阴环境，不耐寒，不耐旱，忌烈日暴晒，生长适温12~25℃，喜疏松的酸性壤土	厅堂盆景、庭院栽植
枸　骨 *Ilex cornuta*	鸟不宿	冬青科 冬青属	常绿灌木；叶形奇特，四角状长圆形，尖端具硬刺，碧绿光亮；果实鲜红；可观叶观果	耐干旱，较耐寒，喜阳光，较耐阴，能耐-5℃的短暂低温，不耐盐碱，喜肥沃的酸性土壤	庭院栽植、室内盆栽
绿玉树 *Euphorbia tirucalli*	光棍树、绿珊瑚	大戟科 大戟属	直立灌木，枝干肉质绿色；叶长圆状线形，是奇特的观茎植物	喜温暖及光照充足环境，耐干旱，耐半阴，喜排水良好的土壤	室内盆栽、庭院栽植
海　桐 *Pittosporum tobira*	山攀花、七里香	海桐花科 海桐花属	常绿灌木；叶革质；花白色，有香气	喜温暖湿润及光照充足的环境，较耐阴，耐盐碱，生长适温15~30℃，对土壤要求不严	庭院栽植、厅堂盆栽
红背桂 *Excoecaria cochinchinensis*	紫背桂、红紫木	大戟科 海漆属	常绿灌木；叶狭椭圆形，表面鲜绿色至翠绿色，有光泽，叶背深血红色	喜温暖湿润的半阴环境，不耐寒，不耐旱，极不耐碱，畏强光，忌涝，喜肥沃及排水良好的微酸性砂壤土	室内盆栽、南方庭院栽植
红萼苘麻 *Abutilon megapotamicum*	蔓性风铃花、垂枝风铃花	锦葵科 苘麻属	常绿蔓性灌木，枝条细长柔软；叶心形；花下垂如风铃状，花萼红色，内部花瓣黄色	喜温暖湿润及光照充足环境，不耐寒，越冬温度保持在10℃以上，适宜壤土基质栽培	室内盆栽、吊盆

（续）

中文名/拉丁学名	别　名	科　属	形态特征	主要习性	家庭应用
红果仔 *Eugenia uniflora*	番樱桃、稔果蒲桃	桃金娘科 番樱桃属	灌木，枝条纤细下垂；叶纸质，浓绿；花白色，芳香；果扁圆形，成熟时深红色	喜温暖湿润环境，喜光照，较耐旱，不耐寒，喜疏松及排水良好的砂质壤土	室内盆栽、庭院栽植
红雀珊瑚 *Pedilanthus tithymaloides*	洋珊瑚、玉带根	大戟科 红雀珊瑚属	常绿灌木；茎粗壮，肉质；叶卵形，绿色，边缘有斑块	喜温暖及光照充足的环境，耐阴，耐干旱，生长适温20~30℃，喜肥沃土壤	庭院栽培、室内盆栽
虎刺梅 *Euphorbia milii*	铁海棠、麒麟花	大戟科 大戟属	常绿亚灌木；茎叶肉质肥大，黄绿色，苞片两枚，肾圆形；花红色	喜温暖湿润和阳光充足的环境，耐高温，不耐寒，较耐旱，耐阴，生长适温15~28℃，喜疏松及排水良好的腐殖质土	室内盆栽
‘花叶’蔓长春花 *Vinca major* ‘Variegata’	‘花叶’长春蔓	夹竹桃科 蔓长春花属	常绿亚灌木；叶椭圆形，绿色，有光泽，叶缘有银黄斑纹；花紫罗兰色	喜温暖及光照充足环境，耐阴，耐寒，较耐旱，对土壤要求不严	室内吊盆、庭院花架
黄　蝉 *Allamanda schottii*	黄兰蝉	夹竹桃科 黄蝉属	常绿灌木；叶表面深绿色，背面浅绿色；花状如喇叭，柠檬黄色至金黄色	喜高温多湿及阳光充足的环境，耐半阴，不耐旱，不耐寒，忌霜冻，生长适温为18~30℃，喜肥沃湿润的砂壤土	室内盆栽、庭院栽植
黄花夜香树 *Cestrum aurantiacum*	黄瓶子花	茄科 夜香树属	灌木；叶椭圆形，深绿；花萼钟形，花冠筒状漏斗形，有香气，黄色	喜温暖湿润环境，喜光照，较耐阴，不耐寒，对土壤要求不严	庭院栽植、室内盆栽
黄钟花 *Tecoma stans*	金钟花、黄钟树	紫葳科 黄钟花属	常绿灌木；叶绿色，椭圆状披针形；花黄色，喇叭状	喜温暖湿润气候，喜光，耐阴，耐热，耐旱，生长适温22~30℃，对土壤要求不严	庭院栽植、厅堂盆栽
火　棘 *Pyracantha fortuneana*	火把果、救军粮	蔷薇科 火棘属	常绿灌木；叶长圆形，深绿；花白色，果成熟时红色；可观叶观果	喜光照，较耐阴，耐寒，耐瘠薄，生长适温20~30℃，对土壤要求不严	室内盆栽、庭院栽植

（续）

中文名/拉丁学名	别 名	科 属	形态特征	主要习性	家庭应用
‘金边’黄杨 *Euonymus japonicus* ‘Aurea-marginatus’	‘金边’冬青卫矛、‘金边’大叶黄杨	卫矛科 卫矛属	常绿灌木；叶倒卵形，革质，有光泽，边缘金黄色	喜光照环境，稍耐阴，耐旱，耐寒，喜肥沃湿润的微酸性土壤	室内盆栽、庭院栽植
金铃花 *Abutilon pictum*	纹瓣悬铃花、风铃扶桑	锦葵科 苘麻属	常绿灌木；叶掌状，绿色；花钟形，橙红色	喜温暖湿润气候，喜光，稍耐阴，不耐寒，耐瘠薄，喜肥沃及排水良好的微酸性土壤	庭院栽培、室内盆栽
金脉爵床 *Sanchezia speciosa*	金脉单药花、斑马爵床	爵床科 黄脉爵床属	常绿灌木；叶深绿色，叶脉金黄色；花黄色	喜温暖湿润及半阴环境，忌强光直射，生长适温20~30℃	室内盆栽
金粟兰 *Chloranthus spicatus*	珠兰、珍珠兰	金粟兰科 金粟兰属	常绿灌木；叶表面深绿色，光亮，背面淡黄绿色；花穗状，有芳香	喜温暖阴湿环境，忌阳光直射，不耐寒，喜排水良好和富含腐殖质的酸性土壤	室内盆栽
鲸鱼花 *Columnea microcalyx*	金鱼藤、金鱼花	苦苣苔科 鲸鱼花属	灌木；叶浓绿，卵圆形；花大，猩红色	喜高温高湿及阴性环境，生长适温18~22℃，喜疏松肥沃及排水良好的砂质壤土	室内附生盆栽、吊盆
口红花 *Aeschynanthus pulcher*	毛子草	苦苣苔科 芒毛苣苔属	小灌木；叶卵形对生，叶面浓绿，叶背浅绿；花冠筒状，鲜红色	喜阴凉通风的环境，较耐寒，忌强光直射，生长适温21~26℃，喜疏松肥沃及排水良好的砂质土壤	室内盆栽、吊盆
鳞秕泽米 *Zamia furfuracea*	墨西哥苏铁、泽米苏铁	泽米铁科 泽米铁属	常绿灌木，丛生；羽状复叶，叶革质，翠绿，有光泽	喜光照充足、温暖湿润及通风良好的环境，较耐寒，耐热，耐旱，忌积水	庭院栽植、室内盆栽
六月雪 *Serissa japonica*	满天星、碎叶冬青	茜草科 白马骨属	半常绿丛生小灌木；叶革质，绿色；花小，白色；叶缘金色为同属‘金边’六月雪	喜温暖湿润环境，耐半阴，不耐寒，忌涝，对土壤要求不严	室内盆栽

（续）

中文名/拉丁学名	别　名	科　属	形态特征	主要习性	家庭应用
龙船花 *Ixora chinensis*	英丹、木绣球	茜草科 龙船花属	常绿小灌木；叶薄革质；花小而密集，红色或橙黄色	喜温暖湿润环境，不耐寒，忌干旱，忌强光，生长适温15~25℃，喜疏松肥沃及排水良好的酸性土壤	室内盆栽、庭院栽植
龙吐珠 *Clerodendrum thomsoniae*	麒麟吐珠、白萼贞桐	马鞭草科 大青属	攀缘状灌木；叶深绿色，卵圆形；花白色，裂片深红色，花形奇特	喜湿润光照环境，稍耐阴，忌烈日暴晒，喜肥，喜疏松肥沃及排水良好的微酸性砂质壤土	厅堂盆栽、阳台盆栽、庭院花架
络　石 *Trachelospermum jasminoides*	万字茉莉	夹竹桃科 络石属	常绿木质藤本；叶革质，卵形，深绿色；花白色，十字形；有变色种，如同属的黄金络石	喜高温弱光环境，耐阴，耐旱，忌水湿，对土壤要求不严	室内盆栽、吊盆、庭院栽植、花架装饰
马缨丹 *Lantana camara*	七变花、五色梅	马鞭草科 马缨丹属	直立或藤状灌木；花色丰富，有红、粉、黄、橙、白等	喜温暖湿润及光照环境，耐旱，不耐寒，耐瘠薄，喜疏松肥沃及排水良好的砂壤土	阳台、厅堂盆栽，庭院栽植
美丽针葵 *Phoenix roebelenii*	江边刺葵、罗比亲王椰子、软叶刺葵	棕榈科 刺葵属	常绿灌木；叶羽状全裂，弯曲下垂，狭长条形，深绿色	喜高温高湿环境，喜光照，耐阴，耐旱，耐瘠薄，喜肥沃及排水良好的砂质壤土	室内盆栽、庭院栽植
牡　丹 *Paeonia suffruticosa*	木芍药、洛阳王	毛茛科 芍药属	落叶灌木；花大色艳，花姿绰约	喜凉爽，忌水湿，耐寒，喜光，稍耐阴，喜疏松肥沃及排水良好的中性壤土	室内盆栽、庭院栽植
南天竹 *Nandina domestica*	蓝田竹、红天竺	小檗科 南天竹属	常绿灌木；小叶披针形，革质，秋季叶色变红；浆果球形，红色；同属火焰南天竹，株形矮小，叶色艳丽	喜温暖湿润环境，不耐寒，较耐阴，喜肥沃湿润及排水良好的土壤	室内盆栽、庭院栽植
欧石楠 *Erica carnea*	欧石南	杜鹃花科 欧石南属	常绿灌木；叶细小针状，叶色有绿、金黄、玫红、银灰等；伞形花序或穗状花序，花色有白、粉红、紫等	喜冷凉气候，喜光，耐寒，适宜疏松肥沃、排水良好及腐殖质丰富的酸性土壤	室内盆栽

（续）

中文名/拉丁学名	别　名	科　属	形态特征	主要习性	家庭应用
琴叶珊瑚 *Jatropha integerrima*	琴叶樱、日日樱、变叶珊瑚花	大戟科 麻风树属	常绿灌木；叶面浓绿色，叶背紫绿色，叶面光滑；花红色，花期长	喜光照及温暖湿润环境，对土壤要求不严	庭院栽培、室内盆栽
‘人参’榕 *Ficus microcarpa* ‘Ginseng’	河豚树	桑科 榕属	常绿灌木，基部膨大块根；叶厚革质，绿色；根盘显露，姿态奇特	喜温暖湿润环境，不耐寒，耐半阴，忌阳光直射，生长适温 18～33℃，喜疏松肥沃、排水良好及富含有机质的酸性砂质壤土	室内盆景
散尾葵 *Dypsis lutescens*	黄椰子、凤凰尾	棕榈科 金果椰属	丛生常绿灌木，茎部膨大；叶羽状全裂，淡绿色	喜温暖湿润环境，喜光，耐阴，不耐寒	室内盆栽、庭院栽植
石　楠 *Photinia serratifolia*	千年红、中华石楠	蔷薇科 石楠属	常绿灌木；叶革质，长椭圆形；果成熟红色，球形；同属红叶石楠，叶色鲜艳	喜温暖湿润气候，喜光，稍耐阴，耐寒，可耐 -15℃ 低温，喜肥沃湿润及排水良好的微酸性砂质壤土	室内盆景、庭院栽植
‘水’栀子 *Gardenia jasminoides* ‘Radicans’	雀舌栀子花	茜草科 栀子属	常绿灌木；叶面暗绿，有光泽；花白色，香味浓郁	喜温暖湿润环境，忌强光直射，不耐寒，喜疏松肥沃及排水良好的酸性土壤	室内盆栽、庭院栽植
松红梅 *Leptospermum scoparium*	澳洲茶树、鱼柳梅	桃金娘科 鱼柳梅属	常绿小灌木；枝条红褐色；叶线状披针形；花色有红、粉或深红	喜温暖环境，忌高温多湿，忌涝，对土壤要求不严	室内盆栽、庭院栽植
五星花 *Pentas lanceolata*	繁星花、埃及众星	茜草科 五星花属	直立或外倾亚灌木；叶卵形；花色丰富，有桃红、白色等	喜暖热及光照充足环境，较耐旱，不耐水湿，生长适温 17～24℃，喜富含腐殖质及排水良好的基质栽培	室内盆栽
西洋杜鹃 *Rhododendron hybrida*	杂种杜鹃、比利时杜鹃	杜鹃花科 杜鹃花属	常绿小灌木；叶厚纸质，长卵形，浓绿色；花有红、白、粉及复色等	喜温暖光照环境，不耐热，忌强光，生长适温 18～25℃，喜疏松肥沃的微酸性壤土	是我国著名年宵花卉，作阳台、客厅盆栽，庭院栽植

（续）

中文名/拉丁学名	别　名	科　属	形态特征	主要习性	家庭应用
溪畔白千层 *Melaleuca bracteata*	黄金串钱柳黄金香柳、千层金	桃金娘科 白千层属	常绿灌木；枝条细长柔软；叶革质，披针形，金色，香气浓郁	喜温暖湿润气候，适应温度范围广，对土壤要求不严	室内盆栽、庭院栽植
夏威夷椰子 *Pritchardia gaudichaudii*	竹径椰子、竹节椰子	棕榈科 金棕属	常绿丛生灌木；茎干直立；纤细翠绿；叶羽状全裂，披针形，深绿，有光泽	喜高温高湿环境，耐阴，忌强光直射，较耐寒，生长适温15~32℃，喜疏松通气、透水良好及富含腐殖质的基质	室内盆栽
小叶黄杨 *Buxus sinica* var. *parvifolia*	山黄杨、千年矮	黄杨科 黄杨属	常绿灌木，植株低矮；叶薄革质，亮绿色；同属雀舌黄杨与其形态相似	喜温暖湿润及半阴环境，耐旱，耐寒，对土壤要求不高	室内中小型盆栽、庭院栽植
小叶紫檀 *Diospyros vaccinioides*	枫港柿、小果柿	柿树科 柿属	常绿矮灌木，树干挺直；叶椭圆形；花多为黄色	喜温热及光照充足环境，不耐阴，忌阳光直射，不耐寒，生长适温20~30℃，对土壤要求不严	室内盆景
袖珍椰子 *Chamaedorea elegans*	矮生叶子、矮棕	棕榈科 竹节椰属	常绿小灌木；叶羽状，深绿色，有光泽；株形小巧	喜温暖湿润环境，耐旱，忌高温，不耐寒，喜排水良好的砂质土壤	室内盆栽
洋常春藤 *Hedera helix*	西洋长春藤	五加科 常春藤属	藤本；叶掌状，较大，暗绿色有光泽，四季常青	喜温暖湿润气候，耐阴，不耐旱，耐水湿，不耐热，耐寒，可耐2~3℃低温，对土壤要求不严	阳台盆栽、庭院爬藤
叶子花 *Bougainvillea spectabilis*	三角梅、贺春红	紫茉莉科 叶子花属	常绿藤状灌木；叶卵形，基部圆形；花色有紫、红、橙等	喜温暖湿润及阳光充足环境，不耐寒，不耐阴，耐碱，耐干旱，对土壤要求不严	阳台、厅堂盆栽，庭院栽植
一品红 *Euphorbia pulcherrima*	老来娇、圣诞花	大戟科 大戟属	直立灌木；叶互生，卵状椭圆形，绿色，苞叶狭椭圆形，朱红色	喜温暖及阳光充足环境，生长适温18~25℃，喜透气性强、肥沃疏松及排水良好的微酸性土壤	室内小盆栽、庭院地栽

（续）

中文名/拉丁学名	别　名	科　属	形态特征	主要习性	家庭应用
鹰爪花 *Artabotrys hexapetalus*	鹰爪、鹰爪兰	番荔枝科 鹰爪花属	常绿攀缘灌木；叶翠绿；花嫩绿或淡黄色	喜温暖湿润气候，喜光照，耐阴，生长适温20~30℃，喜疏松肥沃及排水良好的土壤	庭院花架、花墙或与假山石配置
迎春花 *Jasminum nudiflorum*	金腰带、金梅	木樨科 素馨属	落叶灌木；枝条长而柔软下垂；先花后叶，花冠高脚杯状，黄色	喜温暖湿润环境，喜光，稍耐阴，耐瘠薄，耐旱，怕涝，对土壤要求不严	庭院栽植、室内盆景
硬骨凌霄 *Tecoma capensis*	四季凌霄、洋凌霄	紫葳科 黄钟花属	常绿直立灌木；枝条细长，绿褐色；羽状复叶；花冠漏斗状，橙红色，观花期长	喜光照充足及温暖湿润环境，不耐寒，较耐阴，忌积水，对土壤要求不严	庭院栽植、室内盆栽
苹果桉 *Eucalyptus gunnii*	尤加利	桃金娘科 桉属	常绿；叶革质，圆形，蓝绿色；植株高度可任意修剪，全株散发苹果味香气	喜光照充足，不耐霜寒，生长适温15~25℃，忌涝	切花盆栽
圆叶福禄桐 *Polyscias scutellaria*	圆叶南洋参	五加科 南洋参属	常绿灌木；茎干灰褐色；叶宽卵形，绿色	喜温暖湿润及阳光充足的环境，不耐寒，耐半阴，耐旱，喜疏松肥沃、排水透气及腐殖质丰富的土壤	盆栽观赏、庭院栽植
朱　蕉 *Cordyline fruticosa*	红叶铁树、红竹	百合科 朱蕉属	常绿直立灌木；叶聚生，矩圆形，绿色或紫红色	喜温暖湿润气候，喜光照，不耐寒，忌涝，生长适温20~25℃，喜肥沃疏松和排水良好的砂质壤土	室内盆栽、庭院栽植
朱砂根 *Ardisia crenata*	富贵籽、雨伞朱	紫金牛科 紫金牛属	常绿灌木；叶缘有波纹；果球形，鲜红色	喜温暖湿润气候，忌干旱，较耐阴，喜疏松肥沃及富含腐殖质的砂质壤土	厅堂盆栽
朱缨花 *Calliandra haematocephala*	美蕊花、花绒球	豆科 朱缨花属	落叶灌木；羽状复叶，绿色；头状花序，花丝为深红色	喜阳光充足及温暖的环境，较耐热，耐旱，不耐寒，喜疏松及排水良好的土壤	庭院栽植

（续）

中文名/拉丁学名	别　名	科　属	形态特征	主要习性	家庭应用
紫金牛 *Ardisia japonica*	矮地茶、矮爪	紫金牛科 紫金牛属	近蔓生小灌木；叶椭圆状倒卵形，绿色；果球形，由鲜红转黑	喜温暖湿润环境，忌强光直射，喜湿润肥沃、富含腐殖质及排水良好的土壤	厅堂盆栽、庭院栽植
紫　珠 *Callicarpa bodinieri*	爆竹紫、珍珠枫	马鞭草科 紫珠属	落叶灌木；叶片卵状长椭圆形；花色绚丽；果实紫色，圆润	喜温暖湿润环境，忌干旱，生长适温15~25℃	室内盆栽、庭院栽植
棕　竹 *Rhapis excelsa*	筋头竹、观音竹	棕榈科 棕竹属	常绿灌木；叶掌状深裂，披针形	喜温暖湿润及通风良好环境，不耐寒，耐旱，耐阴，对土壤要求不严	室内盆栽、庭院栽植
醉鱼草 *Buddleja lindleyana*	闭鱼花、鱼尾草	马钱科 醉鱼草属	直立灌木；叶卵形，正面深绿色，背面灰黄绿色；花紫色，有芳香	喜温暖湿润气候，不耐水湿，耐寒，耐热，耐旱，能忍受-30℃的低温，喜深厚肥沃的土壤	庭院栽植、阳台盆栽

附表2　草本观赏植物

中文名/拉丁学名	别　名	科　属	形态特征	主要习性	家庭应用
矮牵牛 *Petunia* × *hybrida*	灵芝牡丹、碧冬茄	茄科 碧冬茄属	多年生草本；花呈漏斗状或喇叭状，花大而多，色彩丰富，花期长	喜温暖及光照充足环境，不耐霜冻，忌雨涝，喜疏松、排水良好的土壤	垂吊盆栽、切花观赏
吊金钱 *Ceropegia woodii*	爱之蔓、心叶蔓	萝藦科 吊灯花属	多年生蔓生草本；茎细长垂落；叶心形，银灰色	喜温暖湿润及光照充足环境，忌强光直射，耐半阴，忌高温，忌涝，生长适温15~25℃	室内盆栽、吊盆观赏
‘白掌’ *Spathiphyllum floribundum* ‘Clevelandii’	白鹤芋、苞叶芋	天南星科 白鹤芋属	多年生常绿草本；株高0.4~0.6m；叶浓绿，革质，长椭圆形；花大，白色卵形	喜温暖湿润环境，忌阳光直射，不耐寒，耐半阴，喜富含腐殖质的砂质壤土	室内盆栽

（续）

中文名/拉丁学名	别 名	科 属	形态特征	主要习性	家庭应用
白晶菊 *Mauranthemum paludosum*	晶晶菊	菊科 白晶菊属	二年生草本；植株矮小强健；花色洁白	喜温暖湿润及阳光充足且凉爽的环境，耐寒，不耐热，喜肥沃疏松及排水良好的土壤	庭院栽植、阳台盆栽
百日菊 *Zinnia elegans*	大花百日草、步步高	菊科 百日菊属	一年生草本；株形整齐；花朵大，花形端正优美，花色鲜艳且花期长	喜温暖及光照充足的环境，耐半阴，不耐寒，忌酷暑及湿涝，耐干旱，喜肥沃及排水良好的土壤	庭院栽植、阳台盆栽、室内切花
半边莲 *Lobelia chinensis*	瓜仁草、细米草	桔梗科 半边莲属	多年生草本；叶椭圆状披针条形，鲜绿色；花粉白色，花型秀丽小巧	喜潮湿环境，稍耐湿，稍耐干旱，耐寒，喜湿润的砂质壤土	庭院栽植、室内盆栽
报春花 *Primula malacoides*	藏报春、阿勒泰报春花	报春花科 报春花属	二年生草本；叶卵形，边缘圆齿状浅裂，翠绿；花萼钟状，花冠粉红、白或淡紫，花色丰富	喜温凉湿润的环境，不耐高温，忌强光直射，耐半阴，不耐寒，适宜排水良好及富含腐殖质的土壤	室内盆栽、庭院栽植
豹纹竹芋 *Maranta leuconeura*	豹斑竹芋	竹芋科 竹芋属	多年生常绿草本；植株矮小；叶色鲜绿，主脉两侧有黑绿色条纹交错排列	喜温暖湿润和半阴环境，喜松软透气的壤土	室内盆栽、吊盆观赏
贝壳花 *Molucella laevis*	领圈花、象耳	唇形科 贝壳花属	一、二年生草本；叶心状圆形，绿色；花白色，花冠唇形，似贝壳	喜温暖湿润及阳光充足的环境，耐热，不耐寒，喜肥沃疏松及排水良好的土壤	庭院栽植、阳台盆栽
波浪竹芋 *Calathea rufibarba*	浪星竹芋、剑叶竹芋	竹芋科 肖竹芋属	多年生常绿草本；株高 0.2～0.5m；叶波浪状有光泽，叶背面紫色	喜温暖湿润环境，不耐寒，耐半阴，忌强光直射，喜肥沃及排水良好的土壤	室内盆栽
波斯菊 *Cosmos bipinnatus*	扫地梅、秋英	菊科 秋英属	一年生或多年生草本；植株高 1～2m；花色丰富，有红、白、粉、蓝紫等色	喜温暖和阳光充足的环境，不耐寒，耐贫瘠，忌炎热，忌积水，对土壤要求不严	庭院栽植、阳台盆栽

（续）

中文名/拉丁学名	别　名	科　属	形态特征	主要习性	家庭应用
彩虹竹芋 *Goeppertia roseopicta*	玫瑰竹芋、彩叶竹芋、粉红肖竹芋	竹芋科 肖竹芋属	多年生常绿草本；植株低矮；叶面橄榄绿，叶脉两侧墨绿色线条纹，叶缘有黄色条纹，背面紫红斑块，近叶缘有玫瑰红或白色环形斑纹	喜温暖湿润及半阴环境，不耐寒，适宜疏松肥沃及排水良好的土壤	室内盆栽
彩叶草 *Coleus scutellarioides*	五彩苏、洋紫苏	唇形科 鞘蕊花属	多年生草本；叶卵圆形，叶中间有紫色、红色、黄色等，外缘绿色，色彩绚丽；花淡紫或蓝色	喜高温湿润及光照充足的环境，忌强光直射，不耐寒，忌积水，生长适温15~30℃，喜疏松肥沃及透气性好的砂质壤土	室内盆栽、庭院栽植
洋桔梗 *Eustoma grandiflorum*	草原龙胆	龙胆科 洋桔梗属	多年生草本；叶对生，卵形，先端尖，灰绿色；花冠漏斗状，花色丰富，有粉红、紫、白色等	喜温暖湿润及阳光充足的环境，较耐旱，不耐水涝，生长适温15~28℃，喜疏松肥沃及排水良好的微酸性土壤	室内、阳台盆栽，室内切花
雏　菊 *Bellis perennis*	马兰头花、延命菊	菊科 雏菊属	多年生或一年生草本；头状花序，花形小巧，色彩丰富	喜凉爽湿润及阳光充足环境，不耐热，较耐寒，不耐水湿，对土壤要求不严	庭院栽植、阳台盆栽、室内切花
垂盆草 *Sedum sarmentosum*	三叶佛甲草	景天科 景天属	多年生草本；叶倒披针形，绿色；小花黄色	喜温暖湿润及半阴的环境，适应性强，较耐旱，耐寒，生长适温15~25℃，喜疏松的砂质壤土	室内盆栽、吊盆观赏、庭院地栽
春黄菊 *Anthemis tinctoria*	青黄菊	菊科 春黄菊属	多年生草本；头状花序，黄色，花期长	喜温暖和阳光充足的环境，耐干旱，不耐阴，喜疏松肥沃及排水良好的土壤	庭院栽植、阳台盆栽
春　羽 *Thaumatophyllum bipinnatifidum*	羽裂喜林芋、春芋	天南星科 鹅掌芋属	多年生常绿草本；叶片羽状深裂，厚革质，深绿色有光泽；株形优美	喜高温高湿环境，喜光照充足，稍耐寒，耐阴，生长适温20~28℃，喜肥沃疏松及排水良好的砂质壤土	室内盆栽

（续）

中文名/拉丁学名	别　名	科　属	形态特征	主要习性	家庭应用
翠　菊 *Callistephus chinensis*	蓝菊、七月菊	菊科 翠菊属	一年生或二年生草本；花色丰富，有浅红、蓝紫等	喜冷凉、半湿润和阳光充足的环境，怕高温、多湿，不耐寒，不耐涝，喜肥沃的砂质土壤	庭院栽植、阳台盆栽、室内盆栽
大花葱 *Allium giganteum*	绣球葱	石蒜科 葱属	多年生常绿草本；叶宽线形至披针形，绿色；花序硕大，紫红色	喜冷凉及阳光充足的环境，不耐热，较耐寒，生长适温15~25℃，喜疏松肥沃的砂质壤土	庭院栽植、阳台盆栽
大花蕙兰 *Cymbidium hybrid*	杂种虎头兰	兰科 兰属	多年生常绿草本；植株挺拔；叶带状，革质；花茎直立或下垂，花朵硕大，色彩明艳丰富	喜温暖湿润及散射光充足的环境，忌强光直射，不耐寒，不耐暑热，喜排水良好及富含腐殖质的土壤	室内盆栽
大花马齿苋 *Portulaca grandiflora*	马齿牡丹、阔叶半支莲	马齿苋科 马齿苋属	一年生草本；植株矮小，茎鲜艳红紫；茎、叶肉质；叶密集顶生；花色丰富，有红、紫、黄等	喜温暖及阳光充足环境，稍耐低温，耐炎热，不耐霜冻，对土壤要求不严	室内盆栽、吊盆观赏、阳台盆栽、庭院栽植
大花美人蕉 *Canna generalis*	红艳蕉	美人蕉科 美人蕉属	多年生草本；植株高而挺立；叶椭圆形；花色艳丽丰富	喜高温炎热及阳光充足的环境，耐湿，耐热，耐瘠，不耐寒，喜肥沃及排水良好的砂质土壤	庭院栽植、阳台盆栽
大花万代兰 *Vanda coerulea*	—	兰科 万代兰属	多年生草本；叶厚革质，带状；花大密集，蔚蓝色	喜高温多湿及阳光充足的环境，不耐寒，耐旱，喜透水透气性好的土壤	室内盆栽
大花萱草 *Hemerocallis hybridus*	大苞萱草	百合科 萱草属	多年生草本；叶柔软带状；花形大，有钟形、星形等，花色丰富，有红、橙、紫色等	喜温暖湿润及阳光充足的环境，耐寒、耐旱、耐贫瘠，耐半阴，喜疏松肥沃的微酸性土壤	庭院栽植、阳台盆栽

（续）

中文名/拉丁学名	别　名	科　属	形态特征	主要习性	家庭应用
大丽花 *Dahlia pinnata*	大丽菊、西番莲	菊科 大丽花属	多年生草本；植株粗壮；花色丰富，有红、紫等颜色，花形多样	喜干燥凉爽及阳光充足的环境，不耐寒，忌酷暑，喜富含腐殖质及排水良好的砂质壤土	庭院栽植、室内盆栽
大吴风草 *Farfugium japonicum*	活血莲、石蕗	菊科 大吴风草属	多年生草本；叶大，似莲叶；花辐射状，黄色	草喜半阴和湿润环境，忌干旱，忌阳光直射，生长适温12~25℃，对土壤适应性较强	庭院栽植、室内盆栽
大岩桐 *Sinningia speciosa*	六雪尼、落雪泥	苦苣苔科 大岩桐属	多年生草本；叶卵圆形，翠绿；花冠钟状；花形大，色彩丰富	喜温暖湿润环境，耐半阴，不耐寒，忌强光直射，喜疏松肥沃的偏酸性砂质土壤	阳台盆栽、室内盆栽
‘大叶红草’ *Alternanthera paronychioides* ‘Picta’	红苋草、红龙草	苋科 莲子草属	多年生草本，株高0.3~0.5m；茎叶紫红色	喜温暖湿润环境，耐寒，耐旱，也耐热，对土壤要求不严	庭院栽植
地涌金莲 *Musella lasiocarpa*	千瓣莲花、地金莲	芭蕉科 地涌金莲属	多年生丛生草本；叶长椭圆形；花序密集球穗状，花黄色或淡黄色，开花时如涌出地面的金色莲花	喜光照充足及温暖环境，不耐寒，0℃以下会使地上部受冻，喜肥沃、疏松土壤。易移栽	庭院栽植，阳台、厅堂盆栽
吊　兰 *Chlorophytum comosum*	桂兰、垂盆草	百合科 吊兰属	多年生常绿草本；叶条形，中间有绿色或黄色条纹	喜温暖湿润环境，忌强光直射，不耐寒，较耐旱，生长适温15~28℃，喜疏松肥沃及排水良好的土壤	室内盆栽、庭院栽植
吊竹梅 *Tradescantia zebrina*	吊竹草、吊竹兰	鸭跖草科 紫露草属	多年生常绿草本；叶长卵形，绿色，叶面有紫色和银白色条形斑；花紫红色	喜温暖湿润环境，不耐寒，不耐旱，适应性强，生长适温15~25℃，喜肥沃疏松的土壤	室内盆栽

（续）

中文名/拉丁学名	别 名	科 属	形态特征	主要习性	家庭应用
蝶 豆 *Clitoria ternatea*	蓝花豆、蓝蝴蝶	豆科 蝶豆属	多年生蔓性草本；叶常绿；花色艳丽，蓝紫色	喜温暖湿润及阳光充足的环境，不耐寒，耐半阴，忌霜冻，生长适温22~32℃，适宜排水良好及疏松肥沃的土壤	室内吊盆、盆栽，庭院地栽，花架爬藤
兜 兰 *Paphiopedilum* spp.	拖鞋兰	兰科 兜兰属	多年生草本；花色繁多，花形独特，极具观赏价值	喜温暖湿润和半阴环境，忌强光直射，忌暑热，不耐寒，喜肥沃及排水通气良好的栽培基质	室内盆栽
二歧鹿角蕨 *Platycerium bifurcatum*	蝙蝠蕨、鹿角山草	鹿角蕨科 鹿角蕨属	多年生附生植物；全株灰绿色；叶形奇特	喜温暖湿润及阴凉环境，适宜通水透气的基质栽培	垂吊盆栽
番红花 *Corcus sativus*	藏红花、西红花	鸢尾科 番红花属	多年生草本；植株矮壮；花大，开花繁茂，花色艳丽	喜阳光充足、温暖、湿润的环境，忌酷暑，较耐寒	阳台盆栽、庭院栽植
矾 根 *Heuchera micrantha*	肾形草	虎耳草科 矾根属	多年生草本；叶阔心形，绿色或深紫色；花小，呈钟状，红色	喜光照充足环境，耐寒，耐半阴，生长适温10~30℃，喜肥沃、排水良好及富含腐殖质的土壤	室内盆栽、盆栽配景、庭院栽植
飞燕草 *Consolida ajacis*	千鸟草、翠雀	毛茛科 飞燕草属	多年生草本，植株挺拔；茎细长；叶细；花序较大，花形别致，色彩明艳多样	喜凉爽湿润及光照充足环境，较耐寒，稍耐阴，忌水涝，喜肥沃湿润且富含有机质的砂质土壤	庭院栽植、阳台盆栽
非洲凤仙 *Impatiens walleriana*	何氏凤仙、苏丹凤仙花	凤仙花科 凤仙花属	多年生肉质草本；茎叶光洁，叶片长椭圆形，翠绿；花色有红、粉、淡紫等；同属还有新几内亚凤仙等	喜温暖湿润及阳光充足的环境，不耐高温，不耐寒，忌干旱及水涝，生长适温17~22℃，喜疏松肥沃及排水良好的土壤	阳台盆栽、吊盆，庭院栽植，花架吊盆

（续）

中文名/拉丁学名	别　名	科　属	形态特征	主要习性	家庭应用
非洲菊 *Gerbera jamesonii*	扶郎花	菊科 非洲菊属	多年生草本；叶莲座状，叶片长椭圆形；花色丰富，有橙黄、红、紫等	喜温暖湿润及阳光充足的环境，耐热，稍耐寒，喜疏松肥沃、排水良好及富含有机质的微酸性土壤	庭院栽植、室内盆栽、阳台盆栽
非洲紫罗兰 *Saintpaulia ionantha*	非洲堇、非洲紫苣苔	苦苣苔科 非洲堇属	多年生草本；株形小巧；叶卵状长圆形；花色绚丽丰富	温暖湿润环境，忌强光直射，不耐瘠薄，不耐寒，生长适温15~26℃，喜疏松及排水良好的微酸性土壤	庭院栽植、阳台盆栽、室内盆栽
风车草 *Cyperus involucratus*	旱伞草	莎草科 莎草属	多年生草本，株高0.3~1.5m；叶伞状，披针形，深绿色	喜温暖湿润、阴凉通风环境，适应性强，不耐寒，生长适温15~25℃，对土壤要求不严	室内盆栽
风铃草 *Campanula medium*	钟花	桔梗科 风铃草属	二年生草本，植株高大；花朵钟状似风铃，花色明丽丰富，有白、蓝、紫等	喜阳光充足及冬暖夏凉环境，耐半阴，生长适温15~25℃，喜排水良好及湿润肥沃的土壤	阳台盆栽、室内盆栽、庭院栽植
芙蓉葵 *Hibiscus moscheutos*	草芙蓉	锦葵科 木槿属	多年生草本；株形直立；叶卵圆形或卵状披针形；花大而单生，色彩艳丽，有白、粉、红色等	喜温暖湿润及阳光充足的环境，耐寒，较耐热，耐盐碱，对土壤要求不严	庭院栽植、阳台盆栽
大　薸 *Pistia stratiotes*	芙蓉莲、水莲、水芙蓉	天南星科 大薸属	多年生水生草本；叶似莲座，倒卵形，绿色	喜温暖湿润及光照环境，不耐寒	庭院水培栽植、室内盆栽
古代稀 *Clarkia amoena*	晚春锦、送春花	柳叶菜科 克拉花属	一年生草本；叶条形至披针形；花朵硕大，颜色鲜艳，有粉、白、紫色等	喜冷凉光照环境，不耐寒，忌酷热和严寒，喜排水良好且肥沃的砂质壤土	庭院栽植、室内盆栽、阳台盆栽
瓜叶菊 *Pericallis hybrida*	千日莲	菊科 瓜叶菊属	多年生草本，植株矮小；叶肾形；花型多样，花色丰富，有红、淡蓝、浅紫等	喜凉爽及阳光充足环境，忌高温，不耐寒，喜富含腐殖质及排水良好的砂质壤土	庭院栽植、室内盆栽、阳台盆栽

（续）

中文名/拉丁学名	别　名	科　属	形态特征	主要习性	家庭应用
朝天椒 *Capsicum annuum* var. *conoides*	彩色椒、观赏辣椒	茄科 辣椒属	多年生草本；株高 0.3～0.6m；叶卵状，绿色，有光泽；果色艳丽，有白、黄、橙、红	喜干燥温热及光照充足环境，不耐寒，生长适温 15～30℃，喜肥沃疏松及富含有机质的土壤	阳台盆栽、庭院栽植
观音莲 *Alocasia sanderiana*	美叶芋	天南星科 海芋属	多年生常绿草本；叶盾状尖端，叶面墨绿，叶脉白色	喜高温多湿环境，不耐寒，忌强光直射，生长适温 20～30℃，喜排水良好疏松肥沃土壤	室内盆栽
广东万年青 *Aglaonema modestum*	亮丝草、粗肋草	天南星科 广东万年青属	多年生草本；叶椭圆状卵形，叶片亮绿	喜温暖湿润环境，耐阴，忌强光直射，不耐寒，适宜微酸性土壤	室内盆栽
龟背竹 *Monstera deliciosa*	龟背芋、蓬莱蕉	天南星科 龟背竹属	多年生常绿藤本；叶大，革质有光泽，羽状裂叶	喜温暖湿润，忌强光，不耐寒，喜肥沃及排水良好的砂质壤土	室内盆栽
果子蔓 *Guzmania lingulata* var. *cardinalis*	星花凤梨	凤梨科 星花凤梨属	多年生常绿草本；叶片长带状，浅绿色，光亮；穗状花序，苞片鲜红色	喜温热湿润和阳光充足环境，不耐寒，耐半阴，忌阳光暴晒，喜肥沃疏松和排水良好的砂壤土	室内盆栽、阳台盆栽、庭院栽植
海　芋 *Alocasia odora*	滴水观音、野芋	天南星科 海芋属	多年生草本；株高 3～5m，基部肥大；叶片硕大，盾形	喜高温多湿环境，忌暴晒，适宜疏松肥沃的砂质土	室内盆栽
旱金莲 *Tropaeolum majus*	金莲花、大红雀	旱金莲科 旱金莲属	一年生蔓生草本；叶形如碗莲；花大色艳，呈喇叭状	喜凉爽湿润及阳光充足环境，不耐高温，忌寒冷、忌水涝，喜排水良好的砂质壤土	室内盆栽、阳台盆栽
合果芋 *Syngonium podophyllum*	剑叶芋、丝素藤	天南星科 合果芋属	多年生常绿藤本；叶戟形，淡绿色，内部白、红色纹路，外部绿色	适应性强，喜高温多湿，不耐寒，耐半阴，生长适温 22～30℃，喜疏松肥沃及排水良好的土壤	室内盆栽、垂吊盆栽

（续）

中文名/拉丁学名	别　名	科　属	形态特征	主要习性	家庭应用
何首乌 *Pleuropterus multiflorus*	多花蓼、紫乌藤	蓼科 何首乌属	多年生草本；根茎膨大，褐色；叶长卵心形	喜温暖湿润环境，耐热，耐干旱，耐阴，生长适温 20～30℃，喜深厚、疏松肥沃的砂质壤土	室内盆栽
荷包牡丹 *Lamprocapnos spectabilis*	铃儿草、兔儿牡丹	罂粟科 荷包牡丹属	多年生草本；叶似牡丹；花似荷包，小花悬于花枝之上，玲珑可爱	喜湿润及阳光充足的环境，耐半阴，耐寒，不耐高温，不耐干旱，对土壤要求不严	阳台盆栽、庭院栽植
鹤顶兰 *Phaius tankervilleae*	猴兰、鹤兰	兰科 鹤顶兰属	多年生草本；植株高大；花型大，花瓣长圆形，背面白色，前端带茄紫色，有清香	喜温暖湿润及半阴环境，不耐寒，不耐旱，忌瘠薄，喜疏松、排水良好及富含腐殖质的微酸性土壤	室内盆栽
鹤望兰 *Strelitzia reginae*	天堂鸟、极乐鸟之花	芭蕉科 鹤望兰属	多年生草本；叶长圆状披针形，绿色；花瓣箭头状，橙红色，萼片暗蓝色，姿态奇特，花形似鸟冠和鸟嘴	喜阳光充足及温暖湿润环境，不耐寒，忌霜冻，喜深厚、排水良好及富含有机质的砂质壤土	室内盆栽、切花
翼叶山牵牛 *Thunbergia alata*	黑眼花、黑眼苏珊	爵床科 山牵牛属	缠绕草本；叶卵状箭头形；花朵色彩明快	喜温暖及阳光充足的环境，耐半阴，耐热，耐贫瘠，不耐寒，喜疏松肥沃及排水良好的土壤	阳台盆栽、吊盆，庭院栽植，花架爬藤
红苞喜林芋 *Philodendron erubescens*	红宝石喜林芋	天南星科 喜林芋属	多年生草本；茎蔓细长；佛焰苞外面深紫色，内面胭脂红色，兜状舟形	喜温暖湿润及阳光充足环境，耐湿，不耐寒，忌阳光直射，喜疏松肥沃及排水良好的砂壤土	室内盆栽

（续）

中文名/拉丁学名	别　名	科　属	形态特征	主要习性	家庭应用
红点草 *Hypoestes phyllostachya*	枪刀药、溅红草	爵床科 枪刀药属	多年生常绿草本；叶卵形，橄榄绿，叶面有粉红或白色斑点；花小，紫色	喜温暖湿润环境，耐半阴，忌强光直射，生长适温 20~30℃，适宜肥沃透水及富含腐殖质的土壤	室内盆栽
红果薄柱草 *Nertera granadensis*	珍珠橙、红珍珠	茜草科 薄柱草属	多年生匍匐小草本；为珍奇的观果植物，晶莹红珠把叶丛遮盖，色彩艳丽，犹如珊瑚	喜光照，喜冷凉通风环境，生长适温 10~16℃，喜疏松肥沃及排水良好的砂壤土	室内盆栽
红鹤芋 *Anthurium scherzerianum*	火鹤花、红苞芋	天南星科 花烛属	多年生常绿草本；叶革质，长卵形；花卷曲，红色	喜高温湿润，不耐寒，冬季温度 8℃以上，忌强光，对土壤要求高，适宜腐叶土或泥炭土的混合基质	室内盆栽
红花酢浆草 *Oxalis corymbosa*	紫花酢浆草、大酸味草	酢浆草科 酢浆草属	多年生草本；叶扁圆状倒心形，嫩绿；花小，淡紫或紫红色	喜温暖湿润环境，不耐旱，稍耐积水，耐寒，喜疏松肥沃及排水良好的砂质壤土	室内盆栽、庭院栽植
红　掌 *Anthurium andraeanum*	花烛、蜡烛花	天南星科 花烛属	多年生常绿草本；株高 0.3~0.5m；叶心形革质，花圆卵形，橙红色或粉白色	喜温暖湿润，不耐热，不耐寒，忌强光直射，生长适温 15~30℃，喜肥沃疏松及富含腐殖质土壤	室内盆栽
皱叶椒草 *Peperomia caperata*	红皱椒草	胡椒科 草胡椒属	多年生常绿草本；叶圆心形，叶面浓绿有光泽，叶背灰绿；花梗暗红色；同属还有豆瓣绿、垂椒草、白脉椒草等，形态各异，均有较高观赏价值	喜高温多湿及阳光充足环境，忌强光，不耐寒，生长适温 20~28℃，喜疏松及排水良好的轻质培养土	室内盆栽、吊盆

（续）

中文名/拉丁学名	别　名	科　属	形态特征	主要习性	家庭应用
蝴蝶兰 *Phalaenopsis aphrodite*	台湾蝴蝶兰、蝶兰	兰科 蝴蝶兰属	多年生草本；叶椭圆形；花瓣菱状圆形，具红色斑点或细纹，花色丰富艳丽	喜温暖湿润环境，忌阳光暴晒，不耐热，不耐寒，耐旱，喜透气透水的微酸性土壤	室内盆栽
虎耳草 *Saxifraga stolonifera*	金丝荷叶、吊金钱	虎耳草科 虎耳草属	多年生常绿草本；叶肾形或扁圆形，有白色斑纹	喜凉爽湿润环境，较耐寒，生长适温15~25℃，喜疏松及排水良好的土壤	庭院栽植、室内盆栽
虎尾兰 *Sansevieria trifasciata*	千岁兰、锦兰	百合科 虎尾兰属	多年生草本；叶肉质剑形，绿色有云状斑纹	喜温暖阳光充足环境，耐旱不耐寒，生长适温20~30℃，喜排水良好的砂质壤土	室内盆栽、庭院栽植
虎纹凤梨 *Lutheria splendens*	斑背剑花、丽穗花	凤梨科 虎纹凤梨属	多年生草本；叶线形，革质，橄榄绿，上有黑紫色横斑条纹；花序直立，较扁，呈烛状或剑形，红色；同属还有莺哥凤梨、网纹凤梨等	喜温暖湿润及阳光充足的环境，忌阳光直射，不耐寒，较耐旱，生长适温16~27℃，喜疏松肥沃及排水良好的砂质壤土	室内盆栽
花毛茛 *Ranunculus asiaticus*	芹菜花、陆莲花	毛茛科 毛茛属	多年生草本，株姿玲珑秀美；叶阔卵形；花单生，花色丰富艳丽	喜凉爽及半阴环境，忌炎热，不耐旱，忌水湿，喜排水良好及肥沃疏松的中性或偏碱性土壤	室内盆栽、阳台盆栽
花烟草 *Nicotiana alata*	美花烟草、烟仔花	茄科 烟草属	多年生草本；叶矩圆形；花呈喇叭状，开花繁茂，花色艳丽	喜温暖及阳光充足的环境，较耐热，不耐寒，喜疏松及排水良好的土壤	庭院栽植、室内盆栽、净化空气
花叶万年青 *Dieffenbachia seguine*	黛粉芋、银斑万年青	天南星科 黛粉芋属	多年生草本；叶宽大，绿色，中间白色不规则斑纹	喜温暖多湿环境，不耐旱，耐半阴，生长适温20~32℃，喜肥沃疏松及排水良好的酸性土壤	室内盆栽

（续）

中文名/拉丁学名	别 名	科 属	形态特征	主要习性	家庭应用
花叶芋 *Caladium bicolor*	花叶芋、五彩芋	天南星科 五彩芋属	多年生常绿草本；叶心形，绿色；表面有红、白斑点	喜高温湿润，不耐寒，耐半阴，忌强光直射，适宜疏松肥沃及排水良好的土壤	室内盆栽
火炬花 *Kniphofia uvaria*	火把莲、火杖	百合科 火把莲属	多年生草本；叶丛生，剑形；总状花序着生密集筒状小花，橘红色，似一支支火炬	喜温暖及阳光充足的环境，耐寒，不耐热，对土壤要求不严，生长适温 15~25℃	庭院栽植、阳台盆栽
火炬凤梨 *Guzmania conifera*	大咪头果子蔓、圆锥果子蔓	凤梨科 星花凤梨属	多年生常绿草本；叶片暗绿色，条带形；复穗状花序，苞片红色	喜温暖湿润环境，忌强光直射，不耐寒，较耐阴，生长适温 20~28℃，适宜基质栽培	室内盆栽
鸡冠花 *Celosia cristata*	鸡髻花、鸡公花	苋科 青葙属	一年生直立草本；花序形似鸡冠，形状多样、色彩丰富	喜阳光充足环境，耐干热，忌水涝，不耐霜冻，疏松肥沃及排水良好的土壤	切花观赏、室内盆栽
姬凤梨 *Cryptanthus acaulis*	海星花、紫锦凤梨	凤梨科 姬凤梨属	多年生草本，植株矮小；叶片舒展条形，边缘波纹状紫红色，叶色艳丽	喜高温湿润气候，忌阳光直射，忌涝，不耐旱，生长适温20~30℃，喜疏松肥沃及富含腐殖质的土壤	室内盆栽、吊盆
吉祥草 *Reineckea carnea*	松寿兰、小叶万年青	百合科 吉祥草属	多年生常绿草本，叶披针形；穗状花序紫红色	喜温暖湿润，半阴环境，耐寒，适应性强，对土壤要求不高	书桌小型盆栽
金苞花 *Pachystachys lutea*	黄虾花、珊瑚爵床、金包银	爵床科 金苞花属	常绿草本，株丛整齐；叶长圆形或披针形，亮绿，苞片金黄；花唇形，白色	喜高温高湿和阳光充足的环境，较耐阴，不耐寒，生长适温16~28℃，喜肥沃且排水良好的砂质壤土	庭院栽植、阳台盆栽、室内盆栽
黄苞肖竹芋 *Calathea crocata*	金花冬叶、黄花肖竹芋	竹芋科 肖竹芋属	多年生常绿草本；叶椭圆形，叶面暗绿，背面红褐色；花橘黄色，高雅耐观	喜温暖湿润及半阴环境，不耐寒，忌干燥，忌强光暴晒	室内盆栽

（续）

中文名/拉丁学名	别　名	科　属	形态特征	主要习性	家庭应用
‘金叶’番薯 *Ipomoea batatas* ‘Margarita’	‘金叶’薯	旋花科 番薯属	多年生蔓生草本；叶心形掌状裂叶，黄绿色；花喇叭形，红色，色彩鲜艳	喜光照充足环境，喜高温，性强健，耐阴，不耐寒，生长适温20~28℃，喜湿润壤土	室内盆栽
金鱼草 *Antirrhinum majus*	龙口花、龙头花	玄参科 金鱼草属	多年生直立草本；植株挺拔；叶披针形；花序直立，花色多且鲜艳	喜向阳环境，较耐寒，不耐热，喜光，耐半阴，喜湿润肥沃及排水良好的土壤	切花观赏、室内盆栽
金盏菊 *Calendula officinalis*	金盏花、长春花	菊科 金盏花属	一年生草本；株丛低矮；叶倒卵形；花型多样，花色鲜艳，黄色或橙色	喜温和、凉爽环境，喜光，稍耐阴，较耐寒，不耐炎热，喜疏松肥沃及排水良好的土壤	庭院栽植、室内盆栽、阳台盆栽
菊　花 *Chrysanthemum morifolium*	秋菊、陶菊	菊科 菊属	多年生草本，株高0.6~1.5m；单叶互生；花朵大，花色丰富	喜温暖湿润及阳光充足环境，较耐寒，不耐阴，较耐旱，忌积水，喜疏松肥沃、排水良好且富含腐殖质的壤土	庭院栽植、室内盆栽
卷　柏 *Selaginella tamariscina*	九死还魂草、见水还	卷柏科 卷柏属	多年生草本；叶厚光滑，浓绿，边缘锯齿，反卷，姿态优美	抗旱，喜温暖，耐瘠薄，生长适温20℃，喜疏松及排水良好的砂质壤土	室内盆栽
君子兰 *Clivia miniata*	大花君子兰、和尚君子兰	石蒜科 君子兰属	多年生常绿草本；株形端庄；叶片苍翠挺拔；花大色艳；果实红亮，叶花果兼美	喜半阴湿润环境，忌炎热，不耐寒，生长适温18~28℃，喜疏松肥沃的微酸性有机质土壤	室内盆栽
卡特兰 *Cattleya hybrida*	嘉德丽亚兰、卡特利亚兰	兰科 卡特兰属	多年生附生草本；植株挺拔；花多，芳香，花色丰富，花姿优美	喜温暖湿润环境，喜半阴，耐热，耐旱，不耐寒，喜疏松肥沃及透气性好的土壤	室内盆栽

（续）

中文名/拉丁学名	别　名	科　属	形态特征	主要习性	家庭应用
孔雀竹芋 *Goeppertia makoyana*	孔雀肖竹芋	竹芋科 肖竹芋属	多年生常绿草本；株高0.3~0.6m；叶薄革质，叶面绿色深浅斑纹	喜温暖湿润环境，忌强光直射，不耐寒，不耐旱，适宜疏松肥沃排水良好的微酸性土壤	室内盆栽
麦秆菊 *Xerochrysum bracteatum*	脆菊、蜡菊	菊科 蜡菊属	一年生或二年生草本；株形较大；头状花序，花色丰富，有黄、红、紫等	喜温暖湿润及光照充足的环境，不耐寒，忌酷热，对土壤要求不严	庭院栽植、阳台盆栽
矢车菊 *Centaurea cyanus*	蓝花矢车菊、蓝芙蓉	菊科 矢车菊属	一年生或二年生草本；花色艳丽，蓝色或紫色	喜阳光充足及冷凉的环境，忌炎热，较耐寒，不耐阴湿，喜疏松肥沃及排水良好的土壤	庭院栽植、阳台盆栽
狼尾蕨 *Davallia trichomanoides*	骨碎补、毛根蕨	骨碎补科 骨碎补属	附生植物；叶柄基部鳞叶狭披针形，叶五角形羽状，翠绿	喜湿忌干旱，不耐热，适宜疏松透水、富含有机基质的微酸性土壤	室内盆栽、庭院栽植
老人须 *Tillandsia usneoides*	松萝铁兰、气生凤梨	凤梨科 铁兰属	多年生草本；植株下垂生长如丝状，茎长而纤细，银灰色；花芳香	对环境要求不严，耐寒	室内吊盆、庭院花架装饰
冷水花 *Pilea notata*	白雪草、透白草	荨麻科 冷水花属	多年生常绿草本；叶绿色，有银白色宽条纹；植株小巧，叶片花纹美丽	喜温暖湿润环境，忌强光直射，较耐阴，不耐旱，喜疏松肥沃、富含有机质的土壤	室内盆栽、吊盆观赏
六倍利 *Lobelia erinus*	翠蝶花、山梗菜	桔梗科 半边莲属	一年生或多年生草本；花形似蝴蝶展翅，花色丰富，有玫瑰红、蓝紫色等	喜凉爽湿润环境，喜光，耐寒，忌酷热，生长适温15~26℃，喜富含腐殖质及疏松肥沃的壤土	室内盆栽、阳台盆栽、庭院栽植
龙舌兰 *Agave americana*	金边龙舌兰、银边龙舌兰	石蒜科 龙舌兰属	多年生常绿草本；叶肥厚宽带状，灰绿色，表面有白粉，边缘白色或奶黄条带，叶青翠挺拔	喜温暖光照环境，不耐寒，耐旱，适宜疏松肥沃及排水良好的土壤	室内盆栽

（续）

中文名/拉丁学名	别　名	科　属	形态特征	主要习性	家庭应用
落地生根 *Bryophyllum pinnatum*	不死鸟、灯笼花	景天科 落地生根属	多年生草本；叶灰绿色，稍有紫红色斑纹，肥厚美观；花筒下垂，花冠高脚碟形，淡紫色	喜温暖及阳光充足环境，较耐阴，耐湿，生长适温16~28℃，对土壤要求不严	室内盆栽、阳台盆栽
绿　萝 *Epipremnum aureum*	黄金葛、魔鬼藤	天南星科 麒麟叶属	多年生常绿藤本；叶深绿色有光泽，有不规则条纹，叶色艳丽，枝条下垂	喜温暖湿润环境，喜光，耐半阴，生长适温15~25℃，对土壤要求不严	室内盆栽、垂吊盆栽
马蹄莲 *Zantedeschia aethiopica*	慈姑花、观音莲	天南星科 马蹄莲属	多年生粗壮草本；花茎翠绿挺拔，佛焰苞纯白，仿佛马蹄翻卷朝天	喜温暖湿润的环境，不耐寒，不耐旱，稍耐阴，喜疏松肥沃及腐殖质丰富的砂质壤土	切花观赏、室内盆栽、庭院栽植
毛地黄 *Digitalis purpurea*	自由钟、洋地黄	玄参科 毛地黄属	多年生草本；植株高大；花序挺拔，花形优美，色彩明亮	稍耐干旱，较耐寒，喜中等肥沃、湿润及排水良好的土壤	庭院栽植
美丽月见草 *Oenothera speciosa*	红月见草	柳叶菜科 月见草属	多年生草本；株丛低矮；花单生，杯盏状，粉红色	喜温暖及阳光充足的环境，耐半阴、耐旱，不耐寒，对土壤要求不严	庭院栽植、阳台盆栽
美女樱 *Glandularia × hybrida*	美人樱、四季绣球	马鞭草科 马鞭草属	多年生草本；植株宽广；穗状花序小而密集，花冠中央白色或浅色的圆形“眼”，花色丰富艳丽，有白、粉、紫色等	喜阳光充足、较耐寒、不耐干旱，对土壤要求不严，但在湿润肥沃的土壤中生长更佳	室内盆栽、阳台盆栽、庭院栽植
鸟巢蕨 *Asplenium nidus*	巢蕨、山苏花	铁角蕨科 铁角蕨属	多年生常绿草本；叶片浅绿色条状，革质，表面光滑起伏	喜温暖湿润气候，忌强光，生长适温20~25℃，适宜富含腐殖质的土壤	室内盆栽、垂吊盆栽
茑　萝 *Ipomoea quamoclit*	羽叶茑萝、金丝线、茑萝松	旋花科 虎掌藤属	一年生缠绕草本；植株蔓叶纤细；叶卵形，羽状深裂至中脉；聚伞花序，五角星形小花，深红色	喜温暖湿润及阳光充足的环境，不耐寒，生长适温20~25℃，忌霜冻，对土壤要求不严	庭院花架、垂吊盆栽

（续）

中文名/拉丁学名	别　名	科　属	形态特征	主要习性	家庭应用
蓬莱松 *Asparagus retrofractus*	绣球松	百合科 天门冬属	多年生草本；植株直立，高0.3~0.6m，株形优美；叶鳞刺状，鲜绿色	喜温暖湿润和荫蔽环境，不耐寒，不耐热，忌强光暴晒，生长适温为20~25℃，喜疏松肥沃的腐叶土	室内盆栽
蒲包花 *Calceolaria crenatiflora*	荷包花、元宝花	玄参科 蒲包花属	多年生草本；植株矮小；叶对生，长椭圆形，深绿；花形奇特，下唇膨大成荷包状，色泽丰富，有红、黄等颜色，上具斑点	喜冷凉及光照充足的环境，忌强光，忌水湿，稍耐旱，生长适温15~24℃，喜疏松肥沃及排水良好的壤土	室内盆栽、阳台盆栽
奇唇兰 *Stanhopea insignis*	金鱼兰、倒挂兰	兰科 奇唇兰属	多年生草本；叶革质，长椭圆状，深绿色；花形优美	喜温暖湿润及通风良好的环境，较耐寒，耐暑热，耐半阴，喜肥沃、排水良好及富含腐殖质的微酸性土壤	室内盆栽
千日红 *Gomphrena globosa*	火球花、百日红	苋科 千日红属	一年生直立草本；叶长椭圆形；花紫红色，呈球形，多而密集，极为繁茂	喜温暖及阳光充足的环境，较耐热，耐旱，耐瘠，对土壤要求不严，喜肥沃及排水良好的砂质土壤	切花观赏、室内盆栽、庭院栽植
琴叶喜林芋 *Philodendron panduriforme*	琴叶蔓绿绒、琴叶树藤	天南星科 喜林芋属	多年生常绿草本；叶革质，暗绿色有光泽	喜高温高湿环境，耐半阴，不耐寒，适宜微酸性土壤	室内盆栽
青纹竹芋 *Calathea elliptica*	—	竹芋科 肖竹芋属	多年生常绿草本；叶长圆或者披针形叶片，白色线斑分布在中脉两侧，叶色浅绿	喜温暖湿润和半阴环境，不耐寒，忌干燥，忌强光暴晒，生长适温22~28℃，喜通透性较好的泥炭	室内盆栽
绒叶肖竹芋 *Calathea zebrina*	天鹅绒竹芋	竹芋科 肖竹芋属	多年生草本；叶长圆状披针形，上面深绿，间以黄绿色条纹，下面幼时灰绿，老时淡紫红，叶色美丽	喜高温多湿及半阴环境，喜光照充足，生长适温15~30℃，适宜疏松肥沃及通透的栽培基质	室内盆栽

（续）

中文名/拉丁学名	别　名	科　属	形态特征	主要习性	家庭应用
三色堇 *Viola tricolor*	猴面花、猫儿脸	堇菜科 堇菜属	二年生或多年生草本；株形低矮；花色瑰丽，通常有紫、白、黄三色	喜凉爽及光照充足环境，较耐寒，耐半阴，喜湿润肥沃的土壤	阳台盆栽、庭院栽植
珊瑚凤梨 *Aechmea fulgens*	亮叶光萼荷	凤梨科 光萼荷属	多年生草本；叶狭长，叶片莲座状丛生，绿色光亮；穗状花序奇特如珊瑚，色彩丰富，有红、橙、紫等；可观花观叶	喜温暖湿润及光照充足环境，不耐寒，生长适温15~30℃，喜肥沃湿润的砂壤土	室内盆栽
芍　药 *Paeonia lactiflora*	将离、婪尾春	毛茛科 芍药属	多年生草本；叶卵形；花大色艳，花形丰富	喜阳光充足，亦稍耐半阴，喜温和，耐高温，耐寒，喜疏松肥沃及排水好的砂壤土	室内盆栽、切花观赏
蛇目菊 *Sanvitalia procumbens*	金钱菊、小波斯菊	菊科 蛇目菊属	一年生草本；花朵小巧玲珑，黄色	喜凉爽湿润及阳光充足的环境，忌炎热，耐寒，耐干旱及瘠薄，对土壤要求不严	庭院栽植、阳台盆栽
射　干 *Belamcanda chinensis*	野萱花、交剪草	鸢尾科 射干属	多年生草本；叶剑形；花橙红色，花姿优美	喜温暖湿润，喜光照，耐热，耐寒耐旱，对土壤要求不严	庭院栽植、室内盆栽
肾　蕨 *Nephrolepis cordifolia*	蜈蚣草、圆羊齿	肾蕨科 肾蕨属	多年生草本；株高0.5m左右；叶羽状深裂，光滑，柔嫩翠绿	喜温暖湿润和半阴环境，忌阳光直射，生长适温20~22℃，适宜排水良好及富含腐殖质的肥沃壤土	室内盆栽
石　斛 *Dendrobium nobile*	金钗石斛	兰科 石斛属	多年生草本；叶革质，长圆形，深绿；花形小巧，花色丰富，以白、紫为主	喜温暖湿润和半阴环境，喜光，忌干燥，不耐寒，生长适温18~30℃，盆栽石斛需用泥炭苔藓、蕨根、树皮块和木炭等轻型、排水良好、透气的土壤	室内盆栽

（续）

中文名/拉丁学名	别　名	科　属	形态特征	主要习性	家庭应用
石　蒜 *Lycoris radiata*	龙爪花、彼岸花	石蒜科 石蒜属	多年生草本；叶狭带状，深绿色；花似倒伞形，花色血红	喜温暖湿润、阳光充足的环境，耐半阴，耐旱，较耐寒，不择土壤	庭院栽植、阳台盆栽
双色喜炮凤梨 *Guzmania sprucei*	喜炮凤梨	凤梨科 星花凤梨属	多年生常绿草本；叶片暗绿色，条带形；花序条柱形，红与黄双色	喜温暖湿润环境，忌强光直射，生长适温20~28℃，适宜基质栽培	室内盆栽
水塔花 *Billbergia pyramidalis*	红笔凤梨	凤梨科 水塔花属	多年生草本；叶莲座状，肥厚宽大，深绿色；花冠鲜红色，花瓣外卷	喜温暖湿润及半阴环境，不耐寒，稍耐旱，生长适温为20~28℃，喜疏松肥沃及富含腐殖质的土壤	室内盆栽
睡　莲 *Nymphaea tetragona*	子午莲、水芹花	睡莲科 睡莲属	多年生浮叶型水生草本；叶圆形，浮生于水面；花梗直立，花朵硕大，花色丰富	喜光，喜水质良好的静水，喜富含腐殖质的黏土或壤土	庭院盆栽
丝石竹 *Gypsophila acutifolia*	满天星、缕丝花	石竹科 石头花属	多年生草本；繁花点点，姿态雅致，枝条纤细，分枝繁茂	喜温暖湿润和阳光充足的环境，喜干燥肥沃及排水良好的土壤	切花观赏
四季秋海棠 *Begonia cucullata*	瓜子海棠	秋海棠科 秋海棠属	多年生常绿草本；叶色娇嫩，光亮，花朵成簇，四季开放	喜阴湿，忌阳光直射，忌干旱、水涝，较耐寒	室内盆栽
苏铁蕨 *Brainea insignis*	—	乌毛蕨科 苏铁蕨属	多年生草本；株高可达1.5m，树形美观，有苍老粗壮圆柱形茎干及绯红色的嫩叶	喜光照充足及温暖气候，不耐寒，耐旱，适宜排水良好的土壤	室内盆栽
随意草 *Physostegia virginiana*	假龙头花、荨麻叶龙头草、芝麻花	唇形科 假龙头花属	多年生草本；丛生，地上茎细弱，株态挺拔直立；叶卵状心形，亮绿色；花钟形，玫瑰紫色	喜温暖湿润及阳光充足的环境，忌强光直射，耐寒，不耐旱，生长适温18~28℃，喜疏松肥沃和排水良好的砂质壤土	庭院栽植、阳台盆栽、切花

（续）

中文名/拉丁学名	别　名	科　属	形态特征	主要习性	家庭应用
穗花婆婆纳 *Veronica spicata*	穗花	玄参科 婆婆纳属	一至二年生草本；株形紧凑；叶形优美；蓝色花，花序直立，花形独特	喜光，耐半阴，在各种土壤上均能生长良好，忌冬季土壤湿涝	庭院栽植、切花观赏
唐菖蒲 *Gladiolus gandavensis*	荸荠莲、菖兰	鸢尾科 唐菖蒲属	多年生草本；叶片线形，挺拔似剑；花梗修长，花穗直立，花形美观、色彩鲜艳	喜阳光充足，忌寒冻，不耐过度炎热，以冬暖夏凉的气候为宜，喜肥沃深厚及排水良好的砂质壤土	庭院栽植、切花观赏
天胡荽 *Hydrocotyle sibthorpioides*	圆地炮、龙灯碗	伞形科 天胡荽属	多年生草本；叶绿色，肾状圆形浅裂	喜温暖湿润环境，忌强光直射，耐阴耐湿，稍耐旱，生长适温22~28℃，适宜松软排水良好的栽培土	室内盆栽
天竺葵 *Pelargonium hortorum*	石蜡红、洋绣球	牻牛儿苗科 天竺葵属	多年生草本；叶肾形掌状，表面具马蹄形波环纹，翠绿；花梗长，花色艳丽丰富，红、橙红、粉红或白色	喜温暖湿润及阳光充足环境，不耐寒，不耐高温，忌水湿，喜肥沃及排水良好的砂质壤土	阳台盆栽、庭院栽植
铁线蕨 *Adiantum capillus-veneris*	铁丝草、铁线草	铁线蕨科 铁线蕨属	多年生常绿蕨类；叶羽状深裂，扇形，深绿，茎叶秀丽多姿；株形小巧	喜温暖湿润，不耐寒，耐半阴，忌强光直射，适宜疏松肥沃的砂质壤土	室内盆栽
铁线莲 *Clematis florida*	东北铁线莲、架子菜	毛茛科 铁线莲属	多年生草质藤本；小叶片狭卵形；花开展，紫色、粉紫或白色	耐寒性强，忌积水，不耐旱，喜肥沃及排水良好的碱性壤土	庭院爬藤、阳台盆栽、缠绕盆栽
铜钱草 *Hydrocotyle vulgaris*	野天胡荽	伞形科 天胡荽属	多年生草本；叶绿色，有光泽，圆盾形，圆润可爱	喜光照充足及温暖湿润气候，不耐寒，忌干旱，生长适温18~30℃，对土壤要求不严	室内盆栽、水培盆栽

（续）

中文名/拉丁学名	别　名	科　属	形态特征	主要习性	家庭应用
万寿菊 *Tagetes erecta*	孔雀菊、臭芙蓉	菊科 万寿菊属	一年生草本；花朵硕大，呈球形，色彩艳丽，有红、黄、橙色等	喜温暖湿润及阳光充足的环境，耐寒，耐干旱，对土壤要求不严	庭院栽植、阳台盆栽
网纹草 *Fittonia albivenis*	费通花	爵床科 网纹草属	多年生常绿草本；植株低矮；叶卵圆形，叶面有网状白色或红色叶脉交错	喜高温多湿环境，不耐寒，耐半阴忌强光，生长适温20~30℃，适宜富含腐殖质的砂质壤土	室内盆栽
文心兰 *Oncidium flexuosum*	跳舞兰、舞女兰	兰科 文心兰属	多年生草本；株态轻盈，花茎下垂，花大色艳，花形似飞舞的蝴蝶	喜湿润温暖及散射光充足的环境，喜光，不耐寒，耐旱，喜肥沃深厚及排水良好的砂质壤土	室内盆栽
文　竹 *Asparagus setaceus*	云片竹、山草	百合科 天门冬属	多年生草本；叶绿色，纤细，平铺舒展	喜温暖湿润环境，不耐寒不耐旱，生长适温15~25℃，喜富含腐殖质及排水良好的砂质壤土	室内盆景
勿忘草 *Myosotis alpestris*	琉璃草、星辰花	紫草科 勿忘草属	多年生草本；株形柔美，茎叶纤细，花小而精致，花色繁多	喜干燥凉爽的气候，忌湿热，喜光，耐旱，生长适温为20~25℃，喜疏松肥沃及排水良好的土壤	切花观赏
蓍 *Achillea millefolium*	千叶蓍、多叶蓍、西洋蓍草	菊科 蓍属	多年生草本；叶无柄，披针形，嫩绿色；花序伞房状，花色丰富，有淡紫、白、粉红等	喜温暖湿润及阳光充足的环境，耐寒，不耐热，喜肥沃及排水良好的微酸性土壤	庭院栽植、阳台盆栽
虾脊兰 *Calanthe discolor*	异色虾脊兰	兰科 虾脊兰属	多年生草本；叶倒卵长圆形，颜色丰富；萼片褐紫色，唇瓣白色，栽培种颜色丰富，有白、玫瑰红、蓝、紫等	喜温暖高湿及阳光充足的环境，忌阳光直射，较耐寒，耐半阴，不耐干旱和高温，喜排水良好、疏松肥沃及富含有机质的砂壤土	室内盆栽

（续）

中文名/拉丁学名	别　名	科　属	形态特征	主要习性	家庭应用
虾衣花 *Justicia brandegeeana*	麒麟吐珠、狐尾木	爵床科 爵床属	多年生草本；叶卵形或椭圆形；花白色、唇形，花形似虾，穗状花序下垂，鲜艳	喜温暖湿润环境，喜光，忌暴晒，较耐阴，不耐寒，喜疏松肥沃的土壤	庭院栽植、室内盆栽
夏　堇 *Torenia fournieri*	蓝猪耳	玄参科 蝴蝶草属	一年生直立草本；筒状花朵优雅美丽，小巧玲珑	喜温暖、湿润和阳光充足环境。不耐寒和霜冻，耐炎热，怕干旱。宜肥沃、疏松和排水良好的砂质土壤	阳台盆栽
仙客来 *Cyclamen persicum*	一品冠、兔耳花	报春花科 仙客来属	多年生草本；叶片心状卵圆形；花梗细长，花形奇特；花萼裂片长圆状三角形，花色丰富，花冠白色或玫红色	喜温暖湿润的环境，不耐热、较耐寒，忌强光直射，生长适温12~20℃，忌水涝，喜富含腐殖质的砂质土壤	厅堂、书房盆栽，切花
香石竹 *Dianthus caryophyllus*	康乃馨	石竹科 石竹属	多年生草本；花色鲜艳丰富，体态玲珑、花香浓郁	喜温暖湿润、阳光充足且通风良好的环境，忌涝，生长适温14~21℃，适宜疏松肥沃的土壤	切花观赏
香雪兰 *Freesia refracta*	小苍兰、小菖兰	鸢尾科 香雪兰属	多年生球根花卉；叶条形，花茎直立，花色丰富，芳香醇郁	喜温暖湿润及阳光充足环境，生长适温为15~20℃，喜疏松肥沃的砂壤土	室内盆栽、切花观赏
向日葵 *Helianthus annuus*	葵花、向阳花	菊科 向日葵属	一年生草本；茎高而直立；叶心状卵圆形；花盘形似太阳，花色丰富艳丽	喜光，耐低温，耐高温，生长适温21~26℃，喜肥沃深厚的土壤	庭院栽植、阳台盆栽
雪铁芋 *Zamioculcas zamiifolia*	金钱树、龙凤木	天南星科 雪铁芋属	多年生常绿草本；羽状复叶像一串串铜钱，叶椭圆形，质感厚，光亮翠绿	较耐旱，忌寒冷、忌强光暴晒，忌水涝，喜疏松肥沃、排水良好及富含有机质的土壤	室内盆栽、净化空气
勋章菊 *Gazania rigens*	勋章花	菊科 勋章菊属	多年生草本；叶披针状，叶形丰富；花形独特似勋章，花色鲜艳多样，有红、橙、黄等	喜温暖湿润及阳光充足的环境，较耐热，不耐寒，不耐水湿，对土壤要求不严	庭院栽植、阳台盆栽

（续）

中文名/拉丁学名	别　名	科　属	形态特征	主要习性	家庭应用
艳山姜 *Alpinia zerumbet*	红团叶、花叶良姜	姜科 山姜属	多年生草本；叶革质，圆矩状披针形，深绿色，叶背面浅绿色；花近钟形，白色，顶端红、黄色，花形美丽	喜高温多湿环境，不耐寒，稍耐阴，喜肥沃湿润的壤土	室内盆栽、庭院栽植
洋水仙 *Narcissus pseudonarcissus*	喇叭水仙、黄水仙	石蒜科 水仙属	多年生草本；叶绿色，宽线形；花朵硕大，开花繁茂，花色繁多，极为美丽	喜冷凉、阳光充足的环境，耐寒，耐旱，不耐湿，喜排水良好及肥沃的土壤	窗台盆栽、庭院栽植
一串红 *Slavia splendens*	墙下红、爆仗红	唇形科 鼠尾草属	多年生草本；叶卵形；轮伞花序，花冠唇形，鲜红色，色彩艳丽	喜阳光充足环境，不耐寒，耐半阴，生长适温 20~25℃，忌霜害，喜疏松肥沃排水良好的砂质壤土	庭院栽植、阳台盆栽
银边翠 *Euphorbia marginata*	高山积雪、象牙白	大戟科 大戟属	一年生草本；叶卵形，绿色，叶缘大范围白色；花小，白色	喜温暖及阳光充足的环境，不耐阴，耐高温，耐干旱，忌积水，喜排水良好、深厚肥沃及疏松的土壤	室内盆栽、庭院栽植
银莲花 *Anemone cathayensis*	两头尖	毛茛科 银莲花属	多年生草本；植株矮小；叶片圆肾形；花小，白色或粉红色	喜温暖、凉爽及阳光充足的环境，较耐寒，忌涝，喜湿润疏松、深厚及排水良好的肥沃壤土	庭院栽植、阳台盆栽
银叶菊 *Jacobaea maritima*	雪叶菊	菊科 疆千里光属	多年生草本；茎银灰色；羽状裂叶，叶色清雅	喜凉爽湿润及阳光充足的环境，生长适温 20~25℃，喜疏松肥沃的砂质土壤	庭院栽植、室内盆栽
虞美人 *Papaver rhoeas*	丽春花、小种罂粟花	罂粟科 罂粟属	一年生草本；叶片轮廓披针形或狭卵形；花色丰富、开花时薄薄的花瓣质薄如绫，光洁似绸	喜阳光充足、温暖、通风的环境，耐低温，忌炎热多湿，对土壤适应性强，喜排水良好的砂质土壤	庭院栽植、切花观赏

（续）

中文名/拉丁学名	别　名	科　属	形态特征	主要习性	家庭应用
羽衣甘蓝 *Brassica oleracea* var. *acephala*	花包菜、叶牡丹	十字花科 芸薹属	二年生观叶草本；株形美观，株丛莲座状；叶色美丽，叶片宽大匙形，多皱，叶缘波曲，光滑无毛	喜温和冷凉气候，耐寒性强，较耐阴，喜湿润，对土壤要求不严	庭院栽植、阳台盆栽
玉　簪 *Hosta plantaginea*	白鹤花、玉春棒	百合科 玉簪属	多年生宿根草本；植株低矮而圆整；叶卵状心形，青翠；花单生或簇生，白色，有芳香	喜阴凉湿润环境，忌强光直射，耐寒，喜肥沃湿润、排水良好的土壤	庭院栽植，阳台、厅堂盆栽
郁金香 *Tulipa gesneriana*	洋荷花、草麝香	百合科 郁金香属	多年生草本；花大，单朵顶生，花色艳丽，有洋红、紫红或鲜黄等，花姿独特	适宜冬季温暖湿润、夏季凉爽干燥的环境，不耐热，耐寒，喜排水良好、疏松肥沃且富含腐殖质的砂质壤土	室内盆栽、切花
鸢　尾 *Iris tectorum*	蓝蝴蝶、扁竹花	鸢尾科 鸢尾属	多年生草本；叶丛青翠碧绿，似剑若带，清秀挺拔；花姿奇异，色彩浓艳	喜向阳环境，耐半阴，耐寒，喜排水良好及适度湿润的钙质土壤	庭院栽植
圆叶竹芋 *Ischnosiphon rotundifolius*	青苹果竹芋	竹芋科 细穗竹芋属	多年生常绿草本；叶片硕大，卵圆形，薄革质，沿侧脉有排列整齐的银灰色宽条纹	喜温暖湿润及半阴环境，不耐寒，不耐旱，忌烈日暴晒	室内盆栽
长春花 *Catharanthus roseus*	雁来红、日日春	夹竹桃科 长春花属	多年生常绿草本；叶深绿，有光泽；花色丰富，玫瑰红，白色或粉红色	喜光，喜高温，耐半阴，怕严寒，忌水湿，喜肥沃及排水良好的土壤，忌黏重及碱性土壤	阳台盆栽、庭院栽植
长寿花 *Kalanchoe blossfeldiana*	矮生伽蓝菜、假川莲	景天科 伽蓝菜属	多年生肉质草本；株形紧凑美观；叶深绿有光泽，边缘略带红；聚伞花序，花色鲜艳，有红、橙黄等色	喜温暖稍湿润及阳光充足的环境，不耐寒，耐干旱，生长适宜温度15~25℃，对土壤要求不严	室内盆栽

（续）

中文名/拉丁学名	别　名	科　属	形态特征	主要习性	家庭应用
蜘蛛抱蛋 *Aspidistra elatior*	一叶兰、苞米兰	百合科 蜘蛛抱蛋属	多年生草本；叶椭圆形，深绿色；有时会有黄白色斑点	喜温暖，耐阴，忌强光，生长适温15~25℃，不耐旱，对土壤要求不严	室内盆栽、庭院栽植、净化空气
朱顶红 *Hippeastrum rutilum*	百枝莲、华胄兰	石蒜科 朱顶红属	多年生草本；叶披针形；花茎直立且中空，稍扁，花朵硕大，花色艳丽	喜温暖湿润及阳光充足的环境，耐热，忌水涝，喜排水良好及富含腐殖质的砂质土壤	阳台盆栽、庭院栽植
紫背竹芋 *Stromanthe sanguinea*	卧花竹芋	竹芋科 紫背竹芋属	多年生常绿草本；株高0.3~0.8m；叶正面暗绿色有光泽，中脉两侧有斜向上的绿色条斑，叶背紫红色有绿色条斑，枝叶挺拔艳丽	喜温暖湿润及半阴环境，不耐寒，不耐旱，忌强光直射，生长适温18~28℃，喜疏松肥沃及排水良好的砂质壤土	室内盆栽
紫芳草 *Exacum affine*	紫星花	龙胆科 藻百年属	一年生草本；叶卵形或心形；花紫色，有芳香	喜温暖湿润及阳光充足环境，忌强光直射，不耐热，忌涝，生长适温20~30℃，适宜疏松及富含有机质土壤	庭院栽植、阳台盆栽
紫花瓶子草 *Sarracenia purpurea*	紫瓶子草	瓶子草科 瓶子草属	多年生食虫草本；叶常绿，圆筒状为补捕虫叶，普通叶为剑形；花紫色	喜温暖湿润环境，较耐寒，生长适温20~32℃，适宜排水良好的泥炭土	室内盆栽、庭院栽植
紫罗兰 *Matthiola incana*	草桂花、草紫罗兰	十字花科 紫罗兰属	二年生或多年生草本；叶片长圆形；花色丰富，有浅桃红、深红、浅紫、深紫、纯白等	喜阳光充足及凉爽环境，忌燥热，耐半阴，喜肥沃湿润的土壤	切花观赏、阳台盆栽
醉蝶花 *Tarenaya hassleriana*	西洋白花菜、凤蝶草	白花菜科 醉蝶花属	一年生强壮草本；叶椭圆状披针形；总状花序，花淡红或白色，盛开时花瓣似蝴蝶飞舞	喜阳光充足及高温环境，耐热，不耐寒，耐半阴，对土壤要求不严	庭院栽植、阳台盆栽

附表3　芳香植物

中文名/拉丁学名	别　名	科　属	形态特征	主要习性	家庭应用
白兰花 *Michelia×alba*	白玉兰	木兰科 含笑属	常绿乔木；株形直立；花白色，香气浓郁	喜阳光充足、温暖潮湿及通风良好的环境，不耐寒，不耐阴，忌高温和强光，适合生长于微酸性土壤中	庭院栽植
百　合 *Lilium brownii* var. *viridulum*	夜合花、百合蒜	百合科 百合属	多年生草本；植株挺秀；花朵大，色彩鲜艳，芳香浓郁	喜冷凉湿润，耐寒，耐旱，忌涝，喜肥沃深厚及排水良好的砂壤土	室内盆栽、切花观赏
百里香 *Thymus mongolicus*	地椒、麝香草	唇形科 百里香属	多年生草本；叶卵圆形；花管状钟形，紫色，开花时香味浓郁	喜温暖、光照和干燥的环境，喜疏松且排水良好的土壤	室内盆栽
薄　荷 *Mentha canadensis*	仁丹草、水薄荷	唇形科 薄荷属	多年生草本；叶唇形，青色翠绿，有清香	喜温暖湿润环境，喜光照，耐寒，耐热，耐水湿，生长适温20~30℃，喜肥沃疏松及排水良好的土壤	室内盆栽
春　兰 *Cymbidium goeringii*	草兰、山兰	兰科 兰属	多年生草本；花朵小巧可爱，开花时散发出淡淡幽香	喜温暖湿润及半阴环境，耐寒，忌高温，忌干燥及积水，喜疏松肥沃及排水良好的土壤	室内盆栽
滇丁香 *Luculia pinceana*	藏丁香、丁香	茜草科 滇丁香属	灌木或乔木；株形优美；四季苍翠，花期较长，花形较大且芬芳怡人	喜阳光充足及温暖湿润的气候，稍耐阴，生长适温18~20℃，喜疏松肥沃及排水良好的土壤	室内盆栽、切花观赏
萼脊兰 *Phalaenopsis japoncia*	萼脊蝴蝶兰	兰科 蝴蝶兰属	多年生草本；花形奇特，花具橘子香气	喜阴，忌阳光直射，喜湿润，忌干燥，喜排水良好及富含腐殖质的砂质壤土	室内盆栽

（续）

中文名/拉丁学名	别　名	科　属	形态特征	主要习性	家庭应用
非洲茉莉 *Fagraea ceilanica*	华灰莉、鲤鱼胆、灰莉	马钱科 灰莉属	攀缘灌木；叶稍肉质；花白色，清郁芳香	喜温暖光照环境，忌阳光直射，生长适温18~30℃，喜疏松肥沃及排水良好的壤土	庭院栽植
风信子 *Hyacinthus orientalis*	洋水仙、西洋水仙	百合科 风信子属	多年生草本；植株紧凑；鳞茎球形；花序端庄，花色丰富	冬季喜温暖湿润，夏季喜凉爽和干燥，喜疏松肥沃及排水良好的砂壤土	切花观赏、室内盆栽、水养观赏
桂　花 *Osmanthus fragrans*	木樨、岩佳	木樨科 木樨属	常绿乔木；高达10m；叶革质；花小，有乳白(银桂)、黄(金桂)、橙红(丹桂)等颜色，香气浓郁	喜温暖湿润环境，耐高温不耐寒，忌积水，生长适温20~28℃，适宜排水良好、富含腐殖质的偏酸性砂质土	室内盆景、庭院栽植
含笑花 *Michelia figo*	含笑美、含笑梅	木兰科 含笑属	常绿灌木；叶背和佛焰状苞片呈锈色光泽；色彩美观，雅致宜人，花大而洁白美丽，芳香	耐半阴，忌强光照射，不耐低温，不耐干旱，忌水渍，喜排水良好及肥沃的土壤	庭院栽植
狐尾兰 *Rhynchostylis gigantea*	海南钻喙兰、钻喙兰	兰科 钻喙兰属	多年生附生草本；花似狐狸的尾巴，具浓香，花色艳丽	喜充足的阳光，冬季可见直射光	室内盆栽
蕙　兰 *Cymbidium faberi*	夏兰、九节兰	兰科 兰属	多年生草本；植株挺拔；花茎直立，花大色艳且香气浓郁	喜温暖湿润和半阴环境，较耐寒，忌积水和干燥，适宜疏松肥沃及排水良好的土壤	室内盆栽
鸡蛋花 *Plumeria rubra*	蛋黄花、印度素馨	夹竹桃科 鸡蛋花属	落叶小乔木；花瓣外白内黄，具浓郁芬芳	喜光照充足和温暖湿润的环境，不耐寒，稍耐阴，耐干旱，生长适温23~32℃，喜排水良好的肥沃土壤	庭院栽植
建　兰 *Cymbidium ensifolium*	秋兰、雄兰、秋蕙	兰科 兰属	多年生草本；植株雄健；花叶繁茂，花朵大，色彩丰富	喜温暖湿润和半阴环境，耐寒性差，忌水涝，忌干旱，忌强光暴晒，喜肥沃疏松及排水良好的土壤	室内盆栽

（续）

中文名/拉丁学名	别　名	科　属	形态特征	主要习性	家庭应用
姜　花 *Hedychium coronarium*	蝴蝶姜、白蝴蝶花	姜科 姜花属	多年生草本；株形优美；花形美丽，白色，花香怡人	不耐寒，喜冬季温暖、夏季湿润的环境，喜微酸性的肥沃砂质壤土	室内盆栽、切花观赏、庭院栽植
金银花 *Lonicera japonica*	忍冬、老翁须	忍冬科 忍冬属	半常绿藤本；叶卵形，尖端；花开时为白色，后变黄色，花香清新，花色清雅	喜阳耐阴，耐寒，耐旱，耐水湿，对土壤要求不严，以湿润肥沃深厚的砂壤土为宜	室内盆景、庭院栽植
九里香 *Murraya exotica*	千里香、月橘	芸香科 九里香属	常绿灌木；株高1~2m；花白色，具芳香	喜温热气候，不耐寒，耐半阴，耐干旱，忌涝，生长适温20~32℃，喜疏松肥沃、富含腐殖质的土壤	室内盆栽、庭院栽植
蜡　梅 *Chimonanthus praecox*	腊梅、黄梅花	蜡梅科 蜡梅属	落叶丛生灌木；株高可达5m；叶革质；先花后叶，花瓣蜡质，花香浓郁	喜光，耐阴，忌积水，耐寒耐旱，喜疏松肥沃及排水良好的砂质壤土	室内盆栽、庭院栽植
铃　兰 *Convallaria majalis*	草玉玲、君影草	百合科 铃兰属	多年生草本；株丛低矮；花具清香	喜凉爽湿润、半阴环境，忌炎热，耐严寒，喜富含腐殖质的砂质壤土	室内盆栽、切花观赏
琉璃苣 *Borago officinalis*	星星草、玻璃苣	紫草科 玻璃苣属	一年生草本；花蓝色，呈疏散、有叶的聚伞花序，具长柄；稍具黄瓜香味	喜温植物，耐高温多雨环境，也耐干旱，不耐寒，对土壤要求不严	室内盆栽、叶可食用
罗　勒 *Ocimum basilicum*	九层塔、金不换	唇形科 罗勒属	一年生草本，少数为多年生；叶卵圆形，叶色翠绿或紫红，具芳香	喜温暖湿润，耐热，不耐寒，耐干旱，不耐涝，宜选择土质肥沃及排水良好的砂质土壤	庭院栽培
马薄荷 *Monarda didyma*	美国薄荷、佛手甜	唇形科 美国薄荷属	一年生草本；叶卵形，有芳香；花密集于茎顶端，花色丰富；株丛繁盛	适应性强，喜凉爽湿润环境，耐半阴，耐寒，忌干燥	室内盆栽、切花观赏、庭院栽植

（续）

中文名/拉丁学名	别 名	科 属	形态特征	主要习性	家庭应用
玫 瑰 *Rosa rugosa*	笔头花、刺玫	蔷薇科 蔷薇属	常绿灌木；花朵大，颜色多样且气味芳香	喜阳光充足的环境，耐寒，耐旱，喜排水良好及疏松肥沃的壤土	切花观赏、庭院栽植
梅 花 *Prunus mume*	干支梅、梅	蔷薇科 李属	落叶乔木；株高可达10m；花白、粉等颜色，花香清冽	喜温暖湿润气候，喜光照，耐寒，耐旱，生长适温15～28℃，喜排水良好土壤	庭院栽植、室内盆景
迷迭香 *Rosmarinus officinalis*	海洋之露、艾菊	唇形科 迷迭香属	灌木；叶片线形，革质；花蓝紫色	喜温暖气候，较耐旱，喜排水良好的砂质土壤	室内盆栽、庭院栽植
米 兰 *Aglaia odorata*	米仔兰	楝科 米仔兰属	常绿灌木或小乔木；花朵很小，形似鱼籽；可观叶观花，开花季节浓香四溢	喜温暖湿润的环境，忌寒冷，喜肥沃疏松及富含腐殖质的砂质壤土	室内盆栽
茉莉花 *Jasminum sambac*	香魂、莫利花	木樨科 素馨属	常绿灌木；植株矮小，叶色翠绿；花朵颜色洁白，香气浓郁	喜阳光充足及温暖湿润的环境，不耐寒，不耐涝，忌霜冻，喜疏松肥沃及排水良好的砂质壤土	室内盆栽、庭院栽植
碰碰香 *Plectranthus hadiensis* var. *tomentosus*	苹果香、一抹香	唇形科 马刺花属	多年生灌木状草本；植株低矮；叶片圆形、香味浓甜，似苹果香味	喜阳光充足，较耐阴，耐干旱，忌潮湿，喜疏松肥沃及排水良好的腐殖质土或砂质土	室内盆栽、悬吊盆栽
千里光 *Senecio scandens*	蔓黄菀、九里明	菊科 千里光属	多年生草本；舌状花黄色，花朵小巧可爱	喜光照及温暖湿润的气候，对土壤要求不严，但以疏松肥沃及排水良好的土壤为宜	庭院栽植
球 兰 *Hoya carnosa*	狗舌藤、铁脚板	萝藦科 球兰属	多年生常绿藤本；枝蔓柔软蜿蜒；叶绿色，花星形，颜色多样；开花时散发果香味	喜散光，喜半阴环境，耐蔽荫，忌烈日直射，不耐寒，喜富含腐殖质且排水良好的土壤	吊挂盆栽

（续）

中文名/拉丁学名	别　名	科　属	形态特征	主要习性	家庭应用
瑞　香 *Daphne odora*	沈丁花、千里香	瑞香科 瑞香属	常绿直立灌木；早春开花，具芳香	喜散光，忌烈日，盛夏要蔽荫，喜疏松肥沃及排水良好的酸性土壤	庭院栽植
鼠尾草 *Salvia japonica*	秋丹参	唇形科 鼠尾草属	一年生草本；花色丰富，花似唇形，上唇瓣小，下唇瓣大	喜光照充足和湿润环境，耐旱，耐寒，忌干燥炎热，喜排水良好的砂质壤土	室内盆栽
水　仙 *Narcissus tazetta* subsp. *chinensis*	中国水仙	石蒜科 水仙属	多年生草本；叶扁平带状，苍绿；花白色，花蕊外围有金黄色的保护罩，花具浓厚的幽香	喜阳光充足温暖湿润的环境，喜疏松肥沃的砂质土壤	室内盆栽
素方花 *Jasminum officinale*	秀英花、蔓茉莉	木樨科 素馨属	攀缘灌木；枝叶茂密，叶色翠绿；花小而白，散发香味	喜温暖和阳光充足的环境，不耐寒，不耐阴，要求在土质肥厚、疏松透气及排水良好的砂质土壤中生长	室内盆栽
晚香玉 *Polianthes tuberosa*	夜来香、月下香	石蒜科 晚香玉属	多年生草本，植株挺立；花乳白色；花香清郁	喜温暖湿润及阳光充足的环境，以黏质土壤为宜	庭院栽植、切花观赏
文殊兰 *Crinum asiaticum* var. *sinicum*	十八学士、白花石蒜	石蒜科 文殊兰属	多年生草本；花朵洁白，秀丽多姿，具芳香	喜温暖湿润及阳光充足环境，耐半阴，耐湿，耐旱，以疏松肥沃及排水良好的壤土为宜	阳台盆栽、庭院栽植
‘香冠’柏 *Cupressus magcroglossus* ‘Gloderest’	金冠柏	柏科 柏木属	常绿小乔木；主干细直；叶鳞片状，黄绿色；枝叶有浓郁香气，树姿碧绿高雅	喜冷凉、光照充足，稍耐高温，生长适温13~26℃，适宜肥沃、排水良好的腐殖质土或砂质壤土	室内盆栽、庭院栽培
香叶天竺葵 *Pelargonium graveolens*	芳香天竺葵、驱蚊香草	牻牛儿苗科 天竺葵属	多年生常绿草本；叶形优美，香气四溢，全株带似玫瑰又似薄荷的甜香	喜温暖湿润和阳光充足环境，耐寒性差，生长适温15~25℃，忌水湿和高温，适宜疏松肥沃及排水良好的土壤	室内垂吊盆栽

（续）

中文名/拉丁学名	别　名	科　属	形态特征	主要习性	家庭应用
薰衣草 *Lavandula angustifolia*	蓝香花、爱情草	唇形科 薰衣草属	多年生矮灌木；植株低矮，外形优美；花序颖长，花色艳丽	适应性极强，喜阳光充足环境，耐寒，耐旱，喜疏松肥沃及排水良好的土壤	庭院栽植、切花观赏
野蔷薇 *Rosa multiflora*	多花蔷薇、蔓性蔷薇	蔷薇科 蔷薇属	落叶小灌木；花朵多，花色丰富；气味芳香	喜光，耐半阴，较耐寒，耐干旱，耐瘠薄，喜疏松肥沃及排水良好的土壤	庭院攀缘栽植
夜合花 *Lirianthe coco*	夜香木兰、合欢花	木兰科 长喙木兰属	常绿灌木；高1~2m；夏季常开出绿白色球状小花，幽香清雅	适应性很强，喜温暖湿润及阳光充足的环境，耐阴，耐干旱，喜排水良好及肥沃的砂质土壤	室内盆景、庭院栽植
夜来香 *Telosma cordata*	夜香花、叶兰香	夹竹桃科 夜来香属	常绿灌木；叶绿色，椭圆状；花黄绿色，花芳香浓郁	喜温暖湿润及光照充足环境，适宜肥沃土壤	阳台盆栽、庭院栽植
鸳鸯茉莉 *Brunfelsia brasiliensis*	二色茉莉、番茉莉	茄科 鸳鸯茉莉属	常绿灌木；株高0.5~1m；叶长椭圆形，花蓝色或白色，花有芳香	喜温暖湿润环境，喜光，喜肥，忌水涝	室内盆栽、庭院栽植
月　季 *Rosa chinensis*	月月红、月月花	蔷薇科 蔷薇属	常绿低矮灌木；花朵硕大，色彩丰富，香气怡人	喜温暖、日照充足及空气流通的环境，喜疏松肥沃、富含有机质及排水良好的微酸性壤土	切花观赏、室内盆栽、庭院栽植等
芸　香 *Ruta graveolens*	臭草	芸香科 芸香属	多年生草本；植株高达1m；花金黄色；枝叶和花均有浓烈特殊气味	喜温暖湿润环境，耐寒，耐旱，生长适温22~27℃，喜疏松肥沃、富含腐殖质及排水良好的砂质壤土	庭院栽植
泽　兰 *Eupatorium japonicum*	白头婆、山佩兰	菊科 泽兰属	多年生草本；叶片卵圆形；花朵小巧可爱，花色丰富	适应性较强，喜温暖及阳光充足的环境，不择土壤	庭院栽植

（续）

中文名/拉丁学名	别　名	科　属	形态特征	主要习性	家庭应用
栀子花 *Gardenia jasminoides*	栀子、黄栀子	茜草科 栀子属	常绿灌木；叶色亮绿，四季常青；花朵硕大，花色洁白，芳香馥郁	喜温暖湿润、光照充足及通风良好的环境，较耐寒，耐半阴，忌强光暴晒，喜疏松肥沃及排水良好的土壤	切花观赏、庭院栽植、阳台盆栽
珠　兰 *Chloranthus spicatus*	金粟兰、鱼子兰	金粟兰科 金粟兰属	多年生草本；枝叶碧绿柔嫩；花香浓郁	喜温暖湿润和半阴环境，不耐寒，忌霜冻，忌干燥炎热，喜疏松肥沃及排水良好的土壤	室内盆栽
紫丁香 *Syringa oblata*	百结、情客	木樨科 丁香属	落叶灌木或小乔木；株高1~3m；叶纸质；花紫色，有香气	较耐旱，忌积水，耐寒耐阴，适宜肥沃湿润土壤	庭院栽植

附表4　多肉植物

中文名/拉丁学名	别　名	科　属	形态特征	主要习性	家庭应用
‘奥普琳娜’ × *Graptoveria* ‘Opalina’	‘奥普’	景天科 风车石莲属	肉质叶互生，叶长匙型，叶上部斜尖，顶尖易红，叶面略内凹、有白粉，叶背有龙骨，容易长大并群生；植株具备匍匐生长的习性	喜温暖干燥和阳光充足的环境，耐旱，忌盆土长期潮湿，生长适温10~25℃	适合作室内盆栽、南向阳台盆栽，极具观赏价值
波　路 × *Gasteraloe beguinii*	绫锦、珍珠芦荟	百合科 绫锦芦荟属	莲座叶盘径20cm左右，叶多达40~50片，排列紧凑；叶深绿色，叶尖稍红，三角形带尖，叶背有2条龙骨突，布满白齿状小硬疣	喜温暖干燥和阳光充足环境，稍耐寒，耐干旱和半阴，不耐水湿和强光暴晒；生长适温为20~24℃，冬季温度不低于8℃	造型优美，是一种观赏和点缀家居环境的绿色美植
刺叶露子花 *Delosperma echinatum*	雷童、苍耳掌	番杏科 露子花属	茎细长，多分枝；叶对生，长椭圆形或卵形，高度肉质，长1.5cm，绿色，表面密生白色肉质刺疣	喜温暖、干燥、阳光充足和通风良好的环境；不耐寒，怕积水；适宜生长在疏松肥沃、排水良好的砂壤土中	适合家庭观赏，可用于室内几案摆设及阳台、书桌、卧室、洗手间内壁挂装饰

（续）

中文名/拉丁学名	别 名	科 属	形态特征	主要习性	家庭应用
朱唇石 *Adromischus herrei*	太平乐	景天科 天锦章属	植株呈丛生状；肉质叶纺锤性，两头尖，叶面粗糙，布满疙瘩，但有光泽，叶色翠绿，新叶阳光暴晒后，呈紫红色	喜凉爽、干燥和阳光充足的环境，耐干旱，怕积水，既不耐寒冷，也怕高温	适宜用小盆种植，陈设于窗台、案头、书桌等处用于观赏，清新典雅，奇特有趣
大叶落地生根 *Kalanchoe daigremontiana*	宽叶落地生根、落地生根	景天科 伽蓝菜属	叶对生或轮生，下部叶片较大，常抱茎，叶片肥厚多汁，绿色，具淡红褐色斑点	落地即能生根，耐干旱，较喜肥喜温暖和阳光充足环境，不耐弱光和暴晒，生长适温 13~19℃	室内盆栽、南向阳台盆栽，观赏性强；置于案几、窗台、书桌点缀，小巧又典雅
‘大花犀角’ *Stapelia grandiflora*	海星花、臭肉花	萝藦科 豹皮花属	植株丛生，四棱柱状茎直立向上生长，高 20~30cm，粗 3~4cm；花多从嫩茎的基部长出，直径 15~20cm，淡黄色	喜阳光充足和温暖干燥的环境，耐干旱和半阴，忌水湿，生长适温 16~22℃	适合盆栽点缀窗台、阳台和居室，清新而雅致
‘黛比’ × *Graptoveria*‘Debbi’	—	景天科 风车石莲属	植株单头莲座状；叶长匙型、略厚，叶前端斜尖呈三角形，有白粉，叶色粉紫到紫红	喜欢通风阳光充足的环境，喜欢疏松透气肥沃的土壤，夏季温度高于 35℃时需要遮阴并减少浇水	室内小型盆栽观赏；可置于窗口、阳台，美观大方
灯 泡 *Conophytum burgeri*	‘富士山’	番杏科 肉锥花属	植株晶莹剔透，表皮亮绿色，半透明状；花大型，淡紫红色，中心部位呈白色，春季或秋季开放	喜凉爽、干燥和阳光充足的环境，适宜在昼夜温差较大的条件下生长，不耐阴，耐干旱，怕积水，既不耐寒，也不耐酷热	常作室内小型盆栽观赏；陈设于窗台、阳台等处
‘冬美人’ × *Pachyphytum* ‘Pachyphytoides’	‘东美人’	景天科 厚叶草属	叶环状排列，匙形，有叶尖，叶缘圆弧状，叶片肥厚，光滑微量白粉，蓝绿色至灰白色	喜温暖干燥和光照充足的环境，耐旱，喜疏松排水透气的土壤，生长适温 18~25℃	观赏性强，常作室内中小型盆栽；可以吸收甲醛等物质，净化空气
芙蓉雪莲 *Echeveria laui* × *lindsayana*	红柏莲、大雪莲	景天科 拟石莲花属	叶长匙到短匙形，叶表富有一层较厚的白粉，通常呈现白里透青或者白里透粉，叶尖叶缘容易出现粉红色或者橙红色，有清水出芙蓉之感	喜日照充足、干燥凉爽和昼夜温差较大的环境，耐干旱，忌积水、闷热和潮湿，有一定的耐寒性；适宜温度 10~30℃	常作室内中型盆栽，可搭配其他多肉植物进行造景，有装饰点缀的作用，可以美化家居环境

（续）

中文名/拉丁学名	别名	科属	形态特征	主要习性	家庭应用
佛手掌 *Glottiphyllum linguiforme*	舌叶花、宝绿	番杏科 舌叶花属	佛手掌植株小巧玲珑；舌状形的肉质叶光滑，肥厚，嫩绿而有光泽，宛如翡翠；花大、金黄色，并且紧贴叶面开放，黄绿相衬	喜阳光充足温暖、湿润气候和半阴环境；忌强阳光直射，耐干旱，怕积水；适宜在疏松肥沃、排水良好的砂质壤土中生长	常陈设在室内书桌、几案上观赏，为理想的室内小型盆栽观赏植物
‘富士’ *Orostachys* ‘Fuji’	‘玄海岩’、‘白覆轮’	景天科 瓦松属	肉质叶排列成小莲座状；叶表面有淡淡的白粉，叶缘有黄白色斑纹；开花时叶盘向上延长抽出花序	喜阳光充足和温暖、干燥环境，耐半阴，不耐寒冷，也怕酷暑，忌水涝，生长适宜温度15~25℃	植株形似莲花，叶色清新淡雅，适合用小盆栽种，布置窗台、几案等处，效果独特
宫灯长寿花 *Kalanchoe manginii*	红提灯、珍珠风铃	景天科 伽蓝菜属	茎木质化，多分枝，枝柔软常下垂；叶对生，长卵形，稍具肉质；花红色，管状，先端4瓣稍分开，其外形酷似小提灯	喜温暖、干燥和阳光充足环境，适宜生长温度为15~25℃，高于30℃时生长迟缓，温度低于10℃时生长就会停滞	常用作小型盆栽观赏、点缀，可陈设于阳台处，美化家居
观音坐莲 *Sempervivum tectorum*	长生草、观音莲	景天科 长生草属	叶莲座状环生，外形如莲座，扁平细长，前端急尖，叶缘有小茸毛，充分光照下，叶尖和叶缘形成咖啡色或紫红色	喜温湿润、半阴的生长环境，夏季进入休眠期，避免阳光直射，生长适温为20~30℃，越冬温度为15℃	适合做中小型盆栽或组合盆栽，用于布置书房、客厅、卧室和办公室等处，高贵典雅
‘黑法师’ *Aeonium arboreum* ‘Atropurpurum’	‘黑美人’、‘黑玫瑰’	景天科 莲花掌属	薄肉质叶，菊花形莲座叶盘，集成的叶子下长椭圆形或倒披针形，长5~7cm，叶缘白色的睫毛像细齿叶颜色；花为总状花序，小花黄色	喜温暖干燥和阳光充足的环境，耐干旱，不耐寒，稍耐半阴，日照过少时叶片会变为绿色	盆栽可放置于电视机、计算机旁，可吸收甲醛等物质，净化空气
黄丽 *Sedum adolphii*	金景天	景天科 景天属	植株具短茎；叶轮生，整体呈莲座状，叶肉质，匙形，疏松饱满，表面附蜡质并呈黄绿色或金黄色偏红	喜温暖、干燥环境，生长适温为15~28℃，夏季30℃以上或冬季低于5℃时植物缓缓进入休眠	具观赏价值，在家庭中常作点缀之用，可陈设于阳台处，美化家居
火祭 *Crassula capitella*	秋火莲	景天科 青锁龙属	植株丛生；长圆形肉质叶交互对生，在光照充足的条件下肉质叶呈浅绿色至深红色	喜凉爽、干燥和阳光充足的环境，光照太少，容易徒长成草，耐干旱，怕水涝，有一定的耐寒性	可作中小型垂吊盆景，装饰光照充足的窗台、阳台、庭院等处

（续）

中文名/拉丁学名	别 名	科 属	形态特征	主要习性	家庭应用
‘乒乓福娘’ *Cotyledon orbiculata* ‘Oophylla’	‘胖叶福娘’	景天科 银波锦属	直立肉质灌木；叶片对生，扁卵形至圆卵形，叶绿至灰色，被有白粉，叶片的顶端边缘容易泛红，有姑娘的羞涩感觉	喜欢阳光充足和凉爽、干燥的环境，耐半阴，怕水涝，忌闷热潮湿，生长适温 15~25℃，冬季不低于 5℃	可作小型盆栽观赏，盆栽可放置于电视、计算机旁
绒 针 *Crassula mesembryanthoides*	银箭、变色龙	景天科 青锁龙属	绒针的叶片附着灰灰白白的茸毛，叶面呈绿色，在阳光照射下，会变成红、紫色等	喜温暖、干燥和光照充足的环境；耐干旱和半阴，怕积水，忌强光，适宜生长温度 18~24℃	室内小型盆栽，可放在阳台、办公桌、窗台、茶几等处
山影拳 *Cereus pitajaya*	仙人山、山影	仙人掌科 天轮柱属	植株无叶，具浅绿至深绿或蓝绿色肉质变态茎，变态茎参差不齐呈不规则的岩石状	性喜阳光，耐旱，耐贫瘠，也耐阴；喜欢通气、排水良好、富含石灰质的砂质土壤	可配以雅致的盆钵，置于书房案头、客厅桌几，高雅脱俗
神想曲 *Adromischs poellnitzianus*	熊掌、永乐	景天科 天锦章属	斧形叶片高度肉质化，叶缘圆钝呈波浪形，叶绿色或带有浅褐色斑纹；茎部粗短，会伸出许多毛状气生根	喜阳光充足和凉爽、干燥的环境，耐干旱，夏季避免阳光暴晒，要适当遮阳，生长适温 15~25℃，冬季不能低于 7℃	姿态奇特，适合作小盆栽摆放在窗台、茶几、书桌等处观赏
生石花 *Lithops pseudotruncatella* subsp. *archerae*	石头花、元宝	番杏科 生石花属	全株肉质；茎很短，肉质叶对生联结，形似倒圆锥体；有淡灰棕、蓝灰、灰绿、灰褐等颜色，顶部有一裂缝，裂缝中开花，花白色或黄色	喜温暖干燥和阳光充足环境，忌阳光暴晒，生长适温为 10~30℃，可短暂耐受 4~5℃的低温；宜生长在疏松透气的中性砂壤土中	形态奇特，花色艳丽，可作小型盆栽陈设于书桌、茶几上
沙漠玫瑰 *Adenium obesum*	天宝花、 小夹竹桃	夹竹桃科 沙漠玫瑰属	植株呈灌木或小乔木状；具发达的肉质根，茎、枝均为肉质，倒卵形至椭圆形、长条形叶集生在枝头；花冠漏斗形，以红色为主	性喜高温、干旱、阳光充足的气候，喜富含钙质的、疏松透气的、排水良好的砂质壤土，不耐蔽荫，忌涝，畏寒冷，生长适温 25~30℃	南方地栽布置小庭院，古朴端庄，自然大方；也可作盆栽观赏，装饰室内阳台
松鼠尾 *Sedum morganianutn*	串珠草、翡翠景天	景天科 景天属	叶互生，叶长圆状披针形，先端略尖，多汁，易脱落，叶晶莹且具光泽，叶色蓝绿，排列紧密；伞房花序顶生，小花 10 余朵，呈深紫色	喜阳光充足及干燥、通风环境，忌水湿；耐半阴，夏季需要遮阴；冬季夜间温度需保持在 5~10℃，白天应在 15℃以上	姿态优美，作为小型盆栽独具特色，也可吊盆悬挂供室内装饰

（续）

中文名/拉丁学名	别　名	科　属	形态特征	主要习性	家庭应用
‘桃美人’ *Pachyphytum* ‘Blue Haze’	—	景天科 厚叶草属	叶肉质肥厚，互生，排列呈延长的莲座状，呈倒卵形，先端平滑钝圆，有轻微的钝尖，叶背面圆凸，正面较平	喜温暖、干燥、光照充足的环境，耐旱性强，喜疏松、排水透气性良的土壤，无明显休眠期	可独种于露台或者花园中，也可和其他景天科多肉植物搭配种植
条纹十二卷 *Haworthia fasciata*	锦鸡尾、条纹蛇尾兰	百合科 十二卷属	植株小型；肉质叶紧密轮生在茎轴上，呈莲座状；叶三角状披针形，先端尖锐表面光滑，叶背绿色，具有白色疣状突起，呈横条纹排列	喜温暖干燥和阳光充足环境，怕低温和潮湿；生长最佳温度为20～30℃，冬季越冬需要保持在10℃以上	多用作盆栽，清新高雅，可配以造型美观的盆钵，装饰桌案、茶几，小巧可爱
‘蜈蚣珊瑚’ *Pedilanthus tithymaloides* ‘Nanus’	‘龙凤木’、‘青龙’	大戟科 红雀珊瑚属	茎叶肥厚多肉，色泽翠绿，茎直立，细圆棒状，分支群生；叶狭椭圆形，排列紧密，深绿色，似蜈蚣；花小，粉红色	性耐阴，耐高温又耐旱，生长适宜温度23～30℃；半阴或者蔽荫处均能生长	可作室内盆栽；能吸滞尘埃，增加空气湿度和氧负离子含量，减少日光反射，降低气温
仙人球 *Echinopsis tubiflora*	刺球、雪球	仙人掌科 仙人球属	多年生肉质多浆草本植物；茎呈球形或椭圆形，高可达25cm，绿色，球体有纵棱若干条，棱上密生针刺，黄绿色，长短不一，辐射状	性喜高温、干燥环境，冬季室温白天要保持在20℃以上，夜间温度不低于5℃，温度过低容易造成根系腐烂	室内小型盆栽，可起到改善室内空气质量、净化空气的作用
仙人指 *Schlumbergera bridgesii*	仙人枝、圣烛节	仙人掌科 仙人指属	附生类常绿草本；其扁平的变态茎节相连成枝，边缘有波形网钝齿，变态茎的下部呈半圆形，顶部平截，中心有少量细茸毛	喜半阴环境，防强日直射，最适生长温度为19～32℃，过冬温度宜为7～13℃，生长季节宜保持土壤湿润但不耐水湿	室内观赏植物，多用于卧室、客厅、窗台、案几上摆放观赏，可以改善室内空气质量
蟹爪兰 *Schlumbergera truncata*	蟹爪莲、仙人指属	仙人掌科 仙人指属	常呈灌木状，无叶；茎无刺，多分枝，常悬垂，老茎木质化，稍圆柱形，幼茎及分枝均扁平；每一节间矩圆形至倒卵形，鲜绿色，有时稍带紫色	喜凉爽、温暖的环境，较耐干旱，怕夏季高温炎热，较耐阴；生长适温20～25℃，休眠期温度在15℃左右	常被制作成吊兰、室内盆栽作装饰观赏之用，也适合放置于窗台、门庭入口处和展览大厅装饰

（续）

中文名/拉丁学名	别　名	科　属	形态特征	主要习性	家庭应用
小人祭 *Aeonium × loartei*	妹背镜、日本小松	景天科 莲花掌属	株形迷你，多分枝；细小卵状的叶排列成莲花状，叶片少量柔毛，有黏性，绿色中间带紫红纹，叶缘也有红边	喜温暖、干燥和阳光充足的环境，耐干旱，适合露养或者半露养；夏季进入休眠期可适当遮阴	常作小型盆栽布置室内，可陈设于书桌、茶几处
熊童子 *Cotyledon tomentosa*	熊掌、绿熊	景天科 银波锦属	植株多分枝，呈小灌木状；茎深褐色；叶肉质，匙形，密被白色茸毛，下部全缘，叶端具爪样齿，叶端齿会呈现红褐色，像一只小熊的脚掌	喜温暖干燥和阳光充足、通风良好的环境，忌寒冷和过分潮湿；夏季温度超过35℃时会休眠，适当遮阴防止晒伤，冬季能够耐5℃的低温	可作室内小型工艺盆栽，用来装饰点缀书桌、窗台、茶几等处
乙女心 *Sedum pachyphyllum*	—	景天科 景天属	叶片密集排列在枝干的顶端；叶片肥厚，叶色翠绿至粉红，新叶色浅、老叶色深，新叶叶尖有浅棱，老叶会慢慢变的圆润	喜光喜肥，喜疏松、排水透气性良的土壤，夏季注意遮阴；强光与昼夜温差大或冬季低温期叶色慢慢变红，弱光则叶色浅绿或墨绿	盆栽可放置于室内电视机、计算机旁
玉露 *Haworthia cooperi* var. *pilifera*	绿玉杯	百合科 十二卷属	肉质叶呈紧凑的莲座状排列，叶片肥厚饱满，翠绿色，上半段呈透明或半透明状	喜凉爽的半阴环境，耐干旱，不耐寒，忌高温潮湿和烈日暴晒，怕蔽荫，也畏土壤积水	可作小型盆栽观赏，能够装饰窗台、案头、书桌、阳台等处
‘紫乐’ *Graptopetalum* ‘Purple Delight’	‘紫悦多肉’	景天科 风车莲属	叶排列呈莲座状，叶面稍凹，有少许白霜，叶淡绿色；小花呈星形，花瓣白色带有紫红色斑点	喜欢阳光充足、温暖、干燥、通风良好的生长环境，较耐干旱，不耐潮湿	造型丰富多样，多用于单株或组合盆栽观赏
紫晃星 *Trichodema densum*	紫星光	番杏科 仙花属	植株呈常绿灌木状；具肥厚粗大的肉质根，其表皮浅黄色；肉质叶对生，棒状或纺锤形，先端尖，表面绿色，有排列密集的小疣突	喜欢温暖干燥和阳光充足的环境；耐干旱和半阴、忌阴湿，不耐寒，适宜生长温度应保持在10℃左右	可制作多肉植物盆景，或作小型盆栽、清奇古雅，布置几案、窗台、书桌等处

附录 2　家庭常见蔬菜植物

附表 5　蔬菜植物

中文名/拉丁学名	别　名	科　属	形态特征	主要习性	家庭应用
茄果类					
番　茄 *Solanum lycopersicum*	西红柿、洋柿子	茄科 茄属	植株蔓性或半直立；根系发达；叶互生，不规则羽状复叶	植株喜温不耐寒，生长发育适宜温度为20~25℃，对土壤条件要求不严	果实酸甜适口，富含多种营养物质，可种植于阳台、庭院、天台
茄　子 *Solanum melongena*	茄瓜、落苏	茄科 茄属	植株直立粗壮，木质化；根系发达；单叶互生；两性花	喜温、喜光，较耐寒，不耐涝，土壤过湿容易沤根	果型、果色种类丰富，容易栽培，可以庭院栽培，也可以进行阳台、天台盆栽
辣　椒 *Capsium annuum*	番椒、海椒	茄科 辣椒属	植株直立；根系浅；叶卵形互生	喜温不耐寒，低于15℃时生长发育受阻，喜湿怕涝，要求土质疏松的土壤栽培	果实富含维生素C等多种营养物质，可以庭院栽培，也可以阳台、天台盆栽
瓜类					
黄　瓜 *Cucumis sativus*	胡瓜、王瓜	葫芦科 甜瓜属	叶面积大；根系不发达；茎蔓生，以主蔓结瓜为主	喜温，不耐寒冷，需要疏松肥沃湿润的土壤，需要搭架栽培	营养丰富，以幼果供食，可生食也可以熟食。可栽植于庭院、阳台、天台
冬　瓜 *Benincasa hispida*	白瓜、枕瓜	葫芦科 冬瓜属	根深；叶大；果实大，主侧蔓可以同时结瓜	喜温耐热，对水分要求多，对土壤条件要求不严格	以嫩瓜或成熟的果实为食，可作庭院、天台搭架栽培
西　瓜 *Citrullus lanatus*	水瓜、寒瓜	葫芦科 西瓜属	根系深而广；茎蔓生，中空；真叶互生，被茸毛	喜温耐热，喜光，种植中喜湿但不耐涝，对土壤适应性广	以成熟果实为食，营养丰富，可以作庭院、天台种植
普通丝瓜 *Luffa aegyptiaca*	水瓜	葫芦科 丝瓜属	根系发达；茎五棱蔓生，侧蔓多；掌状叶	耐热不耐寒，需要充足的阳光，抗旱能力强	主要食用嫩果，成熟老瓜可以去皮作洗碗布，常植于庭院或者楼顶天台

（续）

中文名/拉丁学名	别　名	科　属	形态特征	主要习性	家庭应用
苦　瓜 *Momordica charantia*	凉瓜、癞瓜	葫芦科 苦瓜属	根系较发达；茎五棱，侧蔓多；叶掌状	喜温，耐热，不耐寒，喜湿不耐涝，需要肥沃的土壤和充足的光照	肉苦，主要食用嫩瓜，其营养丰富，可作庭院和楼顶天台种植
有棱丝瓜 *Luffa acutangula*	丝瓜	葫芦科 丝瓜属	根系发达；茎五棱，侧蔓多；叶心形或掌状叶	耐热，耐湿性强，肉厚，肉质软滑	以嫩果为食用器官，可以在庭院或天台种植
南　瓜 *Cucurbita moschata*	番瓜	葫芦科 南瓜属	根系强大；茎蔓生，五棱；叶掌状五裂	耐寒能力强，对土壤要求不严	多以老熟果为主，营养丰富，可以作为庭院、楼顶天台种植
西葫芦 *Cucurbita pepo*	美洲南瓜	葫芦科 南瓜属	根系发达；茎矮生或蔓生，五棱；叶掌状五裂	较耐寒，耐旱，施足基肥，花后追肥	以幼果为食，可作天台、庭院栽培
根菜类					
萝　卜 *Raphanus sativus*	芦菔	十字花科 萝卜属	直根系，直根肥大，主根分布在20~40cm的土层；茎短缩；叶片长倒卵形	需要湿润、土层深厚、疏松的肥沃土壤，半耐寒，需要充足的光照	有开胃消食，清热化痰的功效，可用于庭院、阳台、天台种植
胡萝卜 *Daucus carota* var. *sativa*	红萝卜	伞形科 胡萝卜属	直根系，直根肥大；茎短缩；叶片着生与短缩茎上，叶羽状深裂	需要深厚肥沃、排水良好的砂壤土，半耐寒，需要充足的光照	可植于为庭院、阳台、天台
樱桃萝卜 *Raphanus sativus*	四季萝卜	十字花科 萝卜属	肉质根圆形或椭圆形；短缩茎；叶长倒卵形	喜光，不耐寒、不耐热；以疏松肥沃、排水良好的砂壤土为好	避开炎热夏季，春、秋季种植，是阳台种植的主要蔬菜之一，也可以庭院、天台种植
葱蒜类					
韭　菜 *Allium tuberosum*	懒人菜	百合科 葱属	弦线状须根；短缩茎；叶带状，扁平，叶鞘抱合成白色假茎	需要充足的光照，耐寒，不耐热，对土壤要求不严格	生长期短，可以多次采收，可作庭院、阳台、天台种植

（续）

中文名/拉丁学名	别　名	科　属	形态特征	主要习性	家庭应用
细香葱 *Allium cepiforme*	香葱、四季葱	百合科 葱属	须根；短缩茎；管状叶，叶鞘抱合成假茎	耐寒性蔬菜，高温下品质下降，对光照要求不严，不耐干旱，注意培土	嫩叶、假茎都可以食用，是阳台种植蔬菜的种类之一，也可庭院和天台种植
大　蒜 *Allium sativum*	蒜、胡蒜	百合科 葱属	须根；茎短缩；叶带状，扁平，被蜡粉；叶鞘抱合成假茎	喜冷凉，喜湿怕旱，对土壤要求不严	四季皆可种植，是阳台主要蔬菜之一，也可在庭院和天台种植
大　葱 *Allium fistulosum* var. *giganteum*	水葱	百合科 葱属	弦线状须根；管状叶，表面被蜡粉，叶鞘合成假茎，白色	喜湿怕旱，喜冷凉，中等光照	幼苗时可作小葱全株食用，长大后主要食用葱白；可阳台、庭院和天台种植
洋　葱 *Allium cepa*	洋葱头	百合科 葱属	弦线状须根；管状叶，表面被蜡粉，叶鞘合成假茎	耐寒，忌高温多湿，施足基肥，注意鳞茎膨大时追肥	以鳞茎为主要食用器官，可以作阳台盆栽或庭院、天台栽培
白菜类					
小白菜 *Brassica rapa* var. *communis*	青菜	十字花科 芸薹属	植株矮小；浅根系，须根发达	需要保水、保肥力强的土壤，需要充足的光照，生长适宜温度为18~20℃	主要食用幼嫩叶片，生长期短，可作家庭阳台、庭院或者天台种植
菜　心 *Brassica rapa* var. *oleifera*	菜薹、芸薹	十字花科 芸薹属	根系浅，植株矮小	以保水保肥、疏松透气的湿润土壤为好，生长温度以23~28℃为宜，喜光	主要食用部分为菜薹，家庭种植不限时间，可在阳台、庭院种植
白　菜 *Brassica rapa* var. *glabra*	奶白菜	十字花科 芸薹属	须根较发达，再生能力强；植株矮，叶柄肥厚；匙羹形，白色	耐热及耐病力较差，注意轮作，施足底肥	以叶片为食用器官，可作阳台、庭院种植
四月慢 *Brassica rapa* var. *chinensis*	小白菜、油菜	十字花科 芸薹属	植株矮；叶柄肥厚，全缘叶，叶面光滑	喜冷凉，对土壤要求不严，可四季种植	以叶片为食用器官，可作阳台、庭院种植

（续）

中文名/拉丁学名	别 名	科 属	形态特征	主要习性	家庭应用
甘蓝类					
芥 蓝 *Brassica oleracea* var. *albiflora*	芥兰	十字花科 芸薹属	须根多；茎较短缩；基叶互生，卵形，叶柄长，被蜡粉	喜冷凉，不耐热。避开夏季栽培；原产南方，是广州特色蔬菜	以叶及花薹为主要食用器官，可作阳台、庭院种植
花椰菜 *Brassica oleracea* var. *botrytis*	菜花	十字花科 芸薹属	根系较发达；茎较短缩；叶互生，长椭圆形，被蜡粉	喜光、喜湿、喜肥，整个发育期都需要充足的营养	花球为食用器官，可作阳台盆栽或庭院种植
西蓝花 *Brassica oleracea* var. *italic*	绿花菜、青花菜	十字花科 芸薹属	根系较发达；茎较短缩；叶互生，被蜡粉，蜡粉较厚	喜凉爽、湿润、光照充足的环境，以疏松、肥沃土壤为好	花球为食用器官，可作阳台盆栽或庭院种植
结球甘蓝 *Brassica oleracea* var. *capitate*	洋白菜、莲花白	十字花科 芸薹属	主根不发达，须根多；茎短缩；基叶互生近圆形，被蜡粉	喜温和冷凉气候，喜光，结球期需水量大，需肥	以叶球为食用器官，可作庭院种植
绿叶菜					
菠 菜 *Spinacia oleracea*	赤根菜、波斯菜	藜科 菠菜属	直根系，根群分布在 30cm 的土层内	耐寒性强，可以在-10℃下越冬，生长过程需要较长光照	全株都可以食用，营养丰富，是家庭阳台、庭院和屋顶主要蔬菜之一
芹 菜 *Apium graveolens*	香芹	伞形花科 芹菜属	浅根系；茎短缩；叶柄长而肥大，绿色或绿白色，叶缘有深缺刻，浅绿色	耐寒性蔬菜，喜冷凉、湿润环境，需要保水保肥的土壤	具有特殊香味，质地爽脆，以叶柄为主要食用部分
生 菜 *Lactuca sativa* var. *ramosa*	散叶莴苣	菊科 莴苣属	直根系，根层浅	需要肥沃、保水保肥的透气土壤，半耐寒性蔬菜，幼苗生长适宜温度为 12~20℃	以叶片为食用器官，家庭主要种植蔬菜，可作阳台、庭院和天台种植
茼 蒿 *Glebionis coronaria*	蓬蒿、春菊、菊花菜	菊科 茼蒿属	根系浅，须根多	需要疏松肥沃、湿润土壤，抗寒不耐热，生长适宜温度为 20℃	分为大叶茼蒿和小叶茼蒿两种，主要食用叶片，嫩茎

（续）

中文名/拉丁学名	别　名	科　属	形态特征	主要习性	家庭应用
莴　笋 *Lactuca sativa* var. *angustata*	茎用莴苣	菊科 莴苣属	直根系，浅生；棒状肉质嫩茎，披针叶	生长势较强，耐寒，耐风雨	嫩叶和肉质嫩茎为食用器官，适应性强，易栽培，产量高
苋　菜 *Amaranthus tricolor*	旱苋、米苋	苋科 苋属	根系发达，吸收能力强	抗旱能力强，不耐涝，耐热，生长适宜温度为25℃	以幼苗、嫩茎为食；有绿苋、红苋和花红苋；可作阳台、庭院和天台种植
芫　荽 *Coriandrum sativum*	香菜	伞形科 芫荽属	根系浅；茎短缩；叶互生，具长柄	喜冷凉，耐寒性强，生长适宜温度为15~18℃，温度高于30℃时则停止生长	有特殊香味，是家庭主要的调味蔬菜，是家庭阳台、庭院种植的主要蔬菜之一
油麦菜 *Lactuca sativa* var. *longifoliaf*	长叶莴苣	菊科 莴苣属	须根系；茎短缩；叶互生，披针形	生长势强，耐寒，耐湿，对土壤要求不严	以叶片为主要食用器官，整株采收或分期剥叶
紫　苏 *Perilla frutescens*	香苏、苏叶	唇形科 紫苏属	根系较发达；茎直立，四棱，具茸毛；紫叶或绿叶	生长势强，耐热怕冷，耐涝，病虫害少	以嫩茎叶供食用，有特殊香味，主要作调味蔬菜
豆类蔬菜					
豌　豆 *Pisum sativum*	荷兰豆	豆科 豌豆属	主根发达，根系较深；茎蔓生或矮生	耐旱不耐湿。较耐低温，不耐高温，25℃以上生长不良	嫩荚、嫩豆粒、嫩梢均可食用，可作为庭院和天台种植
菜　豆 *Phaseolus vulgaris*	四季豆、芸豆	豆科 菜豆属	根系较发达；茎矮生、半蔓生或蔓生；三出复叶，互生	较抗旱，对土壤要求不严，喜温暖，不耐霜冻，喜光	主要食用豆荚，常作庭院或天台种植
豇　豆 *Vigna unguiculata*	豇豆、长豇豆、带豆	豆科 豇豆属	根系较发达，直根系；茎矮生、半蔓生或蔓生；叶互生，三出复叶	耐旱、耐热，生长适宜温度为15~35℃，需要充足的光照	以嫩豆荚为食用器官，主要作庭院和天台种植
薯芋类					
马铃薯 *Solanum tuberosum*	洋山芋、薯仔	茄科 茄属	须根系；茎直立或半直立；地下块茎椭圆形	喜冷凉，怕霜冻，喜光，喜湿润和肥沃的土壤	以地下茎为食用器官，可作阳台、庭院、天台种植

（续）

中文名/拉丁学名	别　名	科　属	形态特征	主要习性	家庭应用
芋 *Colocasia esculenta*	芋头	天南星科 芋属	根浅、肉质；叶盾形，深绿色，叶柄长	需肥沃、保水力强的土壤；较耐阴；种植中保持土壤湿润，及时排水	以球茎为食用器官，生长期长，可作庭院、天台种植
姜 *Zingiber officinale*	生姜	姜科 姜属	根浅生；叶披针形，叶鞘合抱成假茎	喜温暖，不耐寒冷，不耐霜冻，不耐旱，喜肥沃土壤	地下肉质根茎为食用器官，可作庭院、天台种植

附录 3　家庭常见果树植物

附表 6　果树植物

中文名/拉丁学名	别　名	科　属	形态特征	主要习性	家庭应用
阿月浑子 *Pistacia vera*	开心果	漆树科 黄连木属	落叶小乔木；树姿优美，枝叶繁茂；红花红果，常成串聚集在绿叶之间	喜光、耐高温、耐寒、耐旱、耐贫瘠，需水量少，忌积水，喜土层深厚的微碱性砂壤土	庭荫树
澳洲坚果 *Macadamia integrifolia*	澳洲胡桃、夏威夷果	山龙眼科 澳洲坚果属	常绿乔木；树形优美，树冠高大，枝叶稠密；花序长而大密垂于枝下，美丽又芬芳；果实累累	喜光，不耐阴，喜温暖，不耐寒，不耐霜冻，不耐旱，喜土层深厚、富含有机质的酸性土壤	庭荫树
扁　桃 *Prunus dulcis*	巴旦杏、巴旦木	蔷薇科 李属	落叶乔木；树姿优美，开花时满树繁花，花色艳丽，花香浓郁；花落叶出，叶色翠绿；结果时硕果累累	喜光，不耐阴，较耐寒，耐旱、耐瘠薄，喜土层深厚、疏松肥沃、排水良好的壤土和砂壤土	庭荫树
草　莓 *Fragaria ananassa*	凤梨草莓	蔷薇科 草莓属	多年生草本；植株矮小；叶形优美；聚合果，果色艳丽，常垂于盆栽下方	喜温暖凉爽气候，喜光，耐阴，较耐寒，不耐涝，喜肥沃疏松、通气的砂壤土	南向阳台盆栽

（续）

中文名/拉丁学名	别　名	科　属	形态特征	主要习性	家庭应用
代代橘 *Citrus aurantium*	代代花、酸橙	芸香科 柑橘属	常绿灌木；树体健壮，花色洁白，花小而繁多，花香浓郁；果实橙黄色至朱红色，经年不落	喜光，喜温暖湿润，不耐寒，不耐冻，喜疏松肥沃、富含有机质的偏酸性土壤	南向阳台盆栽、庭院盆栽
冬红果 *Malus spectabilis*	长寿果、圣诞红果	蔷薇科 苹果属	落叶小乔木；树形紧凑；花朵淡粉色；果实酷似苹果，可从夏季挂果至第二年2~3月，观果期很长	喜光、喜凉爽干燥，需通风良好的环境，不耐高温，夏季需遮荫降温，忌湿热，耐寒，喜疏松肥沃，富含腐殖质的砂质壤土	室内盆栽
番荔枝 *Annona squamosa*	佛头果、释迦果	番荔枝科 番荔枝属	落叶小乔木；树形矮小、美观；叶色翠绿；花朵狭长肥厚，果大状如佛陀	喜光，耐阴，不耐寒，耐旱，不耐涝，忌渍水，喜土层深厚、疏松肥沃、微碱性的砂壤土或石灰质地土壤	庭荫树
番木瓜 *Carica papaya*	木瓜、万寿果	番木瓜科 番木瓜属	常绿小乔木；树形优美，叶片聚于顶端状如阳伞；果实硕大，果色艳丽	喜光、喜温暖湿润气候，不耐寒、不耐霜冻，忌积水、忌大风，喜疏松肥沃的微酸性或中性砂质壤土	庭荫树
菲油果 *Acca sellowiana*	肥吉果、费约果	桃金娘科 野凤榴属	常绿小乔木；枝叶四季常青；花瓣内紫外白，花蕊鲜红色；果大似番石榴	喜光，喜温暖，耐旱，耐寒，喜土层深厚、排水良好、富含有机质的微酸性土壤	庭荫树
覆盆子 *Rubus idaeus*	树莓、刺莓	蔷薇科 悬钩子属	落叶小灌木；植株矮小，常丛生；聚合果，果实鲜艳多色，常缀满枝头	喜光、耐寒、耐旱、不耐涝，耐瘠薄，喜土层深厚、疏松肥沃、富含有机质的微碱性土壤	庭院丛植
核　桃 *Juglans regia*	胡桃	核桃科 胡桃属	落叶乔木；长势健壮，枝繁叶茂；开花时节柔荑花序低垂枝头，果实球状，常1~3个聚在一起	喜光，喜湿润，忌积水，耐旱；喜冷凉干燥，耐一定高温；喜土层深厚、疏松肥沃的砂质壤土	庭荫树
胡颓子 *Elaeagnus pungens*	甜棒槌、羊奶子	胡颓子科 胡颓子属	常绿灌木；叶绿枝密；叶色、叶形、花形奇特，花芳香，果实椭圆形，红艳诱人	喜光，喜温暖，耐半阴，较耐湿亦耐旱，不耐涝，较耐寒，耐贫瘠，喜疏松肥沃、富含腐殖质的土壤	南向阳台盆栽、庭院丛植

（续）

中文名/拉丁学名	别　名	科　属	形态特征	主要习性	家庭应用
湖北海棠 *Malus hupehensis*	野海棠、茶海棠	蔷薇科 苹果属	落叶乔木；树体高大，树姿优美；嫩叶、嫩梢、叶柄均为紫红色；花朵繁盛，果实红艳	喜光、喜温、喜湿、耐旱、耐涝、耐寒，喜土层深厚，疏松肥沃，微酸性至中性的壤土	庭荫树
黄　皮 *Clausena lansium*	黄弹、黄段	芸香科 黄皮属	落叶小乔木；枝繁叶茂；果实累累，如晶莹剔透的黄色珍珠成串聚集	喜光，喜温暖湿润气候，忌渍水、不耐贫瘠、稍耐寒、不耐霜冻，喜土层深厚、疏松肥沃、含适量石灰质的砂质壤土	庭荫树
火龙果 *Hylocereus undatus*	红龙果、青龙果	仙人掌科 量天尺属	多年生多肉植物；可连续开花连续结果，花期长，花朵硕大美丽；果大，色泽鲜亮	喜温、耐热、耐旱、忌渍水，喜疏松肥沃、偏弱酸性、富含有机质的土壤	南向阳台盆栽
鸡蛋果 *Passiflora edulis*	百香果、西番莲	西番莲科 西番莲属	多年生草质藤本，藤蔓纤柔细长；叶色翠绿；花大色艳，花形奇特，含内外两副花冠；果实椭圆形似鸡蛋	喜温、喜光，不耐寒、不耐湿、不耐旱，喜土层深厚、疏松肥沃、富含有机质、微酸性的土壤	庭荫树
鸡心果 *Xantolis stenosepala*	锦绣海棠、滇刺榄	山橄榄科 刺榄属	常绿乔木；树体健壮；花粉红色，花朵繁盛；果形优美，形似鸡心，色泽亮丽、夺目，富有香气，观赏期长	喜光、不耐阴、耐寒、耐轻度盐碱土，喜土层深厚、排水良好的砂土、壤土和轻黏质地土壤	庭荫树、室内盆景
嘉宝果 *Plinia cauliflora*	树葡萄、珍宝果	桃金娘科 树番樱属	常绿灌木，树形优美；一年内可多次开花结果，花、果密生于枝干，常常花中有果、果中有花	喜光，喜温暖湿润气候，稍耐寒，可耐较短时间干旱，喜土层深厚、疏松肥沃、排水良好的偏酸性砂壤土	庭荫树
金　橘 *Citrus japonica*	金枣、金柑	芸香科 柑橘属	常绿灌木；树姿优美，枝叶茂密；花香四溢；果色金黄艳丽，硕果累累	喜光，喜温暖湿润，忌积水、不耐寒，喜疏松肥沃、富含有机质的微酸性土壤	南向阳台盆栽、庭院盆栽
蓝靛果 *Lonicera caerulea*	山茄子果、蓝果忍冬	忍冬科 忍冬属	落叶灌木；植株丛生，枝叶茂密；花形、果形奇特，长浆果蓝紫色	喜光、耐寒、喜湿润、不耐涝，喜富含有机质、排水良好的砂壤土	庭院丛植
蓝　莓 *Vaccinium uliginosum*	笃斯越橘、蓝浆果	杜鹃花科 越橘属	落叶或常绿灌木；丛生；树形紧凑，耐修剪；果实深蓝色或紫罗兰色，花、果、叶可随四季变化形成不同景观	喜光，忌积水，矮丛和半高丛耐寒，北高丛喜冷凉，南高丛和兔眼蓝莓喜温暖湿润。喜疏松湿润、富含有机质、酸性的土壤	庭院丛植、南向阳台盆栽

（续）

中文名/拉丁学名	别　名	科　属	形态特征	主要习性	家庭应用
梨 *Pyrus* spp.	鸭梨	蔷薇科 梨属	落叶乔木；不同地区开花期不同，白色；粉红色或黄色；果实硕大，果色鲜艳多样	喜光，生长期需要较高温度，休眠期需要较低温度；需水量大，但忌渍水；喜疏松肥沃，排水良好的接近中性的土壤	庭荫树
荔　枝 *Litchi chinensis*	离枝	无患子科 荔枝属	常绿乔木；树形美观；树叶翠绿发亮；开花时花序成团，芬芳扑鼻；果实红彤彤如成串玛瑙	喜光，不耐强光直射；喜温、喜湿、不耐寒，喜疏松肥沃，排水透气均良好、富含有机质、偏酸性的砂壤土和红壤土	庭荫树
杧　果 *Mangifera indica*	芒果、马蒙	漆树科 杧果属	常绿乔木；树形优美，树冠匀称，枝繁叶茂，叶片随生长逐渐变色；花团锦簇，果形美观，色泽多样美丽，具浓郁芳香	喜光、喜温、不耐寒霜、喜湿、但不耐涝，喜土层深厚的微酸性壤土和砂壤土	庭荫树
梅 *Prunus mume*	—	蔷薇科 李属	落叶小乔木；树形优美，先花后叶，冬春时节繁花似锦，夏季果实累累，颜色多姿	喜光，喜温暖湿润气候，不耐旱，需要一定的需冷量才能开花。喜土层深厚，疏松肥沃，排水良好，富含有机质的酸性壤土和砂壤土	庭荫树
木瓜海棠 *Chaenomeles cathayensis*	毛叶木瓜	蔷薇科 木瓜属	落叶小乔木；叶色墨绿；花或白或红，花形、叶形均奇特，先花后叶；果实有浓郁芳香	喜光、喜温、喜湿、耐旱、不耐涝、稍耐寒，喜土层深厚、疏松肥沃的微酸性土壤	庭荫树
柠　檬 *Citrus* × *limon*	柠果、洋柠檬	芸香科 柑橘属	常绿小乔木；叶色多为翠绿色，亦有花叶变种；一年可多次开花，多次结果，果实美观，具特殊芳香	喜光，喜温暖，不耐热，耐阴，不耐寒，喜土层深厚、疏松肥沃、富含有机质、排水良好略偏酸性的土壤	庭荫树、南向阳台盆栽，庭院盆栽
欧　李 *Prunus humilis*	高钙果	蔷薇科 李属	落叶灌木；植株紧凑，先花后叶，形态美观；开花时花香浓郁，花团锦簇；结果时硕果累累，果色亮丽，十分诱人	喜光、耐旱、不耐涝、耐寒、耐贫瘠，喜土层深厚，质地疏松，中性至微碱性土壤	庭院丛植
枇　杷 *Eriobozrya japonica*	金丸、芦枝	蔷薇科 枇杷属	常绿乔木；树形整齐美观；叶大有光泽；花如绒花；果状如球，色黄而明艳	耐阴，忌阳光直射，喜温暖湿润气候，不耐涝，喜土层深厚、土质疏松、富含腐殖质、排水良好的微酸性土壤	庭荫树

（续）

中文名/拉丁学名	别 名	科 属	形态特征	主要习性	家庭应用
苹 果 *Malus pumila*	—	蔷薇科 苹果属	落叶乔木；先花后叶，春季花团锦簇，夏季枝繁叶茂，秋季果实累累，果香四溢	喜光，喜冷凉干燥、湿度小、降水少的气候，喜土层深厚、排水良好、富含有机质、微酸至微碱性的土壤	庭荫树、室内盆景
葡 萄 *Vitis vinifera*	草龙珠、菩提子	葡萄科 葡萄属	多年生木质藤本；叶片茂密层叠；果实晶莹剔透，果色缤纷	喜光、不耐寒、不耐旱、喜湿润、忌渍水；喜土层深厚、富含有机质的土壤	庭荫树
桑 *Morus alba*	桑果	桑科 桑属	落叶灌木；绿叶繁盛；柔荑花序；果实奇特，有短有长，色泽诱人	喜光，喜温暖湿润，稍耐阴、耐旱、不耐涝，耐贫瘠，喜土层深厚、富含有机质的中性红壤或砂壤土	庭荫树
山 楂 *Crataegus pinnatifida*	山里红、红果子	蔷薇科 山楂属	落叶乔木；树干遒劲，树姿优美；叶色碧绿；伞房花序多花聚合；果色深红成串聚合	喜光、耐阴、喜凉爽、湿润环境，耐寒、耐高温，喜土层深厚、疏松肥沃、排水良好的微酸性砂壤土	室内盆栽
石 榴 *Punica granatum*	安石榴	石榴科 石榴属	落叶乔木；枝干苍劲有力，叶色翠绿；花期长，花色多样，花朵艳丽；果形奇特，集神、态、色和香为一体	喜光，喜温暖，不耐寒，不耐湿，耐旱，耐贫瘠，喜土层深厚、质地疏松、透水透气性强的砂壤土	庭荫树、庭院盆栽
柿 *Diospyros kaki*	—	柿树科 柿属	落叶乔木；树姿开张，枝干奇特，叶大荫浓；春季黄花绽放，夏季青果累累，深秋黄叶灿灿，冬季叶落果红	喜光，南方品种耐湿，北方品种耐旱耐寒，喜土层深厚、疏松肥沃、排水良好、有一定湿度的黏质或砂质土壤	庭荫树
四季蜜龙眼 *Dimocarpus longan*	桂圆、益智	无患子科 龙眼属	常绿乔木；树姿优美，四季常青；四季可开花结果，常花、叶、幼果、成熟果并存	喜光、喜温暖湿润气候，可短期忍耐霜冻；耐旱、忌积水，耐贫瘠，喜土层深厚，微酸性的砂壤土、砂质红壤或黏土	庭荫树
穗醋栗 *Ribes nigrum*	黑加仑	虎耳草科 茶藨子属	落叶灌木；叶形优美；花朵繁盛，颜色变化多端，花瓣可逐渐变色；果实成串聚集，果实亮丽、色彩繁多，十分美观	喜光，喜冷凉，耐寒，不耐高温，喜湿不耐涝，不耐旱，喜土层深厚、疏松肥沃、富含腐殖质的微酸性和中性的土壤	庭荫树
桃 *Prunus persica*	—	蔷薇科 桃属	落叶小乔木；树体造型各异，先花后叶，花朵繁多，果大色艳，果型奇特	喜光，耐旱，不耐涝，忌积水，喜肥沃的砂质壤土	庭荫树、南向阳台盆栽，庭院盆栽

（续）

中文名/拉丁学名	别　名	科　属	形态特征	主要习性	家庭应用
无花果 *Ficus carica*	映日果、文仙果	桑科 榕属	落叶小乔木；树姿优雅，枝叶婆娑；果实累累，姿态美丽	喜温暖，不耐寒，不耐涝，耐贫瘠，喜土层深厚、排水良好的微碱性砂壤土	庭荫树
香　蕉 *Musa acuminata*	金蕉、弓蕉	芭蕉科 芭蕉属	多年生草本；丛生；叶片宽大；树体优美，生长迅速	喜光、喜高温、不耐寒霜、喜湿润、忌积水、不耐旱，喜土层深厚、疏松肥沃、偏酸性至中性的土壤	庭荫树
香　橼 *Citrus medica*	枸橼	芸香科 柑橘属	常绿小乔木；四季均可开花，新生嫩枝、芽及花蕾均为暗紫红色；果实黄绿色或淡黄色，果大而长圆，气味芳香	喜光，喜温暖湿润气候，不耐寒，不耐旱，喜土层深厚、疏松肥沃、富含有机质、排水良好的壤土和砂质壤土	南向阳台盆栽，庭院盆栽
杏 *Prunus armeniaca*	—	蔷薇科 李属	落叶乔木；枝干苍遒；花朵淡雅繁多；果实累累；果形美观，色彩艳丽，气味芬芳	喜光、耐旱、忌水湿，耐寒、耐瘠薄，喜疏松肥沃的壤土或砂壤土	庭荫树、南向阳台盆景
阳　桃 *Averrhoa carambola*	杨桃、洋桃	酢浆草科 阳桃属	常绿乔木；一年可多次开花结果，果形奇特，色泽美观，叶、花、果、形皆可观赏	喜光，忌烈日，较耐阴；喜高温、喜湿、不耐旱、不耐涝、忌积水、不耐寒、不耐霜冻，喜土层深厚、疏松肥沃、湿润但排水良好、富含有机质的砂壤土	庭荫树、室内盆栽
杨　梅 *Myrica rubra*	圣生梅、树梅	杨梅科 杨梅属	常绿乔木；树姿优雅，枝叶密生，柔荑花序；果实红艳夺目，常聚集枝头	喜温、喜湿、不耐强光照射、耐阴、不耐寒，喜肥沃湿润，排水良好的酸性砂质红壤土或黄壤土	庭荫树
樱　桃 *Prunus pseudocerasus*	车厘子、英桃	蔷薇科 李属	落叶灌木；树姿秀美，花叶同开，花朵繁盛；果实艳丽，晶莹璀璨	喜光、稍耐寒、不耐旱、不耐涝，喜土层深厚、通气良好、保水性强的微酸性砂壤土	庭荫树
枣 *Ziziphus jujuba*	大枣、枣子	鼠李科 枣属	落叶小乔木；树姿开张，枝条错落有致；花、果、叶、枝、干均具不同神韵；色、香、形可随季节变化	喜光，喜温暖，不耐寒，耐旱，耐涝，耐贫瘠，耐盐碱，喜微酸性的砂土和壤土	庭荫树、南向阳台盆栽，庭院盆栽
针叶樱桃 *Malpighia glabra*	阿西罗拉樱桃、西印度樱桃	金虎尾科 金虎尾属	落叶小乔木；叶形优美；可连续开花，连续结果，持续达7个月之久，常花果并存，花繁果多，颜色亮丽	喜光、喜温暖，不耐寒，喜湿润多雨，不耐旱，喜土层深厚、疏松肥沃、透气性好、排水良好的砂壤土	庭荫树

（续）

中文名/拉丁学名	别　名	科　属	形态特征	主要习性	家庭应用
中华猕猴桃 *Actinidia chinensis*	奇异果	猕猴桃科 猕猴桃属	多年生木质藤本；叶形独特；花大蕊长，花朵繁盛；硕果累累	喜温、喜光，不耐热，不耐寒，喜湿、忌渍水，喜土层深厚、疏松肥沃、富含有机质、微酸性的砂壤土	庭荫树

附录 4　其他种类

附表 7　观赏草类

中文名/拉丁学名	别　名	科　属	形态特征	主要习性	家庭应用
蓝羊茅 *Festuca glauca*	滇羊茅	禾本科 羊茅属	具有柔软的针状叶，夏季为银蓝色，冬季为土绿色	适应力极强；喜光，极耐寒、耐旱，耐贫瘠、稍耐盐碱，适于粗放管理，忌低洼积水，不耐炎热	可作中小型盆栽布置室内，庭院孤植、片植
狼尾草 *Pennisetum alopecuroides*	狗尾巴草、狗仔尾	禾本科 狼尾草属	茎、叶、穗粒都像粟，紫色，有毛	喜寒冷湿气候；耐旱，耐水湿，耐半阴，耐寒，耐贫瘠，无病虫害；宜选择肥沃、稍湿润的砂地栽培	庭院孤植、片植，也可作背景、镶边材料
‘细叶’芒 *Miscanthus sinensis* ‘Gracillimus’	‘拉手笼’	禾本科 芒属	叶直立细长，翠绿飘逸；花序细长，初期粉红色，后变银白色	喜光，耐半阴，耐旱，耐涝，适宜湿润排水良好的土壤	庭院孤植、片植，也可作背景、镶边材料
‘斑叶’芒 *Miscanthus sinensis* ‘Zebrinus’	‘斑马草’	禾本科 芒属	条形叶上有不规则的斑马黄色横纹	喜光，喜温暖湿润，耐半阴，耐旱，耐涝，耐贫瘠，对气候的适应性强	庭院孤植、片植
丝带草 *Phalaris arundinacea* var. *picta*	花茅毛、五色带、银边草	禾本科 虉草属	叶扁平、线形、绿色且具白边及条纹，质地柔软，形似玉带	喜光，耐半阴，耐湿，耐盐碱，较耐寒，喜湿润肥沃的砂质土壤	庭院片植，也可作背景、镶边材料
‘日本’血草 *Imperata cylindrical* ‘Rubra’	‘血草’	禾本科 白茅属	叶丛生，剑形，常保持深血红色；圆锥花序，小穗银白色	湿生或旱生，喜光或有斑驳光照处，耐热，喜湿润而排水良好的土壤	可作中小型盆栽布置室内，庭院孤植、片植

（续）

中文名/拉丁学名	别　名	科　属	形态特征	主要习性	家庭应用
粉黛乱子草 *Muhlenbergia capillaris*	毛芒乱子草	禾本科 乱子草属	顶端呈拱形，绿色叶纤细，顶生云雾状粉色花絮	喜光，耐半阴，耐水湿，耐干旱，耐盐碱，生长适应性强，在砂土、壤土、黏土中均可生长	庭院片植
狗牙根 *Cynodon dactylon*	百慕大草、绊根草、爬根草	禾本科 狗牙根属	低矮草本；具根茎；秆细而坚韧，下部匍匐地面蔓延，节上常生不定根	适于世界各温暖潮湿和温暖半干旱地区，极耐热，抗旱，不抗寒，不耐阴	庭院草坪建植
结缕草 *Zoysia japonica*	锥子草	禾本科 结缕草属	具横走根茎，须根细弱；秆直立，基部常有宿存枯萎的叶鞘	适应性较强，喜温暖气候，喜光，耐阴，耐热，耐寒，耐旱，耐践踏	庭院草坪建植
野牛草 *Buchloe dactyloides*	水牛草	禾本科 野牛草属	具匍匐茎，叶舌短小，具细柔毛；叶线形，粗糙，两面疏生白柔毛	适应性强，与杂草竞争力强，喜温暖气候、喜光，耐半阴，耐盐碱，耐旱，耐瘠薄，耐寒，抗虫能力强	庭院草坪建植
高羊茅 *Festuca elata*	苇状羊茅	禾本科 羊茅属	秆成疏丛或单生，直立，叶鞘光滑，具纵条纹，叶片线状披针形	适应性强，喜光，耐高温、耐半阴，耐寒，耐旱，耐践踏，耐低修剪，耐酸，耐瘠薄，抗病性强	庭院草坪建植
草地早熟禾 *Poa pratensis*	六月禾、肯塔基	禾本科 早熟禾属	具匍匐根状茎，秆疏丛生，直立，叶线形，扁平或内卷，蘖生叶片较狭长	喜光，喜温暖湿润，耐阴、耐寒，耐践踏，在排水良好、土壤肥沃的湿地生长良好	庭院草坪建植
西伯利亚剪股颖 *Agrostis stolonifera*	匍茎剪股颖	禾本科 剪股颖属	多年生草本植物，具长的匍匐枝，茎基部平卧地面，叶线形，叶舌膜质	喜冷凉湿润气候，耐寒、耐热、耐盐碱、耐瘠薄、耐低修剪、耐阴性也较强，耐践踏性中等	庭院草坪建植

附表 8　奇趣植物类

中文名/拉丁学名	别　名	科　属	形态特征	主要习性	家庭应用
捕蝇草 *Dionaea muscipula*	食虫草、捕虫草	茅膏菜科 捕蝇草属	多年生草本；茎秆较短；叶顶端长有捕虫夹，呈红或橙色，能分泌蜜汁	喜湿，夏季凉爽低温，光充足或轻微遮阴，冬季休眠，喜酸性的土壤或栽培介质	盆栽可适用于向阳窗台和阳台观赏，也可专作栽植槽群丛培养，别有情趣
大地翅膀 *Anelsonia eurycarpa*	蝉翼荠、匕首豆荚	十字花科 蝉翼荠属	多年生肉质草本植物；株形小；莲座状叶，灰绿色，肉质多毛；有密集小白花	喜光，喜湿润环境，忌涝，耐寒（>-40℃）、耐旱	果实成熟后果片和种子脱落，只剩下隔膜如蝉翼般。可作中小型盆景布置于室内